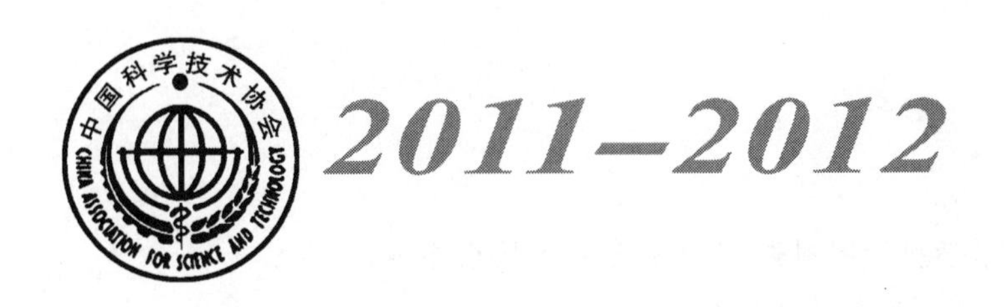

测绘科学与技术

学科发展报告

REPORT ON ADVANCES IN SCIENCE AND TECHNOLOGY OF SURVEYING & MAPPING

中国科学技术协会　主编

中国测绘学会　编著

中国科学技术出版社

·北　京·

图书在版编目(CIP)数据

2011—2012测绘科学与技术学科发展报告/中国科学技术协会主编；中国测绘学会编著.—北京：中国科学技术出版社，2012.4
(中国科协学科发展研究系列报告)
ISBN 978-7-5046-6019-0

Ⅰ.①2… Ⅱ.①中… ②中… Ⅲ.①测绘学-技术发展-研究报告-中国-2011—2012 Ⅳ.①P2-12

中国版本图书馆CIP数据核字(2012)第042765号

选题策划 许 英
责任编辑 李惠兴
封面设计 中文天地
责任校对 韩 玲
责任印制 王 沛

出　　版 中国科学技术出版社
发　　行 科学普及出版社发行部
地　　址 北京市海淀区中关村南大街16号
邮　　编 100081
发行电话 010-62173865
传　　真 010-62179148
投稿电话 010-62176522
网　　址 http://www.cspbooks.com.cn

开　　本 787mm×1092mm 1/16
字　　数 300千字
印　　张 13
印　　数 1—2500册
版　　次 2012年4月第1版
印　　次 2012年4月第1次印刷
印　　刷 北京凯鑫彩色印刷有限公司

书　　号 ISBN 978-7-5046-6019-0/P·147
定　　价 39.00元

2011—2012
测绘科学与技术学科发展报告

REPORT ON ADVANCES IN SCIENCE AND TECHNOLOGY OF SURVEYING & MAPPING

首席科学家 宁津生

顾问组成员 陈俊勇 高 俊 李德仁 杨元喜 刘先林
刘经南 王家耀 张祖勋

专 家 组

组 长 宁津生 李维森

成 员 （按姓氏笔画排序）

丁晓利 王 丹 王双龙 王正涛 王东华
王厚之 王晏民 方剑强 方爱平 邓 非
左建章 龙 毅 冯仲科 成英燕 刘良明
刘俊林 江贻芳 孙中苗 孙 群 杜清运
杨志强 李广云 李建成 来丽芳 肖学年
吴 升 余 峰 邹进贵 汪云甲 张书毕
张 鹏 张新长 陈品祥 林 鸿 欧阳永忠
周 一 周兴华 周兴华 郑义东 单 杰
赵建虎 胡伍生 胡春春 秦长利 贾光军
顾和和 秘金钟 倪 涵 徐卫明 徐亚明
徐根才 徐晓华 徐景中 郭达志 黄谟涛
崔 巍 章传银 梁卫鸣 程鹏飞 储征伟
曾文宪 谢征海 翟国君 翟京生 暴景阳

学术秘书 易杰军 贾志英 苏文英

序

科学技术作为人类智慧的结晶，不仅推动经济社会发展，而且不断丰富和发展科学文化，形成了以科学精神为精髓的人类社会的共同信念、价值标准和行为规范。学科的构建、调整和发展，也与其内在的学科文化的形成、整合、体制化过程密切相关。优秀的学科文化是学科成熟的标志，影响着学科发展的趋势和学科前沿的演进，是学科核心竞争力的重要内容。中国科协自2006年以来，坚持持续推进学科建设，力求在总结学科发展成果、研究学科发展规律、预测学科发展趋势的基础上，探究学科发展的文化特征，以此强化推动新兴学科萌芽、促进优势学科发展的内在动力，推进学科交叉、融合与渗透，培育学科新的生长点，提升原始创新能力。

截至2010年，有87个全国学会参与了学科发展系列研究，编写出版了学科发展系列报告131卷，并且每年定期发布。各相关学科的研究成果、趋势分析及其中蕴涵的鲜明学术风格、学科文化，越来越显现出重要的社会影响力和学术价值，受到科技界、学术团体和政府部门的高度重视以及国外主要学术机构和团体的关注，并成为科技政策和规划制定学术研究课题立项、技术创新与应用以及跨学科研究的重要参考资料和国内外知名图书馆的馆藏资料。

2011年，中国科协继续组织中国空间科学学会等23个全国学会分别对空间科学、地理学(人文-经济地理学)、昆虫学、生态学、环境科学技术、资源科学、仪器科学与技术、标准化科学技术、计算机科学与技术、测绘科学与技术、有色金属冶金工程技术、材料腐蚀、水产学、园艺学、作物学、中医药学、生物医学工程、针灸学、公共卫生与预防医学、技术经济学、图书馆学、色彩学、国土经济学等学科进行学科发展研究，完成23卷学科发展系列报告以及1卷学科发展综合报告，共计近800万字。

参与本次研究发布的，既有历史长久的基础学科，也有新兴的交叉学科和紧密结合经济社会建设的应用技术学科。学科发展系列报告的内容既有学术理论探索创新的最新总结，也有产学研结合的突出成果；既有基础领域的研究进展，也有应用领域的开发进展，内容丰富，分析透彻，研究深入，成果显著。

参与本次学科发展研究和报告编写的诸多专家学者，在完成繁重的科研项目、教学任务的同时，投入大量精力，汇集资料，潜心研究，群策群力，精雕细琢，体现出高度的使命感、责任感和无私奉献的精神。在本次学科发展报告付梓之际，我衷心地感谢所有为学科发展研究和报告编写奉献智慧的专家学者及工作人员，正是你们辛勤的工作才有呈现给读者的丰硕研究成果。同时我也期待，随着时间的久远，这些研究成果愈来愈能够显露出时代的价值，成为我国科技发展和学科建设中的重要参考依据。

2012 年 3 月

前　言

当代测绘科学与技术正在从数字化测绘向着信息化测绘过渡，成为一门利用航天、航空、地面和海洋多种平台获取地球及其外层空间目标物的形状、大小、空间位置、属性及其相互关联的学科。现代空间定位技术、遥感技术、地理信息技术、计算机技术、通信技术和网络技术的发展，使人们能够快速、实时和连续不断地获取有关地球及其外层空间环境的大量几何与物理信息，极大地促进了与地理空间信息获取与应用相关学科的交叉和融合。信息化测绘与当今世界新出现的地理空间信息学这一新兴学科正在相互融合和渗透，我们将其称之为测绘与地理空间信息学。这一学科的社会作用和应用服务范围正不断扩大到与地理空间信息有关的各个领域，从目前经济社会的发展来看，这些领域涉及全社会的自然、经济、人文、行政、法律、环境、军事等几乎所有的领域。因此，测绘与地理空间信息学是经济社会发展和国防建设的一项基础性、先行性的信息学科领域，是转变经济发展方式的重要推动力量，要顺应经济全球化、全球信息化发展趋势以及社会主义市场经济发展要求，加快推进测绘与地理空间信息学信息化进程，着力推动技术装备和基础设施的自动化智能化转型，推动其技术手段现代化、产品知识化和服务网络化。面向全社会提供地理空间信息服务是现阶段测绘学科发展的主要任务。实现测绘信息化的重要途径是信息化测绘体系建设，因此，2011—2012 年测绘学科进展主要是信息化测绘体系建设中的测绘与地理空间信息的空间基准建设、获取技术、处理方法、服务方式和应用领域等几个方面的进步。

本篇研究报告总体上分为两大部分：第一部分是综合报告，主要从测绘与地理空间信息的空间基准建设、获取技术、处理方法、服务方式和应用领域等几个方面论述测绘学科的进展，由首席科学家宁津生院士牵头组织编写；第二部分是专题报告，由 8 个专题研究组成，分别论述了测绘学科的 8 个分支学科在近两年的发展现状和趋势。各专题报告分别由中国测绘学会大地测量专业委员会、摄影测量与遥感专业委员会、地图学与地理信息工程专业委员会、工程测量分会、矿山测量专业委员会、地籍与房产测绘专业委员会、海洋测绘专业委员会、测绘仪器专业委员会等组织编写。

“测绘科学与技术学科发展”研究项目于2011年5月由中国测绘学会召开专门编写工作会议落实，并于同年11月下旬将研究报告初稿在中国测绘学会2011年学术年会上征求意见。本项目研究得到我国测绘界有关高等院校、科研院所及企事业单位的专家们的热诚支持，在此一并表示衷心的感谢！

中国测绘学会

2012年1月

目　录

综合报告

专题报告

ABSTRACTS IN ENGLISH

Comprehensive Report

Reports on Special Topics

综合报告

测绘科学与技术学科发展研究

一、引　言

随着空间技术和信息技术的不断进步，国民经济和社会信息化进程加快，测绘事业面临着技术手段、服务层次和资源配置方式等的深刻变化，经济社会发展和人民生活生活水平的提升对地理信息资源的需求迅速增长。面向全社会提供地理空间信息服务，是2011—2012年测绘发展的主要任务，同时也标志着我国测绘现代化建设或测绘信息化发展进入一个新的阶段。在技术形态上从数字化测绘技术向更加自动化、智能化的信息化测绘方向发展。自主卫星导航定位技术、航空航天遥感技术、地面移动快速测量技术、地理信息网格技术等成为测绘的主体技术。与此同时，多种技术集成融合，使测绘学科从单一学科走向多学科的交叉与渗透；测绘应用领域更加广泛和多元化，已扩展到与地理空间分布有关的诸多方面，如环境监测与分析、资源调查与开发、灾害监测与评估、农业发展、城市管理、智能交通。在服务内容上，测绘学科从标准化、专业化地图服务为主向多样化的地理信息服务和技术信息一体化服务转变，地理空间信息内容更加丰富和灵活多样，更加强调地理信息的分析、预测与辅助决策等功能；在服务方式方面，从封闭走向开放，从提供静态测绘数据和资料到提供随时空变化的实时/准实时动态地理信息，从面对面的直接服务向快速的网络化、流程化信息服务转变，信息流通更快速、获取更便捷。与此同时，服务主体也发生了转变，从“以政府部门、事业单位为主体的公共服务”向以“企业为主体的市场化服务和公众服务”转变，测绘的资源配置方式也发生了重大变革，地理信息服务的相关企业迅速发展。这一时期是全面建设信息化测绘体系、努力构建数字地理空间框架，加快推进测绘信息化进程的阶段，标志着我国测绘事业发展进入到地理空间信息全面服务的时代。

测绘学科在经历了传统测绘到数字化测绘再到信息化测绘的三个阶段的发展之后，其概念与内涵发生了根本性变化。现代测绘概念是研究地球和其他实体的与时空分布有关信息的采集、量测、处理、显示、管理和利用的科学与技术。测绘学科的应用范围和服务对象——从控制到测图(制作国家基本地形图)扩大到与地理空间信息有关的各个领域。特别是在建设“数字中国”中构建用于集成各类自然、社会、经济、人文、环境等方面信息的统一的地理空间载体，即国家地理空间框架。

地理空间信息学[①]是地球科学的一个前沿领域，它利用系统化的方法，集成了用来获

---

① 1996年，国际标准化组织(ISO)对地理空间信息学(Geomatics)给出了它的定义：“Geomatics is a field of activity which, using a systematic approach, integrates all the means used to acquire and manage spatial data required as part of scientific, administrative, legal and technical operations involved in the process of producation and management of spatial information. These activities include, but are not limited to, cartography, control surveying, digital mapping, geodesy, geographic information systems, hydrography, land information management, land surveying, mining surveying, photogrammetry and remote sensing”。ISO还给出以下的简明定义：“Geomatics is the modern scientific term referring to the integrated approach of measurement, analysis, management and display of spatial data”。

取和管理空间数据的所有技术,这些数据是产生和管理诸如科学、行政、法律和技术等涉及空间信息过程所需要的。这些领域包括(但不仅限于)地图学、控制测量、数字制图、大地测量学、地理信息系统、海道测量学、土地信息管理、土地测量、矿山测量、摄影测量与遥感。当今我国的测绘学科正向着国际上正在兴起的地理空间信息学跨越与融合。

面向全社会提供地理空间信息服务是现阶段测绘发展的主要任务。实现测绘信息化的重要途径是信息化测绘体系建设,2011—2012 年测绘学科发展主要是围绕信息化测绘体系建设中的地理空间信息技术、理论、方法以及应用服务方面的进步,强调地理空间信息的获取、处理、服务过程和手段的信息化。在 2011—2012 年已完成或即将开展的国家测绘重大工程项目,如"北斗"导航卫星系统、现代测绘基准、海岛礁联测、"天绘"和"资源三号"测绘卫星、国家 1∶50000 基准地理信息数据库更新、西部测图工程、地理国情监测、应急测绘技术、数字城市、全国地理信息公共服务平台与天地图等十大工程既推进了信息化测绘体系建设的进程,同时也促进了测绘与地理空间信息学科的发展。

二、本学科近年来的最新研究进展

2011—2012 年测绘学科进展主要体现在测绘与地理空间信息的空间基准建设、获取技术、处理方法、服务方式和应用领域等几个方面。

(一)测绘与地理空间信息的空间基准

测绘与地理空间信息的空间基准是地理空间信息获取、处理和开发利用的基础数据和基本保障,是反映真实世界空间位置的参考基准。主要有平面基准和高程基准,要利用现代测绘理论和高新技术手段,建立与维护覆盖全国、陆海统一的新一代高精度、三维、地心、动态、几何—物理一体化空间基准,建设较为完善的基准基础设施。重点是建设覆盖全国的卫星定位连续运行基准站网和国家卫星定位空间大地控制网,精化国家大地水准面,全面提高高程控制网和重力基本网的密度与精度。

1. 平面基准

平面基准,大地测量参考系统,依其原点位置不同而分为参心坐标系和地心坐标系。国际上采用国际地球参考系统(ITRS);我国采用参心坐标系,包括 1954 北京坐标系和 1980 西安坐标系,2008 年 7 月 1 日国务院批准我国采用国家大地坐标系(CGCS 2000),近两年陆续在全国推广应用。在国家层面上主要包括:三、四等天文大地网成果转换;1∶5 万、1∶1万地形图格网点 1980 西安坐标系到 CGCS 2000 改正量计算;国家 1∶5 万数据库转换。控制点成果的转换是基于原始观测数据,分析了全国三、四等三角网的观测数据和未参加两网平差的一、二等三角网的 242 个基线网观测资料,采用各类型已知点共 29137 个。进行了分区平差,获得了全国共计 74723 个三、四等三角点 CGCS 2000 的坐标成果。完成了国家 1∶5 万更新工程 5000 幅 DLG 数据库的建设、5000 幅 DOM 数据的 2000 国家大地坐标系的转换。省级数据库转换主要是针对各省市建立的 1∶1 万基础地理信息数据库的转换。对于地形图的转换工作,1∶5 万、1∶1 万图幅平移量计算工作已经完成。对于地方测绘部门,基于几种常用坐标转换方法及转换模型编制了控制点成果转换软件,

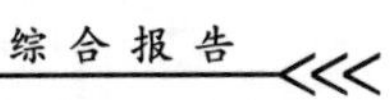

以实现地方 CORS 站到 CGCS 2000 的转换;制订了独立坐标系与 CGCS 2000 转换技术指南。

2. 高程基准

我国采用 1985 黄海高程系统作为国家高程基准,青岛水准原点及其高程值为其起始基准数据。国家一、二等水准网则为此高程系统的参考框架。国家高程基准的进一步发展则是利用厘米级精度水平的高分辨率(似)大地水准面将 GNSS 测定的大地高转换成正(常)高,借助(似)大地水准面形成全球统一的高程基准,以此代替几何水准测量所建立的高程参考框架。在现代高程测量方面,厘米级高精度、高分辨(似)大地水准面数值模型的确定方法得到了进一步的发展,出现一些新的(似)大地水准面精化理论和解算方法,已成功实现建立 1cm 精度城市和 5cm 精度省级似大地水准面,精度水平整体提高了一个量级,并为我国现代高程基准建设提供了完整的新技术和标准,与此同时,利用高精度区域似大地水准面和 GPS 大地高实现了 30km 跨海厘米级精度的高程基准传递,解决了近海区域跨海高程测量难题。国际上 2160 阶全球重力场模型 EGM 2008 公布后,研究了利用该模型快速精确计算 $5'\times5'$模型大地水准面的改进算法,以及联合 GPS 水准统一局部高程基准的问题;另外全球 $1'\times1'$重力异常数据产品 V18.1 已公布,研究了利用该产品确定高分辨率局部大地水准面的计算方法;进一步研究了重力大地水准面和 GPS 水准联合确定精化局部大地水准面的方法;提出了多项原创性的理论技术方法,包括:在重力归算中采用严密的顾及地球曲率地形改正和均衡改正的球面积分公式,格网重力异常采用曲率连续张量样条算法进行内插和推估,似大地水准面计算采用第二类赫尔默特凝集算法,各类地形位及地形引力改正均考虑地球曲率影响,利用球谐展开顾及地形影响,提高了重力似大地水准面的精度。

3. 陆海空间基准之间的连接与维持

主要采用大地测量控制站点并置技术,构建与陆海一致的海岛礁测绘基准。大地测量控制站点并置技术,所涉及的大地测量控制站点类型主要包括:CORS 站、长期验潮站、水准点、重力控制点与卫星定位控制点。通过并置这些站点,可精确分离海平面变化与地壳垂直运动,测定国家高程基准与全球高程基准之间的差异,多角度重构坐标基准、高程基准之间的关联。构建与陆地一致的海岛礁空间基准,是建立由沿岸陆地、海岛礁大地控制站点构成的坐标基准、高程基准一体化的海岛礁空间基准。通过与已有国家坐标基准、高程基准的联测,实现海岛礁基准与陆地基准的衔接,确定国家大地坐标基准、高程基准的严密关系,实现海岛礁空间基准的统一和不同基准之间精确连接。

测绘与地理空间信息的空间基准是统一、高精度、地心、动态的几何—物理一体化测绘基准体系。我国未来的基准体系包括:360 多个 GNSS 连续运行基准站、12.2 万 km 国家一等水准网、4500 多个卫星大地控制网点和厘米级精度国家大地水准面。

4. 地理空间信息基础框架建立与更新

地理空间信息框架是地理空间信息数据及其采集、加工、交换、服务所涉及的政策、法规、标准、技术、设施、机制和人力资源的总称,核心就是建立和更新国家、省级和县市的基础地理信息数据库,及时提供现势性好、准确度高、内容完备和易用的基础地理空间信息,为国民经济和社会信息化建设提供统一的空间定位基准和地理信息公共服务平台，这是当前及今后较长时期测绘地理信息部门的一个主要任务。近两年，地理空间信息基础框架的建设主要体现以下几个方面。

(1)国家基础地理空间信息数据库建设与更新

“十一五”期间，国家测绘地理信息局组织实施了国家1∶5万基础地理信息数据库更新工程，它是构建数字中国地理空间框架的重要组成部分，是国民经济不可或缺的基础性、战略性信息资源。2006年到2011年上半年共5年多时间，该工程完成了我国80%陆地面积1∶5万基础地理数据库的全面更新，包括1∶5万地形要素数据(DLG)、1m或2.5m正射影像数据(DOM)以及1∶5万数字高程模型(DEM)的更新；更新版1∶5万地形图制图数据生产计划在年内完成。更新后的1∶5万数据库，无论是数据内容还是现势性都得到全面的提升。

利用航空或遥感影像数据，更新生产全区范围内1m或2.5m分辨率高精度DOM数据，影像时相全部达到2005年后，其中80%达到2007年后。生产DOM的像控点，大部分采用野外实测，或从1∶1万地形图及车载GPS采集的道路数据中获取。经过检测，DOM数据的定位精度全部达到或优于1∶5万地形图要求。

1∶5万DLG数据更新主要采用综合判调更新、1∶1万数据缩编更新及地形图数字化内业更新三种方法。对1∶1万数据符合更新要求的区域，优先采用缩编更新；有近年新测或更新过的1∶5万地形图区域，通过收集现势资料并参照新的DOM进行内业更新；其他区域全部采用基于DOM数据的内外业综合判调更新。更新后的1∶5万DLG数据，包含水系、居民地、交通、境界、地貌、土质植被、管线、控制点、各种设施等要素内容，要素分类数量比原来增加3倍多，数据层从14层增加到34层，内容更加丰富和详细，实现从核心数据库到全要素数据库的跃迁，现势性达到2006—2010年。

1∶5万DEM数据更新是对已更新的DLG等高线数据进行内插生成。1∶1万数据缩编更新以及采用1∶5万地形图数字化内业更新的区域，对1∶5万等高线及地貌数据进行了全面更新；在综合判调过程中，对局部地貌发生变化的区域的等高线要素等也进行了修测、调整和更新。更新后的1∶5万DEM数据质量得以进一步优化完善。

更新版1∶5万地形图制图数据的生产，是通过建成的1∶5万地形数据库驱动，快速生成与地形数据库一体制图数据库，实现同步管理和更新，并可以输出印刷。在此同时，在我国又组织实施了西部1∶5万地形图空白区测绘工程，它是在我国青藏高原、塔里木盆地和横断山脉等没有1∶5万地形的200余万km^2的西部区域完成了1∶5万西部测图工程，实现了全国1∶5万“一张图”的全面覆盖。西部测图工程的顺利实施、促进西部大开发，对西部地区经济社会发展、民族关系巩固、西部基础设施建设、西部生态环境保护、西部资源的合理利用与开发、西部国土资源整治等工作都具有重要的战略意义。

该工程针对西部地区特殊的自然地理环境，主要采用大规模卫星遥感立体影像数字化测图，以及大范围稀少控制点卫星影像整体区域网平差，减少野外工作量等技术方法进行测图，同时对采用InSAR测图技术实现多云雾高山区地形图测图进行研究，完成了西部地区200万km^2范围内1∶5万地形图测绘及基础地理数据库建库，包括1∶5万地形数据库(DLG)、数字高程模型(DEM)、2.5m分辨率数字正射影像数据库(DOM)、1∶5万数字栅格图(DRG)以及地表覆盖等专题数据库,制作印刷了1∶5万地形图。

另外还完成全国1∶25万数据库第二次全面更新。1998年建成的全国1∶25万基础地理数据库,在2002年进行了首次全面更新,当时主要是利用收集的现势资料和TM卫星影像进行更新。改革开放以来,我国经济建设一直快速发展,地形地物随之发生了较大的变化,基础地理信息如不及时更新,其现势性难以满足应用需要。为此,在2008年又对全国1∶25万数据库进行了第二次全面更新。这次更新,利用了2006年建成的1∶5万核心要素数据库作为信息源,其全国行政地名数据通过实地核查进行了更新,县乡以上的公路采用GPS采集数据进行更新,其他要素也参照SPOT卫星影像数据进行了更新。同时,还收集利用了新的卫星影像、SRTM数据以及水利、交通、国土和勘界等专业资料。更新后的1∶25万数据库,现势性大幅提高至2008年,补充增加了土质植被要素层,西部地区DEM进一步精化。全国1∶25万数据库在国家宏观规划和决策中发挥了重要作用。

(2)数字省市地理空间框架建设与更新

近两年,全国各省、市、自治区测绘部门加快推进1∶1万基础地理信息的覆盖范围。到2010年底,全国已有45%国土面积实现1∶1万地形图或数据库的覆盖。同时,全国省级1∶1万基础地理信息数据库建设与更新全面开展。与此同时,已有280多个城市开展数字城市地理空间框架建设,建成了一批城市的基础地理信息数据库与城市地理空间信息公共服务平台,以及1000多个城市交通管理、市政服务、地下管网、公安消防、应急联动等方面的基于地理空间位置的专题管理信息系统。

"十一五"初期,全国大部分省和自治区1∶1万地形图没有实现全面覆盖,地图的现势性大多为20世纪80~90年代。1∶1万基础地理数据的规模化生产与建库刚刚起步,大部分省尚处于设计与生产试验阶段,大规模开展的只有少数几个省。同时受到当时经济、技术条件及信息获取能力的限制,1∶1万基础地理数据一般是对已有1∶1万地形图进行数字化然后建库。采用这种方法:①生产和建立的数据库现势性比较差;②大多采集核心要素,数据内容和属性不够丰富;③各省之间的标准不完全统一,相互之间存在一定的差异。

2010—2011年全国各省、市、自治区测绘部门加快推进1∶1万基础地理信息的覆盖范围。到2010年年底,全国已有45%国土面积实现1∶1万地形图或数据库的覆盖。同时,全国省级1∶1万基础地理信息数据库建设与更新全面开展,只有个别省还未开展1∶1万基础数据生产建库与更新,有近20个省基本建成省级基础地理数据库,主要包括1∶1万DLG、DEM、DOM等"3D"产品,有一些是包括1∶1万DRG在内的"4D"产品。有近10个省完成了第一轮更新。近几年生产和更新的1∶1万基础地理数据,1∶1万DLG数据全部为全要素,DOM数据多为0.5~2.5米多分辨率正射影像,现势性大幅提高,部分省实现2~3年全面更新1次,重点要素1至半年更新1次。

(二)测绘与地理空间信息获取技术

实时化和空间化地理信息获取是地理空间信息数据获取手段的重大进步。通过着力建设陆、海、空、天多平台、多传感器的先进测绘基础设施,不断发展地理空间信息数据的快速获取技术手段,使地理空间信息数据能实时/准实时的获取。这些技术手段主要包括:高精度卫星导航定位系统、高分辨率卫星遥感系统、数字航空遥感系统、重力卫星系统和航空重力系统以及地面移动快速测量系统等。

1. 卫星导航定位技术

2011—2012 年,在我国卫星导航定位技术的发展重点是我国的“北斗”导航卫星系统[BeiDou(COMPASS)Navigation Satellite System]。作为中国正在实施的自主发展、独立运行的全球导航卫星系统,其建设目标是:建成独立自主、开放兼容、技术先进、稳定可靠的覆盖全球的“北斗”导航卫星系统,形成完善的国家卫星导航应用产业支撑、推广和保障体系,推动卫星导航在经济社会各行业的广泛应用。“北斗”全球导航卫星系统致力于向全球用户提供高质量的定位、导航和授时服务。“北斗”系统的建设与发展,以应用推广和产业发展为根本目标,强调质量、安全、应用、效益,遵循开放性、自主性、兼容性、渐进性的建设原则。“北斗”卫星导航系统建设的“三步走”规划:第一步是试验阶段,即用少量卫星利用地球同步静止轨道来完成试验任务,为“北斗”卫星导航系统建设积累技术经验、培养人才,研制一些地面应用基础设施设备等;第二步是建成覆盖亚太区域的北斗卫星导航定位系统(即“北斗二号”区域系统);第三步是建成由 5 颗静止轨道和 30 颗非静止轨道卫星组网而成的全球导航卫星系统。

近两年,我国“北斗”系统的定位与定轨技术发展迅速。在定位与完好性监测方面,研究和提出了利用 B1 和 B3 频率进行双频载波相位差分的方法和“北斗”三星无源定位技术以及“北斗”局域差分技术;针对“北斗”用户机的 RAIM 算法,提出了一种基于奇偶相关分组方法的新型故障卫星分离方法;借鉴 SBAS 完备性算法原理分析在中国大陆区域内“北斗”系统所能提供 XPL 性能指标,表明在单频条件下,中国大陆区域内仿真的“北斗”系统能满足 APV 飞行阶段的完备性要求。在组合定位方面,主要进行了“北斗”二代/ SINS 组合导航系统研究,建立了组合导航系统的状态模型和量测模型。在定轨方面:研究了星地监测网下的“北斗”导航卫星轨道确定,提出了层间链路的星间链路方式;开展多种场景的“北斗”定轨仿真;进行基于转发式的北斗卫星导航系统地球静止轨道卫星精密定轨试验;利用国家授时中心的转发式测轨网对“北斗”GEO 卫星的观测数据和“北斗”GEO 卫星进行了精密定轨分析。此外,针对“北斗”二代导航卫星,提出了动态环境下基于伪码高精度距离测量和时间同步技术;应用延长基线法实现了“北斗”双星的快速定向,促进了“北斗”定向技术的实际工程应用。

2. 高分辨率测绘遥感卫星平台

高分辨率测绘卫星是国家高分辨率对地观测系统的重要组成部分,发展长期、稳定、自主、连续运行的高分辨率立体测图卫星是我国独立获取全球地理空间信息能力和自主信息保障能力建设的一项战略任务。卫星成像技术及立体成像能力的发展,使得卫星测绘(Satellite Mapping)成为了地理空间信息获取与持续更新的主要技术手段之一。卫星影像时间分辨率高、覆盖范围大、不受空间管制政策的限制,使其在公共安全和突发事件的空间信息保障、困难地区测图、境外目标定位等方面具有航空影像无可比拟的优势,呈现出航天摄影测量与航空摄影测量并存的局面,优于米级的高分辨率立体测图卫星将是国内外测绘卫星的一个主要发展方向。

2010 年 8 月 24 日，我国成功将“天绘一号”卫星送入预定轨道。“天绘一号”卫星主要用于科学研究、国土资源普查、地图测绘等诸多领域的科学试验任务，星上搭载了立体测绘相机，其 CCD 相机地面像元分辨率 5m，光谱范围 0.51～0.69μm，相机交会角 25°；多光谱相机地面像元分辨率 10m，成像幅宽 60km，轨道高度 500km。相机几何精度、结构稳定性都达到了较高水平。此外，中国另一颗自主的民用高分辨率立体测绘卫星“资源三号”于 2012 年 1 月 9 日发射。这颗卫星的任务是用于测制 1∶5 万以及更大比例尺的地理信息产品的生产和更新。卫星的有效载荷采用“3＋1”模式，配置了前视、后视和正视三台全色测绘型相机和一台多光谱相机，其中，正视相机分辨率 2.1m，前后视相机分辨率 3.6m，多光谱相机 6m，回归周期 59 天，重访周期 3～5 天，幅宽 50km。卫星还配备了双频 GPS 接收机，高精度星敏感器和高精度陀螺，是目前我国研制的最先进的一颗遥感卫星之一。卫星对于我国的对地观测从定性观测向定量遥感的转变具有革命性的意义。“资源三号”卫星工程包括卫星、运载、发射、测控、地面和应用六大系统。

“资源三号”卫星的应用系统目标是针对基础测绘和资源调查等领域的应用需求，突破卫星立体测图技术难点，实现 1∶5 万立体测图和 1∶2.5 万更大比例尺的基础地理信息更新，满足测绘及国民经济各领域对基础地理信息产品的应用需求。应用系统包括卫星计划和业务管理、影像分析与地面检校、影像处理与应用、立体测图产品生产、数据管理、产品分发与服务以及国土资源应用 8 个分系统，以及计算机与网络平台和场地建设。

近年来国外亦有多颗高分辨率遥感卫星被成功发射，除影像分辨率不断提高之外，遥感卫星传感器的成像方式也向多样化的方向发展，单线阵推扫成像方式逐渐发展到多线阵推扫成像，立体模型的构建方式也随之多样化，更加合理的基高比和多像交会方式可进一步提高立体成图的精度。

3. 数码航空摄影测量技术

在此领域的研究主要集中在：大像幅航摄仪的开发与应用；“倾斜摄影”成像方式；基于改进的暗原色原理航空影像的快速去雾处理技术；基于地面多种控制和约束信息的摄影测量定位、定向技术；依据直线、曲线特征的影像位姿解算方法，如“广义点理论”。

CCD 等光电感应器件技术的发展带来数码相机的诞生及其迅速提升，但与传统的胶片航摄仪相比，单个 CCD 芯片的数码相机其像幅大小还只能算是中偏小。大像幅数码航摄仪的开发和产品的不断完善成为国际顶尖设备厂商所追求的重要目标之一。目前主流大像幅航摄仪的基本原理主要可归纳为三类：①依据中心投影原理将四幅成方阵排列的单元面阵相机的影像拼接成一幅大面阵影像；②四个单元面阵相机沿飞行方向成一字形排列，进行依次顺时(间隔约 1ms)分块曝光，之后将各块影像拼接成一个大幅面；③依据三线立体扫描成像原理，即 3 条 CCD 长线阵(如超过 1 万像素)分别排列在前视、垂视和后视的相机焦面上，随飞机飞行推扫记录 3 条立体重叠的宽带影像。

采用“倾斜摄影”的成像方式，如 Microsoft 公司研制的由 5 台单元数码相机组成的航摄系统，分别竖直朝下、倾斜朝向前方和后方以及左侧方和右侧方进行拍摄，以保障在空中从多个角度获取地面、地表和地物的信息。此方式增加了空间信息量，有助于对地物等影像的直接识别、建模和纹理提取，已逐渐成为数字城市建设的理想数据源之一。

数码航空摄影用于航空遥感，针对航空影像受雾气影响较大问题，发展了新的基于改进的暗原色原理航空影像的快速去雾处理技术。基于地面多种控制和约束信息的摄影测量定位、定向技术也得到较大发展。出现了一批依据直线、曲线特征的影像位姿解算方法，具有代表性的如“广义点理论”，实现从传统的点特征向高维特征的解算方法的演进。此外，基于“四元数”这种数学工具，面向克服方位元素之间的相关性以及大倾角航摄等问题，在线阵和面阵影像的定向解算中得到了广泛的应用。由于数码航空摄影可提供高重叠度影像，采用多视重叠影像的自动匹配技术，基于附加的一致性约束条件，可以生成密集的匹配点云，匹配的精度和可靠性大大提高，有效地解决复杂地形条件下数字地面模型自动提取的难题，并可大幅度提高 DSM 和 DEM 生产效率。

4. 无人机航摄遥感系统

无人机是轻小型、简易传感器的良好搭载平台。无人机航摄系统具有灵活机动、高效快速、精细准确、作业成本低等特点，在小区域和飞行困难地区高分辨率影像快速获取方面具有明显优势。近两年，无人机遥感技术发展迅速，当前的研究重点主要集中在无人机遥感技术在不同领域应用的可行性和适应性、无人机遥感平台多传感器集成技术、无人机飞行控制技术和无人机遥感数据专用处理算法等。另外值得关注的是一种高空长航时无人机(HALEUAV)，它是介于长期太空卫星与短期中低空飞机平台之间的一种中期高空遥感平台，具有很强的自主能力，可凭借太阳能在 14000m 以上的高空进行持续几个月的飞行。

5. 机载激光扫描系统

机载激光扫描(LiDAR)技术已成为精确、快速、可靠获取地面三维数据的重要工具之一，是获取高时空分辨率的地理空间信息的技术手段，将传统的人工单点数据获取转变为自动连续数据获取。它提高了数据的观测精度和速度，使数据的获取和处理朝着智能化和自动化方向发展。近两年的研究主要关注于机载 LiDAR 点云滤波和分类问题，LiDAR点云地物提取与模型重建，LiDAR 与光学影像的集成处理方法等。将激光点云数据与影像数据进行联合处理，可以实现激光点云和光学影像两者的优势互补，自动生成数字高程模型、大比例尺测图、地物的分类与识别以及城市三维建模等。

6. 地面移动测图系统

地面移动测图平台以其快速高效的优点，可满足基础地理空间信息的现势性，规划设计的高效准确性等要求。其关键技术，如多传感器集成、系统误差检校、直接地理参考技术、交通地理信息系统方面的研究取得重大进展。在软件方面，国内近两年的研究主要集中在对导航稳定性的改进方法、专业系统建立及数据处理自动化技术。

针对城市中高大建筑物、桥梁隧道等会造成信号失锁的问题，可通过对主要基于导航设备如里程计、GPS、IMU、INS 等获得的数据进行导航算法的改进，如基于 GPS 与航位推算(DR)组合导航的误差补偿及卡尔曼滤波方法，基于 GPS 与 INS 及惯性传感器(MINS)数据融合及滤波的组合导航算法，基于补偿滤波器的磁罗盘和角速率陀螺的组合导航算法，基于 INS 与 DR 组合导航误差补偿的导航算法，以及将航位推算姿态、位置代入惯导的速度更新方程利用加速度计完成速度更新的改进捷联惯导(SINS)与 DR 组合导航的方法等。国外则凭借高水平的机器人技术及计算机视觉技术，带动同时测图与定位技术（SLAM）的快速发展，移动测量平台积极借鉴了 SLAM 技术，将激光扫描数据与快速 SLAM 算法相结合进行导航，同时采用地形参考与导航技术相结合的导航算法以解决导航技术中存在的漂移问题。

目前移动测量系统得到有效应用的领域仍是交通地理信息方面，因此近两年的研究主要对应于道路周边环境、地物信息提取建库、道路破损检测及入库。对各种地物，如起讫桩号、里程信息、路标、路灯、树干及其他交通标志及地物的检测与识别逐步实现自动化或半自动化，以及对公路破损的空间信息（起讫桩号、里程信息）以及属性信息（公路类型、破损类型、破损程度、破损长度及宽度）进行公路路况调查、建库。在道路安全检查方面则利用移动测量系统点云数据对场景进行分割，得到路面、植被、交通标志、路障、墙面等数据，用于进行道路安全检查。在此基础上，其应用领域进一步扩展到大比例尺地物特征提取及成图，基于 RGB 彩色影像与点云融合的植被分类以及基于高光谱影像与点云融合的植被分类与病害检测。还有一些应用是利用移动测量系统中影像数据测量地物位置与尺寸，并将地物与影像关联，建立城市影像库，并对基于车载激光扫描点云数据，从中提取地物特征，进行大比例尺地图测绘及成图。国外在积极开发移动测量系统平台，研究交通标志、树木等交通安全相关地物提取与测量的同时将其扩展到其他应用领域，特别是在多种数据融合方面取得了较多的研究成果。国外对影像数据与点云数据的综合平差方法进行了一系列研究，并利用点云数据与普通光学影像或加载的高光谱传感器获取的高光谱影像对植被进行分类和道路安全检测及植被病害监测。

7. 地面激光扫描系统

地面三维激光扫描是由空间点阵扫描技术和激光无反射棱镜长距离快速测距技术发展而产生的一项新型测绘技术。它是利用激光测量单元进行全自动高精度步进扫描测量，能够高效率、高精度、高密度获得扫描目标完整的、全面的、连续的、关联的三维坐标，而且融合了激光反射强度和物体色彩等光谱信息，真实地描述目标的整体结构、形态特性和光谱特征，为测量目标的识别分析提供更为丰富的数据内容。近两年，随着相关理论的不断成熟，微电子技术以及相关软硬件的迅速发展，地面三维激光扫描在工作效率，扫描精度，采样密度等方面的飞速提高，并逐渐形成产业化。在地面三维激光扫描点云数据处理算法方面，在点云的管理与渲染、滤波、特征提取与分割、模型重建、纹理映射等点云数据处理关键技术做了大量深入的研究工作。

8. 轻型飞机大比例尺地形测绘技术

轻小型低空遥感平台的发展历史较短，但由于具有机动灵活、经济便捷等优势，在近年来受到摄影测量与遥感等领域的广泛关注，并得到飞速发展。低空遥感平台能够方便地实现低空数码影像获取，可以满足大比例尺测图、高精度的城市三维建模以及各种工程应用的需要。由于作业成本较低，机动灵活、不受云层影响，而且受空中管制影响较小，有望成为现有常规的航天、航空遥感手段的有效补充。

当前可采用的轻小型低空遥感平台可具体分为无人驾驶固定翼型飞机、有人驾驶小型飞机、直升机和无人飞艇等。目前国内已有多家研究机构，对采用无人驾驶固定翼型飞机和无人飞艇进行地形测图展开研究，已取得一定的研究成果。

我国利用固定翼轻型无人机航摄系统首次成功获取西藏、新疆、青海、四川、云南5省34县高分辨率航空影像并制作成图，从而结束了这34个西部测绘极其困难地区无高分辨率航空影像的历史。总航摄面积达1157km^2，获取影像12102张、像控点961个，制作了定日、巴青、囊谦、九龙、马尔康、德钦等34个县城区域1∶1万正射影像，并建成定日、马尔康、波密等19个县城区域三维景观浏览系统。在影像处理中，采用了基于集群网络化的影像分步并行处理技术处理小像幅、多像对、短基线的航空影像，解决了无人机航摄小像幅多像对大旋偏角的处理难题。三维景观浏览系统采用大场景三维可视化技术，可快速浏览影像。

重庆利用固定翼无人飞机，于2010年8月完成垫江县约100km^{2}的低空遥感摄影，地面分辨率20cm，生产制作了1∶2000 DLG、DEM、DOM及三维仿真地形和模型数据成果，为垫江县数字城市建设提供了基础数据支撑。经野外设站检测，平面位置中误差0.55m；高程中误差0.92m（山地地形），满足1:2000地形图规范规定精度限差要求。目前我国在低空遥感平台多传感器集成技术、自动化、智能化的飞行计划及飞行控制技术、轻小型遥感平台的姿态稳定技术、传感器定标及数据传输存储技术、摄影测量后处理技术等方面取得了较好的进展。

9. 水下地形测量

水下地形测量是海洋测绘的基本任务之一，围绕这一任务，在精密多波束测深数据综合处理、声线跟踪、异常测深数据处理、实时水位和水深获取、海床DEM建模等方面均开展了相关研究，并取得了一定的进展。

多波束实现了测深从“点”到“面”的突破，也是目前广泛采用的海洋调查设备。围绕该设备，开展了系统安装参数的校准和量化方法研究，并提出削弱各参数关联性的方法。研究了条带重叠区覆盖面计算模型，提出基于梯形的覆盖区计算方法；针对船姿对测深的影响，研究给出了瞬时波束覆盖区计算模型。对声线跟踪理论进行了拓展研究，给出了较为严密的、基于常梯度声线跟踪法的深度精确计算模型。研究了一种基于相干原理的测深算法，借助相干处理，获得了大量海底深度值，显著提高了测深数据的分辨率。为满足航行需要，研究了瞬时水深模型。以高密度多波束水深数据为静态水深，基于余水位订正的预报水位为动态水位，构建了瞬时水深模型，提高了航行保障能力。根据海道测量对姿态传感器安装位置以及观测点姿态改正对质心坐标系的要求，提出一种基于GPS—RTK的测船质心位置确定方法，并推导给出静态锚泊状态下测船质心位置的确定模型以及诱导升沉模型。在异常测深数据处理方面，针对多波束声呐图像中存在的隧道效应问题，研究了基于GSC结构的自适应波束形成算法，提出了MVDR算法的连续自适应实现方案，有效的削弱了多波束测深数据边缘波束中存在的旁瓣干扰。针对传统Kriging法处理多波束测深数据受异常值影响的问题，推导了抗差计算模型，消除了异常值对拟合变异函数的干扰。开展了CUBE算法研究，显著提高了测深数据中粗差的剔除效率。在海底DEM建模方面，提出一种基于伯恩斯坦多项式内插海底地形模型的算法，很好地保证了等深线数据所反映的原始海床形态。研究了利用格网分块结构高效组织海量多波束水深数据的抽稀方法，实现了不同网格尺度下数据的抽稀，提高了海床DEM模型的准确度。

针对海床趋势面构造问题，提出利用最小二乘支持向量机重构趋势面的方法。

10. 海洋重力与磁力测量

重力、磁力是海洋大地测量中两个非常重要的研究领域。围绕这两个领域，在野外测量、补偿检校、数据处理以及建模等方面开展相关研究，并取得了一定的进展。

在海洋重力测量及数据处理方面，提出测线系数修正法，即先在交叉点处采用平差对每条测线交叉耦合(CC)改正监视项系数进行修正，再重新计算CC改正，提高了动态CC改正的精度。对重力观测量协方差阵进行了谱分解，针对存在的病态问题，引入Tikhonov正则化算法，通过L曲线正则化参数选取，协方差矩阵小奇异值修正，抑制了其影响。在海洋磁力测量方面，研究了拖鱼起伏高度变化对测量成果的影响，给出了其与测区磁异常水平梯度变化复杂程度间的关系，提出了归算的阈值条件，并通过实例验证了该条件的合理性与实用性。研究认为在一级、二级和三级测量时，需将测量数据归算到平均海面上。分析了海洋动态环境对拖体定位的影响，建立了航向、航速和海流对拖体定位的补偿模型，提高了拖鱼位置的确定精度。

11. 海洋控制测量与海岸地形测量

在潮汐测量方面，研究并提出了基于PPP的远程GPS验潮方法，扩展了现有GPS潮位测量范围。在垂直基准确定方面，分析了潮位观测时序长度对调和常数稳定性的影响，认为时序越长，调和常数误差越小越稳定。研究了正交潮响应分析对潮汐时序长度的要求，对于一天到数天的短期潮位数据，通过引入比例关系和改变模型参数，实现了建模和分析。针对中期潮位数据调和分析中调和常数不稳定问题，提出了一种利用差分订正求取海图深度基准面的方法，提高了深度基准面的确定精度。分析了直线形态估算法与调和常数模型估算法，给出水位改正方法对应的估算原理。为实现海陆垂直基准的统一，研究了海洋垂直基准与陆地垂直基准的关系及转换方法，构建了高精度理论最低潮面、平均海面等潮汐数值模型，实现了陆地地形图与海图数字成果的无缝拼接，取得了一般要素垂直基准转换精度和灯塔、灯标特殊要素垂直基准转换精度。

研究了全球平均大气压的变化特征，分析了传统卫星测高逆气压改正存在的缺陷，并对以常数大气压为参考值、以全球海洋平均大气压为参考值和顾及高频信号的3种逆气压改正，并对改正结果进行了对比分析，认为顾及高频信号的逆气压改正最接近海平面的真实响应，可减少卫星测高海面高交叉点不符值的影响。

对航测技术应用于海岸地形测量的方法、作业流程、影像纠正、海岸地形分类等问题进行了深入的研究，提出参照基准图像、基于改进的6参数仿射变换模型进行几何纠正的方法，较好地解决了大倾斜航空摄影图像中目标点位置的获取问题。为解决海岸带控制点少和高程控制难的问题，采用平面控制模型，研究了不同情况下卫星影像的纠正处理方法。对海岸线的提取和分类问题，从颜色、纹理、地物邻接关系等方面建立了海岸类型的遥感解译标志，提出了基岩岸线、砂质岸线、粉砂淤泥质岸线、生物岸线和人工岸线的提取原则。基于速率预测和灰色预测两类方法，分别探讨了海岸线变化趋势预测的定量计算方法，并给出基于基线剖面和原点剖面的海岸线趋势定量分析流程。

(三)测绘与地理空间信息处理方法

自动化和智能化测绘与地理空间信息处理是充分利用信息技术、人工智能技术等高新技术,研制自动化、智能化的测绘与地理空间信息数据处理平台,发展海量测绘与地理空间信息数据快速、精确处理和集成管理的技术手段,包括自动化智能化的卫星导航定位、卫星遥感、航空遥感、卫星重力等对地观测数据处理系统,地面测量数据快速处理系统以及测绘与地理空间信息数据管理、保密处理、产品制作等技术系统。为有效解决海量测绘与地理空间数据处理的瓶颈问题,将计算机网络技术、并行处理技术、高性能计算技术同测绘与地理空间信息技术相结合,开发了一系列自动化处理系统和平台。

1. 对地观测遥感数据处理与分析

近两年,高分辨率遥感影像数据处理的研究进展主要集中在高分辨率卫星遥感影像的直接定位;稀少地面控制点条件下的大范围区域网平差技术;高精度有理函数模型求解;几何辐射处理;多光谱及高光谱影像的分类;多源遥感影像的匹配、影像融合、地物目标提取与应用等。

随着遥感卫星轨道精度的不断提高和姿态控制测量技术的进步,高分辨率卫星遥感影像的直接定位逐渐成为可能,利用稀少地面控制点的大范围区域网平差技术,在满足成图精度的前提下,在地面选取少量控制点就可控制大范围的区域。如果同时能有效地分析遥感影像的各类几何特性,对轨道和姿态角误差带来的影响进行补偿,可进一步减少对控制点数量的要求。此外,无地面控制条件下自由网平差技术能有效解决边境地区控制点布设和测图的困难问题,使大范围边境区域和境外地形图测绘成为可能。

高分辨率遥感卫星通常采用线阵 CCD 进行成像,卫星影像提供商一般采用有理函数模型代替严格几何模型给用户。有理多项式模型(RFM)能很好地用于表示推扫式光学卫星影像系统几何校正产品的高程起伏引起的变形规律。因此高精度的有理函数模型解算方法以及如何有效地利用控制信息提高有理函数模型的精度,对利用高分辨率卫星遥感数据进行测图生产具有重要意义。系统的研究表明 RFM 模型的影像定向精度不低于推扫式光学卫星影像辐射校正产品的严密成像几何模型。

遥感影像辐射校正的研究,通过消除或减弱数据中的辐射误差提高遥感系统获取的地表光谱反射率、辐射率或者后向散射等测量值的精度。近年典型的成果包括:基于小波提升分解的小波变换辐射校正算法;更适用于洁净、干燥大气和高温、高比辐射率地物目标的星上标定。

面向对象分析技术仍然是高分辨率影像信息提取的研究热点。研究的内容有对影像自动分割与效果评价、对象的组织表达、影像处理与分类算法等方面。在影像分割方面,均值漂移、自适应分水岭等计算机视觉中的图像分割方法被成功应用于高分辨率影像分割;关于无参数的分类方法,提出了基于"吸引子"的自适应图像分割新方法;纹理分割技术的研究有基于 Gabor 滤波器与蚁群算法纹理分割技术。

在影像分类方法方面:SVM 等机器学习方法被广泛应用于高分辨率和高光谱影像的分类,在 SVM 核函数设计、基于分离测度的分类器设计等方面取得诸多成果;发展了在样本数据不足情况下的半监督分类模型,并用更具一般性的高斯混合模型描述样本分布。

基于语义特征和贝叶斯网络推理被应用于航空影像地物提取，各种新的纹理、形状、边缘特征被应用于地物提取。如：融合纹理和形态学特征进行震后房屋坍塌信息提取，基于贝特朗曲线的高分辨率遥感影像道路边缘提取，基于纹理边缘与感知编组的居民地外轮廓提取，利用 MeanShift 搜索的高分辨率影像半自动道路提取等。

2. GNSS 数据处理与分析

在模糊度解算方面，建立了直线道路和曲线道路的约束条件方程，给出附有道路轨迹约束条件的卡尔曼滤波公式，提出约束条件下的模糊度分解算法；提出一种中长基线三频模糊度快速解算新方法，同时，利用坐标参数与模糊度参数作为约束条件，给出了附有约束条件的 GNSS 模糊度快速解算。提出自适应整数正交变换算法，并采用此算法和升序排序调整矩阵对 LLL 算法进行了改进，减小备选模糊度组合数。通过分析目前存在的逆整数乔列斯基降相关方法的特点，提出一种基于排序和乔列斯基分解的模糊度降相关方法。针对联合降相关算法中存在的缺陷，提出改进的联合降相关算法。针对双星姿态测量中整周模糊度解算这一关键问题，提出一种新的双星整周模糊度解算方法——天线反转法。

周跳探测理论研究对传统的理论和方法进行了改进，实现了非差载波相位周跳的实时探测。通过对 Geometry - free 组合和 Melbourne - Wtbbena 组合的特性进行分析，同时利用滤波技术很好地实现了周跳的实时探测。提出一种适于“北斗”导航卫星系统(Compass)周跳探测的三频数据优化组合法。根据多频数据组合原理，推导了组合观测值比例因子与噪声比例因子的关系，分析了 Compass 码和相位的多种可能组合，从中选取 3 种线性无关的优化组合作为周跳检测量。所选检测量保持了周跳的整数特性，便于准确估计与修复周跳。利用双频观测值来讨论长基线动态测量中周跳修复问题，并在综合利用电离层残差法和伪距载波相位组合法的基础上，提出一种周跳修复法—最小二乘周跳搜索算法。另外还提出一种基于经验模态分解对载波相位测量进行周跳探测的新方法。相对于小波分析法探测周跳，经验模态分解可以做到自适应，解决了由于小波基的选取不当对周跳探测结果的影响问题。关于基于卡尔曼滤波的周跳探测算法，先利用 klman 滤波器对载波相位进行滤波处理，然后搜索预报残差中的跳变对异常值(周跳及野值)出现的历元进行定位，最后结合最优固定区间预测方法确定异常值的类型及计算其大小，从而达到周跳修复和野值剔除的目的。该方法一定程度上降低了分段滤波引起的复杂运算，并对不同类型的异常值有很好的探测能力，如连续野值、频繁出现但不连续的野值以及周跳。

在 GNSS 定位解算技术方面：以小波分析为工具，提出利用基于小波分析的组合观测值残差趋势信号改正原始观测值的预处理方法；提出一种基于改进粒子滤波的动态精密单点定位算法，优化了利用固定模糊度的动态精密单点定位算法，针对个别历元流动点有观测数据，基准点没有观测数据的情况，提出用流动点历元间差分数据作为观测值，以相近历元与基准点存在同步观测数据的流动点作为已知点，内插流动点坐标的算法，推导了相应公式，通过算例验证了算法的正确性和可行性。

3. 卫星重力数据处理与分析

利用重力卫星观测数据恢复地球重力场及其在相关地学中的应用研究取得较大进

展。重点是 GOCE SGG 数据处理和解算重力场模型新方法、测量误差分析、数据校准和成果检验，基于 SGG 观测数据，提出一种构建重力场模型的线质量调和分析方法。这种方法是基于 SGG 数据单层点质量调和分析方法的新发展，研究了求解 GOCE 重力场的 Tikhonov 正则化方法，在 GOCE 卫星重力梯度测量误差分析及模拟研究方面，提出采用 AR 模型基于先验的误差 PSD，模拟卫星重力梯度仪有色噪声时间序列，给出 AR 模型构造平稳随机过程的基本原理和数学模型；根据两类解析形式的重力梯度仪观测噪声 PSD，分别模拟相应的有色噪声时间序列，其对应的 PSD 与解析形式 PSD 的比较结果验证了 AR 模型用于模拟 GOCE 卫星重力梯度测量有色噪声的可行性和有效性；比较研究 SGG 数据粗差探测的阈值法、Grubbs 检验、Dixon 检验和小波分析法及组合方法。

在卫星重力数据反演方面：根据数值微分导出的加速度误差具有有色噪声的特性，提出基于去相关算法构造白化滤波器对加速度有色噪声进行白化滤波，以抑制高频观测误差的影响；提出了一种恢复地球重力场并同时改善部分轨道初始参数的方法——基线法；提出利用星载 GPS 历元差分计算的平均加速度反演地球重力场的方法；利用改进的能量守恒法论证了 GRACE 星体和星载加速度计检验质量的不同质心偏差对地球重力场精度的影响；深入研究了利用重力梯度张量不变量恢复地球重力场的理论与方法，在重力梯度张量不变量线性化的基础上，建立了基于卫星轨道面的不变量观测模型，完整地推导了两类重力梯度张量不变量的球近似和估计地球扁率影响的球面边值问题的求解公式。

4. 大地测量数据处理

近两年来，在大地测量数据处理理论和方法的研究取得了长足发展。下面从测量平差模型、病态条件诊断与正则化、抗差估计、滤波算法等方面进行总结和分析。

(1)测量平差模型

经典平差函数模型有条件平差模型、间接平差模型、附有参数的条件平差模型和附有限制条件的间接平差模型以及附有限制条件的条件平差模型。

将经典测量平差的概括模型(即附有等式限制条件的条件平差模型)扩展为附有不等式约束的平差模型，并将其定义为测量平差统一模型，同时在一定的条件下实现这种平差模型与概括平差模型间的相互转换。基于最优化计算理论中罚函数方法及传统测量平差中零权和无限权的思想，提出附有不等式约束平差的有效迭代算法，算法过程与经典平差计算方法相同。

提出了整体最小二乘的改进算法，利用附有限制条件的平差模型，导出观测向量和数据矩阵精度不等情况下的计算公式。该算法满足拟合方程应有的条件，提高了整体最小二乘递推算法的逼近精度，为整体最小二乘应用于测量数据处理提供了可行的方法。通过引入对多元函数隐函数求导的方法，确定了未知参数对观测数据的线性信息，解决了整体最小二乘下的精度评定问题。

在函数模型应用方面，针对中国大陆地壳运动分析中观测资料不足以及分布不均匀的问题，建立了更适于形变分析的最小二乘配置模型，并结合抗差估计，提出引入地球物理模型计算值用于数据的中心化处理，同时分区、按方向确定协方差函数的新方法。在中国 2000 GPS 网的整体平差处理中，采用附加系统参数的平差模型，减弱了系统误差及基准误差的影响。

在随机模型方面，提出基于等效残差的方差—协方差分量估计方法。利用正交分解提取出等效残差，建立 VCE 的基本方程，在给定初值的情况下，导出 Helmert、最小二乘和 MINQUE VCE 的估计公式，证明了基于等效残差的 VCE 公式与已有公式的等价性。分别采用 χ^2 统计量和正态积 Np 统计量检验等效残差的平方及其乘积，与基于残差粗差剔除的 VCE 相比，基于残差二阶量粗差剔除的方差分量估计结果等价，但协方差估计结果更有效。

在随机模型应用方面，推导了基于哈达玛总方差的 Kalman 滤波过程噪声参数和观测噪声的估计方法，在此基础上构造了 Kalman 滤波状态噪声协方差阵和观测噪声协方差阵，有效地实现了卫星钟时差、频差和频漂的短期预报。针对 GPS 精密单点定位中观测值随机模型中没有考虑卫星钟差插值误差，提出一种顾及卫星钟差插值误差的观测值随机模型。引进时间遗忘因子和观测冗余度因子，有效地平衡了移动窗口内不同时刻的观测数据及其冗余情况对单位权方差估值的贡献，改进了单位权方差的移动开窗实时估计算法，通过采用载噪比模型确定观测权阵及等价权抗差估计方法处理粗差，显著提高了 GPS/Doppler 的导航精度与可靠性。

(2)病态条件诊断和正则化

大地测量中的不适定问题包括病态问题和秩亏问题。病态问题的主要特征是解的不稳定性，如在某些控制网平差、大地测量反演、GPS 快速定位、重力场的向下延拓以及航天飞行器的精密轨道解算等方面都可能存在病态问题，影响参数解的稳定性。目前对病态问题的研究主要集中在两个方面：①如何建立病态问题的有效诊断方法；②寻求效果更好的病态问题解法。

基于矩阵体积的定义和性质，定义了任意矩阵向量正交度，并将其应用于病态问题的诊断、分析和解释。

利用观测矩阵的 QR 分解结果，将对观测结构的分析过渡到对上三角矩阵的分析与计算。由此对观测结构进行了深入分析与度量，能够对观测结构的各种形态进行推断，进而对系统的Ⅰ类及Ⅱ类病态性作出推断与估计。通过对Ⅰ类病态产生原因的分析提出适合参数分组和不分组两种情况下的参数优选方法，即基于投影正交分解的附加参数比较与选择方法和基于 QR 分解的参数比较与选择方法。前者用伪残差比对附加参数进行排队，该方法的几何意义明确，伪残差比加速了参数的分化，对参数优选有利；后者利用观测矩阵的 QR 分解得到的上三角矩阵进行观测结构的分析，根据观测结构的优劣决定参数的取舍。

采用岭估计法处理加权总体最小二乘平差的病态性问题，推导了相应的求解公式及均方误差评定精度的方法，定义了病态加权总体最小二乘平差中的模型参数分辨矩阵，并讨论了岭参数的含义及其作用，给出确定病态加权总体最小二乘岭估计中岭参数的岭迹法、广义交叉核实法和 L 曲线法。提出处理附有病态约束矩阵的等式约束反演问题的岭估计解法，推导了相应的求解公式及均方误差评定精度的方法，给出了确定附有病态约束矩阵的等式约束反演中岭参数的岭迹法、广义交叉核实法和 L 曲线法。

在广义条件数定义的基础上，推导了非线性病态法方程解的扰动估计式，并以扰动估计式为基础，讨论了非线性算法对非线性病态问题判断和分析的影响。

(3)抗差估计

为了削除或消弱粗差对估值的影响,对抗差估计进行了研究,提出P—范分布混合整数模型的极大似然估计方法。首先采用极大似然理论,顾及实参数可导而整参数不可导,导出P—范分布整数搜索准则,并证明最小二乘整数搜索准则是它的一个特例;然后给出P—范分布混合整数模型的P参数估计、整参数搜索和实参数求解的方法和计算流程。

从测量误差的实际情况出发,提出一元非对称P范分布极大似然平差方法。建立一元非对称P—范分布的密度函数,利用极大似然估计方法导出参数估计值的基础方程。研究表明,结合实际测量数据,通过选择合适的参数估计值,可以增加误差分布模型选取的灵活性,便于P—范分布理论在测绘数据处理中的推广应用。

应用Bayes定理,给出了测量噪声为污染正态分布时的一种Bayes估计动态模型,从理论上探讨了状态估计与污染率和粗差方差阵的关系,对于抗差估计的设计有一定的参考意义。

提出了结合中位参数法和等价权的抗差估计法,利用中位参数估值作为等价权抗差估计法的初值,提高了计算结果的抗差性。

在抗差估计应用方面,提出一种新的钟差算法—开窗分类因子抗差自适应序贯平差,即首先对一维钟差数据进行开窗处理,在窗口内利用抗差等价权削弱粗差影响,在窗口间构造自适应因子抵制钟跳异常,从而达到消除和削弱观测异常和状态异常的目的。采用粗差检测与抗差估计相结合的方法来处理GPS动态定位中的粗差问题,在数据预处理阶段采用粗差探测方法来剔除大的粗差,在参数估计阶段,利用抗差估计控制小粗差的影响,既能有效抵御粗差的影响,又能保证了软件的解算速度。

(4)滤波算法

滤波算法是近年来大地测量研究领域的一个热点问题。我国在自适应滤波领域做了大量的研究工作,取得了一批有影响的研究成果:①针对低轨卫星LEO星载GPS实时定轨中存在的问题,提出了以单点定位结果为观测值,采用自适应卡尔曼滤波方法进行动力平滑实现LEO星载GPS实时动力法定轨;②通过部分状态不符值来构造自适应因子的方法,并在GPS/INS紧组合导航中得到有效应用;③利用自适应滤波综合估计形变参数的方法。采用抗差等价权控制几何观测异常误差的影响,引入自适应因子平衡几何观测和地球物理模型信息对形变模型参数估计的贡献,利用高精度IGS站速度确定局部形变的基准;④构建了自适应拟合推估解法。分别采用Helmert方差分量估计法和极大似然方差分量估计法构造自适应因子,通过自适应因子调整信号向量与观测向量的先验权比,在GPS大地高到正常高的转换中得到很好应用;⑤自适应渐消扩展Kalman粒子滤波方法,该方法用渐消扩展Kalman滤波产生建议分布函数,由于参数的可在线调节性,使得系统具有更好的自适应性和鲁棒性。提出GNSS/INS紧组合导航的抗差EKF算法,该算法可以将三类粗差抑制在相应观测值的残差中,达到削弱其对状态参数的影响。

5. 数字地图制图技术

我国已经实现地图制图的数字化与一体化,由传统的模拟手工制图向数字制图的转变。数字地图制图的自动化、智能化水平有所提升。其工作重点已经从数字地图和纸质地图的生产向基础地理空间信息的持续更新转移。增量更新、级联更新成为研究的热点和难点。地理空间数据同化为数字地图制图中多源数据综合利用提供了新的解决方案，有力地提高多源数据综合利用的质量。制图综合技术继续朝前发展，诞生了一批先进的研究成果，已经在我国1∶50万、1∶100万地形图的生产和更新中得到应用和检验，有力地保障了生产的顺利实施。地理空间数据质量控制与检查技术日趋完善，确保了所生产的地理空间数据的质量。专题地图制图、应急保障地图制图成为数字地图制图研究的新热点。数字水印技术研究不断深入发展，矢量地图数字水印、DEM数字水印以及数字水印的数据质量评价等问题均有所突破。

我国已经构建1∶500万世界地图数据库，1∶300万中国及周边数据库，1∶100万、1∶50万、1∶25万、1∶5万基础地理空间数据库，各种比例尺的海洋数据库和航空图数据库，各个省、自治区、直辖市则建立了更大比例尺的空间数据库。这些空间数据库的建立，为我国经济社会的发展作出重要贡献，但也逐渐暴露出空间数据现势性不高、数据"老化"现象严重等问题，已不能适应和满足我国经济社会快速发展的需要。基础地理空间信息持续更新是确保空间数据现势性和精度的有效手段，目前广泛使用的版本式更新、定期更新存在更新周期长、现势性不高、数据冗余等问题。增量更新、级联更新则是目前该领域研究的热点与难点。

6. 地理信息系统技术

地理信息系统技术的发展主要围绕空间数据获取与集成、时空数据组织与管理、时空分析与建模、地理数据可视化、误差与不确定性以及分布式与移动计算几个方面展开。三维数据获取技术近年来有了很大的发展，基于遥感影像和机载激光扫描的方法可适用于大范围三维模型数据获取、车载数字摄影测量方法适用于走廊地带建模、地面摄影测量方法和近距离激光扫描方法则适用于复杂地物精细建模。在空间数据集成方面，基于地理本体、Web服务和多Agent的空间数据集成方法成为研究热点，而且开始应用到应急服务等领域中。时空数据组织与管理的关键问题主要体现在如何在海量空间数据中进行更高效的检索，围绕这一目标，近年来展开了空间索引方法和空间扩展查询语言的相关研究，其中空间索引方法的研究主要在传统R树索引、四叉树索引等基础上进行了扩展和优化，主要的研究集中于多维数据的空间索引方法、应用于分布式GIS的格网空间索引机制、采取以空间换时间的策略的混合式空间索引结构，以及结合并行化技术构建的分布式并行空间索引结构等。在时空数据建模方面，主要是对传统的空间数据模型加以扩展，引入动态图形对象模型、时空事件模型、事件处理引擎等概念，实现事件驱动的空间过程模拟机制，以及应用于地籍、土地利用和房屋等地籍要素的联动更新的时空数据更新模型、土地利用变化模拟模型和适用于导航的动态多尺度路网数据模型。在时空分析方面，主要集中在小区域范围内洪水淹没的精细模拟的研究，引入智能方法如遗传算法(GA)实现交通网络动态路径诱导以及多源、多通道最短路径问题等；在地理数据可视化方面，主要研究地图自适应可视化、地图显示速度的提高、地理空间三维布景及其关键技术，能支持使用网页浏览器进行三维场景游览与全景漫游的多维数据混合的数据模型，三维地形表达、三维虚拟城市构建技术以及地理信息可视化的应用。此外，在误差与不确定性的研究近年来主要围绕DEM精度提高、DEM精度评估、GIS属性数据不确定性及传播模型、空间数据质量的评价等方面展开，而分布式与移动计算主要关注于分布式环境下海量数据的组织方式、分布式空间数据库的应用、移动 GIS 系统中空间信息的表达、移动数字地球框架模型以及网格空间信息智能服务框架等方面的研究。

7. 基于网格计算的摄影测量与影像处理技术

目前研制了多个基于网格计算的摄影测量与影像处理系统，如 DPGrid、PixelGrid、GeoWay－CIPS，解决了稀少控制的高精度区域网平差、大范围数字高程模型自动提取以及数字正射影像快速生产技术，同时全面应用数码航摄及 POS、LIDAR 等航摄新技术，实现对航空或卫星遥感影像获取 DEM 和 DOM 数据的自动化处理，大范围高精度正射影像数据库建设与更新的能力明显增强。

8. 海图制图与海洋地理信息工程

在数字海图标准化研究方面，实现了具有自主知识产权的同一平台上多元海图数据的同时调显。对解析数据采用面向对象的数据组织方法，实现了美国 DNC 与 IHO S－57 格式数据的融合。按照 SIMS 技术体系，建立了与数字海图相关空间数据通用调显引擎，实现了多元海图数据的集成和全球数据的调用和显示。

针对数字海图中出现的信息加密、版权保护问题，提出基于双树复数小波变换的特征点数字水印算法、变换域算法和空间域算法相结合的互补性水印算法。分析了海图空间数据扫描数字化误差，提出误差分析方法；对误差特点进行了分析，认为扫描数字化误差不一定服从正态分布，更多地表现为系统误差的特点。

在数字海图方面，基于 ArcInfo 平台，应用 AML 宏语言，解决了面要素编码属性的自动识别、作业结果的自动比对、面要素综合错误的自动检测和多余面要素的自动检测等关键问题。在海图投影研究中，针对球心投影、球面投影等求解大圆航线受限于半球的缺陷，提出以正轴等距切圆柱投影为底图，将横轴等距切圆柱投影网与其叠置，在网的横轴与赤道重合条件下，通过网的左右移动以改变任意点网格位置的方法，解决了全球范围内任意两点间的大圆图解问题。为实现等距离投影和等面积投影间的直接变换，推导出子午线弧长和等面积纬度函数变换的直接展开式，解决了不同参考椭球下的变换问题。针对水深三角网构建算法的不足，提出了基于岸线约束的三角网构建算法，消除了三角网穿越陆地和岛屿时的不合理性。研究了基于 Delaunay 三角网的各层数据自适应搜索机制的建立方法，实现了各语义要素自动组合，生成了基于地名信息的有关指令。根据实际港口信息，实现了高分辨率潮汐、潮流、波浪的海洋水文仿真环境构建。针对传统网格数字水深模型 DDM 不能根据水深变化自动调节内插水深间隔的问题，研究给出顾及水深复杂度的自适应网格 DDM 构建方法和评估指标。在等深线绘制中，提出了一致基于形态约束的格网等深线自动勾绘算法。针对已有三维直线重建算法的不足，提出基于同名直线和点云数据的三维直线重建算法，算法引入更多的约束条件，提高了匹配的可靠性。

在海图一体化更新研究方面，分析了 VPE 海图数据格式及其理论模型和要素关系模型，在 VC＋＋6.0 平台下实现了对 VPF 数据的解读显示，为 VPF 格式海图向其他格式海图的转换提供了重要基础。提出基于数据库的一体化海图生产模式，并通过 C/S 模式，实现了服务器端和客户端矢量数字海图的一体化更新。研究了海图语义、位置和注记信息量及其变化信息量的量测方法，并提出基于信息量变化程度的海图改版需求评估方案。

在海图生产研究方面,针对海图设计中新编海图资料采用人工选择的现状,给出提取资料的自动选择和量化方法。提出一种基于曲线拐点信息的Douglas—Peucker改进算法,较好地遵循了“扩路缩海”基本原则,并在此基础上构建了海岸线自动综合模型。分析了印刷生产中使用专色出现的问题,提出基于相对匹配算法的专色误差分析模型,并研制了专色处理系统。

为实现空间数据的灵活装载和统一管理,基于商用软件建立了统一编码的符号库系统;研究了C/S环境下SDE空间数据图的自动符号化显示,实现了空间数据的自动符号化加载和显示。分析了当前基础地理信息数据建库的情况及其适用于基本比例尺制图的特点,充分利用商用软件提供的地图表现功能,探讨了商用软件环境下基于Geodatabase数据库实现基本比例尺地形图制图的方法,并采用ArcObjects作为二次开发的平台,设计开发了基于GIS数据库的基本比例尺地形图制图模块。研究了ArcGIS海洋数据模型中针对海洋要素产品时空数据的组织方法,并通过建立多维时空索引的方式对其进行改进,并运用到“数字海洋”原型系统项目中,取得了良好的效果。

(四)测绘与地理空间信息的服务方式

网络化地理空间信息服务是信息化测绘最重要和最突出的特征。网络化地理空间信息服务的主要任务包括:建立和完善国家、省、市级之间互联互通的地理空间信息网络交换中心和共享服务平台,向社会发布基础地理空间信息产品目录、元数据以及设定权限内可浏览和使用的基础地理空间信息,提供网络化的地理空间信息快速访问、检索、浏览、下载等服务,推进地理空间信息资源的社会化共享。建立卫星导航定位综合服务,提供车载导航、手机定位等移动终端位置服务。

1. 全国地理信息公共服务平台

全国地理信息公共服务平台是实现全国在线地理信息服务所需的信息数据、服务功能及其运行支撑环境的总称。它依托地理信息数据,通过在线方式满足政府部门、企事业单位和社会公众对地理信息和空间定位、分析的基本要求,具备个性化应用的二次开发接口和可扩展空间,也是实现地理空间框架应用服务的数据、软件及其支撑环境的总称。

地理信息公共服务平台是信息时代下测绘成果对外服务的直接模式,它是作为其他专业信息空间定位、集成交换和互联互通的基础。就构成要素而言,公共平台包含数据、软件、环境等的集成配置,较之基础地理信息数据库内涵更为丰富;就数据内容而言,公共平台从基础地理信息数据库中提取部分内容,又扩充了部分要素;就定位而言,公共平台的主要服务对象则是内容要求相对简化、但要能确保自身专题信息可准确集成的政务用户;就服务层次而言,公共平台则提供数据引用、共性功能直接使用、个性功能定制开发等多种层次的服务。

地理信息公共平台建设具体目标包括:实现全国地理信息资源的互联互通;提供一站式的地理信息综合服务;形成业务化运行维护与管理机制。其建设规模与建设内容如下。

1)平台总体上由1个主节点、31个分节点和333个信息基地组成。其中,主节点依托国家基础地理信息中心建设和运行,分节点依托省级地理信息服务机构建设和运行,信息基地依托地市级地理信息服务机构建设和运行。

2)平台各级节点之间、各级节点与相应的政府机构和专业部门之间,通过电子政务内、外网实现纵横互联。纵向上联通分布在主节点、分节点、信息基地的全国地理信息资源,实现联动更新与协同服务;横向上联通各级政府机构、专业部门,实现在线地理信息服务和资源共享。

3)主节点承建单位负责国家级公共地理框架数据(1∶5 万～1∶100 万)建设与维护更新,主节点服务系统和门户网站建设,服务与用户管理系统建设,主节点软硬件环境及安全保密系统建设,主节点网络接入系统建设(联通各分节点、相关国家部委及专业部门)。

4)分节点承建单位负责本省公共地理框架数据(1∶1 万)建设与维护更新,分节点服务系统和门户网站建设,分节点软硬件环境及安全保密系统建设,分节点网络接入系统建设(联通主节点和本省各信息基地、本省相关部门)。

5)信息基地承建单位负责本市公共地理框架数据(1∶2000 及更大比例尺)建设与维护更新,信息基地服务系统和门户网站建设,信息基地软硬件环境及安全保密系统建设,信息基地网络接入系统建设(联通本省分节点,本市相关部门)。其中,公共地理框架数据、服务系统及门户网站、软硬件环境等,均可利用"数字城市"建设成果。

2010—2011 年地理信息公共平台建设总体进展情况如下:

1)完成建设规划与技术设计。

编写并印发了《国家地理信息公共服务平台专项规划》、《加快推进国家地理信息公共服务平台建设的指导意见》、《国家地理信息公共服务平台技术设计指南》等指导性文件;完成了《电子地图数据规范》、《地名地址数据规范》、《地理实体数据规范》试行稿编制与试验;开展了服务规范、应用规范的编写工作。

2)搭建主节点原型系统。

完成了全球 1∶100 万数据、全国 1∶400 万、1∶25 万、1∶5 万(政务版)电子地图数据生产和主要要素实体化整合处理工作,初步建成主节点政务版地理框架数据库;完成了平台主节点在线服务系统、门户网站、应用系统原型开发;与黑龙江分节点进行了联网试验。同时,启动了分节点建设试点工作,确定了试点内容。

3)开展公众版数据设计与实验。

开展地理信息要素细化分层与要素保密界定方案编写与试验,根据公开地图内容表示补充规定和即将出台的遥感影像公开使用管理规定等,开展主节点公众版数据资源设计与试验。

4)开展相关专项的申报工作。

完成了《国家地理信息公共服务平台建设项目建议书》编写并上报国家发展与改革委员会。发改委方面已原则同意将平台建设纳入"十二五"规划,并将平台建设相关内容列为国家信息化建设试点之一。

5)与平台用户单位进行沟通。

组织召开了地理信息资源共建共享座谈会,来自 18 个部门的与会人员对平台的建设思路予以充分肯定,纷纷表示希望早日使用平台。与中办信息中心、公安部就平台应用进

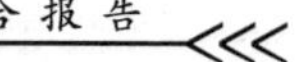

行了专题研讨，进一步明确了应用示范推进思路。

2. 地理空间信息应用与服务

全国地理空间信息公共服务平台形成“一站式”地理空间信息在线服务体系，最终实现“一张图、一个网，一个平台”的目标，并实现从离线提供地图到数据的在线提供信息服务的基本性改变，全面提升信息化条件下的地理信息公共服务能力和水平(涉密版、服务版、公众版)。地理空间信息服务网站包括由国家测绘地理信息局2011年1月正式上线的“天地图”。“天地图”是目前中国区域内数据资源最全的地理空间信息服务网站，集成了全球范围的1∶100万矢量地形数据、500m分辨率卫星遥感影像，全国范围的1∶25万公众版地图数据、导航电子地图数据、15m分辨率卫星遥感影像、2.5m分辨率卫星遥感影像，全国300多个地级以上城市的0.6m分辨率卫星遥感影像。“天地图”作为国家地理空间信息公共服务平台的公众版，从根本上改变中国传统地理空间信息服务方式，标志着中国地理信息公共服务迈出了实质性的一步。在民众生活方面，上海市的丁丁网把位置技术和城市信息搜索技术紧密结合起来，提供给用户一个精准高效的本地生活信息搜索服务。

3. 基于GIS技术的物联网

物联网是通过射频识别、红外感应器、全球定位系统、激光扫描器等信息传感设备，按约定的协议，把任何物品与互联网相连接，进行信息交换和通信，以实现对物品的智能化识别、定位、跟踪、监控和管理的一种网络。GIS在物联网中的地位与作用主要体现在以下方面。

(1)GIS技术为物联网提供基础地理信息平台

物联网的核心思想是通过感知设备对感知对象进行识别、定位、跟踪、监控和管理。在这种需求下，物联网天生就需要一种统一的能进行空间定位、空间分析的可视化地理信息平台。物联网建设期间，可以利用地理信息平台的空间分析能力进行传感器布设的选址，从而达到终端布设的科学性、合理性。物联网建成后，可以通过地理信息平台把所有的物联对象都落到统一的空间平台上，从而可以直观、生动、快速地对物联对象进行定位、追踪、查找和控制。

(2)GPS为物联网提供空间定位支持

定位技术是物联网的核心技术之一，可以帮助人和机器发现目标，从而实现目标的识别、定位、跟踪、监控和管理。作为GIS空间定位技术中的GPS技术，则可以满足全球级、区域级、国家级的位置服务要求。对于更高的定位精度要求，可以选择精度更好、更稳定的CORS技术，这种定位技术可以为物联网提供精度达厘米级的动态实时定位服务。

(3)三维GIS技术为物联网提供真实的虚拟展示平台

三维GIS技术作为GIS与VR相结合的技术可为用户提供一个集视觉、听觉、触觉等为一体的真实的三维虚拟环境，用户可以借助特定的装备以自然方式在远程获得与现场等同的感受、经历及体验。利用物联网前端传感器传回来的各种信息可以对被感知的对象进行虚拟重建、再现，从而可以建立具有真三维景观描述的、可实时交互的、能进行空间分析和查询的应用系统，将使物联网的感知、显示能力发生革命性的变化。

(4)移动 GIS 为物联网提供移动计算平台

移动 GIS 是一个集 GIS、GPS、移动通信(GSM/GPRS/CDMA)三大技术于一体的系统。移动 GIS 的出现,不但使 GIS 的应用环境发生极大的变化和改善,大大增强了野外数据使用的移动性。移动 GIS 为物联网提供了天然的移动计算平台,将物联网的前端感知与移动 GIS 结合,可以帮助用户准确定位、追踪对象,并提供一系列的模拟决策,最终完美地完成人机交互。

基于 GIS 技术的物联网应用范围很广,当前已应用到包括环境监测、公共安全,物流配送、交通运输、工业智能、平安家居等各个领域。

4. 云 GIS

云 GIS 是指 GIS 的平台、软件和地理空间信息能够方便、高效地部署到"云"基础设施之上,能够以弹性的、按需获取的方式提供最广泛的基于 Web 的服务。国外基于大型云计算平台提供的地理空间信息数据和服务在产品架构和商业模式上都已有较好的实践,国内云 GIS 也已经起步。如超图的云计算架构的 GIS 平台服务解决方案,它是指云环境基础设施上云 GIS 平台所提供的一系列服务。主要包括以下几个方面:提供可视化的建模服务,面向多专题多粒度的功能集成服务和异构数据与功能管理服务,为开发人员提供一个构建特定 GIS 应用的集成开发环境和运行环境。

(五)测绘与地理空间信息的应用领域

1. 地图、地图集、移动地图与互联网地图

地图和地图集的编制出版,从产品形式看,目前仍处于一个由纸质地图、电子地图和网络地图共存的时代。但随着网络地图广泛普及和应用,通过网络实现实时、快速地图服务成为地图的主要方向,并将由简单的地理要素和空间信息查询,向综合信息知识服务系统发展。在我国,近两年是移动地图与互联网地图领域蓬勃发展的时期,研究主要集中在在线地图的公众参与及服务模式、地图可视化的自适应组织、新型的地图数据模型、地图数据的在线传输技术以及 LBS 的地图服务应用等方面。

(1)移动地图与网络地图可视化

网络地图符号是网络地图表达的重要载体,虽然受到传统地图符号设计理论的影响,但由于网络环境、软硬件、交互方式等方面的变化,因而两者之间符号形式也存在显著的差异。正是基于此,近两年来国内已开展了网络地图符号的视觉变量、分类、构成等方面的研究。随着 Web 2.0 技术的发展,国内主流的互联网地图形式已从传统的阅读型地图转变为可支持大量用户自由存取的交互型地图,国内在这一方面已取得较好的研究进展,如用户自主选择要素、注记自动标记、自定义符号以及根据屏幕大小自动调整窗口布局等,多数成果已在地图网站中得到了实践应用。

移动电子地图表达的个性化需求要求实现地图的自适应可视化,包括地图自适应设计、定位、操作与尺度变换等,可使 LBS 的应用从用户驱动模式向服务驱动模式转化。此外,针对不同嵌入式开发环境与技术的移动地图设计与表达、移动电子地图的 3D 可视化表达等均得到进一步的研究与应用。

(2)导航电子地图设计与应用

导航电子地图是GIS市场应用最为成功的领域之一。导航系统正在从传统的车载导航服务向大众化应用发展。现在我国已进入导航地图行人时代,初步推出国内若干城市的行人导航地图数据,包含了更多行人设施和公共交通信息。近年来,国内本领域一直围绕如何在现有的移动设备和无线网络等条件下建立更为高效、灵活的导航地图数据更新、表达及应用服务展开广泛的研究,已取得一系列的应用研究成果。导航服务的实时性对于导航地图数据的快速更新提出了极为迫切的要求。目前这一方向的研究主要集中在导航地图数据的增量更新机制与方法上,这些研究为导航地图数据的有效应用奠定了基础。

在导航电子地图表达方面,近年来研究的主要目标是将交通、位置等动态信息与导航地图信息结合起来,同时,在有限的移动平台下,对于导航电子地图快速显示、2.5维/3维可视化表达等技术的研究同样取得了较好的进展。实现导航路径规划的研究则主要集中在满足发展的应用需要和提高运算质量、效率,建立和完善新的路网模型及其路径规划算法上。

(3)在线地图服务理论与技术

已有的研究表明,与传统地图不同,网络地图的信息传输模型是一个循环流动的开放系统。随着地理信息开发技术的日趋成熟,面向公众应用与互动的功能不断扩展,互联网地图由提供单向的地图浏览服务发展成为大众参与和共建的地图共享服务平台。国外具有代表性的产品是Google Earth,它通过用户标注地图(UGM)和个人移动定位(LBS)功能提供用户生成内容(UGC)的服务,极大地扩充了在线地图的信息来源。但是在国内由于考虑到地理信息的保密、数据质量等一些因素,因而禁止传输、标注和发布危害国家主权和领土完整的问题地图和可能危害国家安全的地理信息,如何妥善解决在线地图的信息共享与信息安全的协调性问题是目前正在开展的重要研究内容之一,其中基于矢量和栅格地图的数字水印技术是实现地图版权保护的主要策略。

在线地图的用户并发访问数量多、实时性要求高,在线服务的智能化处理技术与响应效率直接关系到地图服务质量。近年来的研究:①针对网络环境下地图数据的存储、组织与传输模式;②设计和建立灵活、高效的网络地图服务架构;③建立在线地图的服务协同机制和智能化处理方法,包括采用服务协同计算方法、Web地图服务搜索器、基于Agent技术和用户事件模型的网络地图快速服务等;四是探讨移动地图服务的实现方法。

(4)面向其他行业的应用拓展

近年来随着电子地图应用的不断推广,特别是我国“天地图”网站的正式开通,越来越多的行业、部门利用互联网地图、移动地图开展行业信息发布、办公信息化和空间分析决策工作,其中主要集中在交通、资源管理、灾害防治、公共安全、设施管理、规划等方面。此外针对机器人的移动地图应用技术拓展了其计算机视觉及其空间环境感知、分析的能力,得到较为广泛的应用。但是总体上看,目前的行业应用从电子地图的功能来分析仍然是浅层次、功能相对单一的,需要进一步将电子地图与专题信息紧密结合,产生更加丰富的表达形式与服务功能。

2. 工程控制测量技术

传统的工程控制网采用逐级布网方式，通过联测国家控制网点或城市控制网点建立工程首级控制网，再布设施工控制网，多级控制，容易造成误差积累，并且建网周期长，作业成本高。近两年，随着城市CORS、省级CORS的不断建立和完善，改变了传统的分级布网的模式，可直接在CORS系统下，根据精度和点位需要，选定合适的测量方法（如静态测量或RTK测量），直接布设满足工程要求的控制点，打破了传统的分级布网模式，实现按需布点。

3. 高铁与城市轨道交通工程测量

随着高速铁路建设大规模地展开，在《客运专线无砟轨道铁路工程测量暂行规定》的基础上，结合我国高速铁路建设特点和现代测绘技术的发展，现已开展"高速铁路CPIII测量标准及软件研制"和"基于自由测站的高速铁路CPIII高程网测量及其标准的研究"，对京津、武广、郑西、京沪、哈大、合宁、合武、石太等高速铁路工程测量经验进行系统总结，按照原始创新、集成创新和引进消化吸收再创新的原则，对《客运专线无砟轨道铁路工程测量暂行规定》进一步完善，编制完成《高速铁路工程测量规范》，形成具有自主知识产权的我国高速铁路工程测量技术标准。

我国目前是将高速铁路勘测、施工与运营阶段的控制网测量三者相结合构建（称为"三网合一"技术），可保证各个阶段测量具有相同的基准。为了保证轨道加密基标和轨道精调，提出采用自由设站的方法建立轨道控制网（简称CPⅢ）。在轨道控制网的基础上，采用全站仪配合专用测量标志按照设计位置进行绝对定位，实现轨道板的精密安装。

4. 工程安全监测技术

目前变形监测技术迅速发展并广泛应用，采用的先进技术方法主要有自动化监测、GPS技术、INSAR技术、管线雷达技术、测量传感器技术等。在几何学、物理学、计算机仿真学等多学科、多领域的融合、渗透下，变形监测技术向一体化、自动化、数字化、智能化等方向发展。与传统人工监测相比较，现代自动化监测技术具有连续、动态、实时、精确等显著优势，已实现了运行变量的实时数据采集与传输、数据管理、在线分析、综合成图、成果预警的计算机控制网络化。目前远程自动化监测系统主要有近景摄像测量系统、多通道无线遥测系统、光纤监测系统、全站仪自动量测系统、静力水准仪系统、巴赛特结构收敛系统等。变形监测技术的发展已由传统的变形监测方法——大地测量和近景摄影测量方法，发展到高精度、自动化监测程度强的空间定位技术（GPS）和测量机器人（Georobot）、实时自动化检测与专家系统等新技术相结合的过程，而在数据处理与分析建模方面则纳入了随机过程、小波变换、时序分析、灰色系统、Kalman滤波、人工神经网络、频谱分析等新理论和新方法。

5. 矿山（地下工程）测量技术

在矿区地面及井下、井筒及巷（隧）道工程，以及各种地下工程的设计、施工中有大量复杂、特殊的测绘工作，目前我国取得了一些新进展。研制了精度优于±5″的自动陀螺经纬仪，具有自动寻北、智能抗风吹定向、自动零位观测，并可与测量机器人融合，构成可快速完成定位定向的高精度自动陀螺全站仪，定向误差<±5″，打破了禁运，并解决了在黑

夜自动照准目标、在5级风中定向的难题，极大地提高了陀螺的环境适应性能。研制了巷道断面测定仪。该仪器的硬件结构主要包括：激光测距头，单片机（下位机），Mini2400嵌入式系统（上位机），旋转驱动机构及机壳共5个部分。应用 Windows CE 操作系统及VC++ 语言开发应用软件。对不规则巷道断面进行测量实践表明，断面积的相对误差约为0.05%，周长的相对误差约为0.3%；三维激光扫描技术用于地面和地下空间断面测量及三维建模。将扫描点云数据输入 CAD 系统后，可生成被测目标的断面图、等值线图和三维模型。已在地面和地下硐室测量，巷（隧）道受围岩压力（应力）作用产生收缩的状况监测中得到成功应用；工业测量系统用于矿井十字中线的恢复。由于矿井已经挖掘，常规的接触式测量方法不易进行且危险，采用工业测量系统的方法—利用空间前方交会法间接地测定目标点的三维坐标，是一种必然选择的方法。这一技术方法不干扰被测物体的自然状态，具有躲避危险环境，取得局部相对精度高于在当地采用高级控制网测量精度的优越性。

6. 土地调查技术

土地调查目的是查清土地位置、范围、权属、利用状况，掌握土地基础数据，是实行土地资源信息化、网络化管理，实现土地资源信息的社会化服务，满足经济社会发展、土地宏观调控及国土资源管理的需要。我国第二次土地调查充分运用了航天航空遥感、地理信息系统、全球卫星定位和数据库及网络通信等技术，采用内外业相结合的调查方法，按照信息获取处理、存储、传输、分析和应用服务一体的技术流程，获取全国每一块土地的类型、面积、权属和分布信息，建立起完整的“国家—省—市—县”四级土地调查数据库。

7. 土地利用动态监测技术

全国土地利用动态遥感监测体系运行同样以“3S”技术为基础，充分发挥航天、航空、低空遥感与地面调查优势，实现土地资源多尺度，多频率，多角度，高精度和高效快速监测，即采用点面结合的监测方式，从宏观尺度掌握新增建设用地空间分布和发展趋势，从微观尺度把握新增建设用地的合法性，从宏观到微观，为宏观决策和土地管理提供服务。

8. 房产测绘技术及信息化管理

由于房产测绘的特殊性，在现代测绘技术和手段中可以有针对性的选用。目前对于新技术的运用的典型例子是房产交易中的网上浏览房产实体的三维场景可视技术。这是地理信息系统在房产测绘中的充分运用。在系统平台软件的支撑下（三维可视软件，如Skyline），运用房产测绘所获取的详细数据（房产测绘信息管理系统数据库）结合实地影像纹理，实时构建、再造房屋实体，可以在计算机上通过网络实时查看自己关心区域的房产三维场景信息，实现360°的全景房屋套内外实景再现，借以完成交易。

三、结束语

当代测绘科学技术已从数字化测绘向着信息化测绘过渡，它已形成为一门利用航天、航空、近地、地面和海洋多种平台获取地球及其外层空间目标物的形状、大小、空间位置、属性及其相互关联的学科。现代空间定位技术、遥感技术、地理信息技术、计算机技术、通信技术和网络技术的发展，使人们能够快速、实时和连续不断地获取有关地球及其外层空间环境的大量几何与物理信息，极大地促进了与地理空间信息获取与应用相关学科的交叉和融合。因此信息化测绘与当今世界新出现的地理空间信息学这一新兴学科正在相互融合和渗透，我们将其称之为测绘与地理空间信息学，从而这一学科的社会作用和应用服务范围正不断扩大到与地理空间信息有关的各个领域，从目前经济社会的发展来看，这些领域涉及全社会的自然、经济、人文、行政、法律、环境、军事等几乎所有的领域。学科的特征表现为以下几点：

1）信息获取实时化：地理空间信息数据获取主要依赖于空间对地观测技术手段，如卫星导航快速定位技术、航空航天遥感技术，可以动态、快速甚至实时地获取所需要的各类数据。

2）信息处理自动化：在地理空间信息数据的处理、管理、更新等过程中广泛采用自动化、智能化技术，可以实现海量地理空间数据的快速或实时处理。

3）信息服务网络化：地理空间信息的传输、交换和服务主要在网络上进行，可以对分布在各地的地理空间信息进行"一站式"查询、检索、浏览和下载，任何人在任何时候、任何地方都可以得到权限范围内的地理空间信息服务。

4）信息应用社会化：地理空间信息应用无处不在，政府、企业、公众成为服务的主体，地理空间信息资源得到高效利用，并在经济社会发展和人民生活中发挥更大的作用。

2008 年，胡锦涛在中国科学院和中国工程院院士大会上的讲话中指出："要加快遥感、地理信息系统、全球定位系统、网络通信技术的应用以及防灾减灾高技术成果转化和综合集成，建立国家综合减灾和风险管理信息共享平台，完善国家和地方灾情监测、预警、评估、应急救助指挥体系。"2010 年，李克强作了关于"加强基础测绘和地理国情监测"的重要批示，指出，2010 年，广大测绘干部职工紧密围绕经济社会发展需要，开拓进取，测绘事业取得新成绩，为突发事件应急处理和抢险救灾提供了有力支持。希望在新的一年里，深入贯彻落实科学发展观，加强基础测绘和地理国情监测，着力开发利用地理信息资源，丰富测绘产品和服务，提高测绘生产力水平，更好地发挥服务大局，服务社会、服务民生的作用，为推动经济发展方式转变、全面建设小康社会作出新贡献。随后，2011 年 5 月国家测绘局更名为国家测绘地理信息局。"十二五"期间我国测绘工作的总体战略是构建数字中国，监测地理国情，发展壮大产业，建设测绘强国！数字中国是指以国家空间信息基础设施为基础，以高速宽带网络通信技术为依托，以虚拟现实技术为特征，在统一的规范标准环境下，全面系统地揭示和反映中国的自然、社会和人文现象的信息系统体系。地理国情是关于国土疆域、地形地貌、地表覆盖、江河湖泊、交通网络、城镇、人口与生产力、资源环境、灾害等空间分布和时空变化的基本国情。利用现代测绘与地理空间信息技术对地理国情的现状与变化进行测绘、统计和分析，客观准确地揭示其空间分布规律和发展演化趋势，可为资源与生态环境保护、经济社会发展、战略规划制定、区域协调发展、重大国际问题应对等提供有力支撑。地理信息产业指对地理信息资源进行采集、加工、开发、服务和经营，是新兴的高技术产业，涉及地图、地理信息系统、遥感、卫星导航等产业分支。应用覆盖面广、产业链长、关联度大、增长迅速，具有智力要素密集度高，能产出附加值、资源消耗少，无环境污染等特点，并与国家安全直接相关。众所周知，测绘与地理空间信息学是经济社会发展和国防建设的一项基础性、先行性的信息学科领域，是转变经济发展方式的重要推动力量。测绘与地理空间信息工作要顺应经济全球化、全球信息化发展趋势以及社会主义市场经济发展要求，加快推进测绘与地理空间信息学信息化进程，着力推动技术装备和基础设施的自动化智能化转型，推动测绘与地理空间信息技术手段现代化、产品知识化和服务网络化。

参考文献

[1] 曹鸿博，张立华，赵巍，等. 高精度瞬时水深模型的一种构建方法. 测绘科学，2010，35(4)：111-113.

[2] 傅仲良，吴建华. 多比例尺空间数据库更新技术研究[J]. 武汉大学学报：信息科学版，2007，32(12)：1115-1118.

[3] 韩权卫，孙越，龚威平. 基于高分辨率遥感影像的城市建筑目标提取研究. 遥感信息，2011(1)：73-76.

[4] 黄文骞. 海洋测绘信息处理新技术. 海洋测绘，2010，30(5)：77-80.

[5] 季顺平，袁修孝. 基于 RFM 的高分辨率卫星遥感影像自动匹配研究. 测绘学报，2010，39(6)：592-598.

[6] 蒋志浩，张鹏，等. 基于 CGCS 2000 的中国地壳水平运动速度场模型研究[J]. 测绘学报，2009，38(6)：471-476.

[7] 解智强，王贵武，周四海，等，构建互联网平台实现地下管线可公开信息的更新与共享[J]. 地下管线管理，2010(6).

[8] 克里斯蒂安·海普克，唐粮. 摄影测量与遥感之发展趋势和展望[J]. 地理信息世界. 2011(4)：7-11.

[9] 李德仁，龚健雅，邵振峰. 从数字地球到智慧地球[J]. 武汉大学学报：信息科学版，2010(2).

[10] 李斐，郝卫峰，王文睿，等. 非线性病态问题解算的扰动分析[J]. 测绘学报，2011，40(1)：5-9.

[11] 李国元，杨应，苏国中. LIDAR 点云支持的 CCD 影像地理编码. 遥感信息，2010 (6)：59-62.

[12] 李学军，洪立波，城市地下管线的挑战与机遇[J]. 地下管线管理，2010(5).

[13] 刘经南. GNSS 连续运行参考站网的下一代发展方向-地基地球空间信息智能传感网络[J]. 武汉大学学报：信息科学版，2011，36(3)：253-256.

[14] 刘军，李德仁，邵振峰. 利用快速离散 Curvelet 变换的遥感影像融合[J]. 武汉大学学报：信息科学版，2011，36(3)：333-337.

[15] 刘秋生，韩范畴，肖京国，等. 海洋测绘信息数字平台建设[J]. 海洋测绘，2010，30(1)：79-81.

[16] 宁津生，钟波，罗志才，等. 基于卫星加速度恢复地球重力场的去相关滤波法 [J]. 测绘学报，2010，39(4)：331-337.

[17] 欧建良，等. 地面移动测量近景影像的建筑物道路特征线段自动分类研究[J]. 武汉大学学报：信息科学版，2011，36(1)：60-65.

[18] 孙杰，马洪超，汤璇. 机载 LiDAR 正射影像镶嵌线智能优化研究[J]. 武汉大学学报：信息科学版，2011，36(3)：325-328.

[19] 陶超，等. 面向对象的高分辨率遥感影像城区建筑物分级提取方法[J]. 测绘学报，2010，39(1)：39-45.

[20] 王峰，吴云东. 无人机遥感平台技术研究与应用[J]. 遥感信息，2010 (2)：114-118.

[21] 王家耀. 地图制图学与地理信息工程学科发展趋势[J]. 测绘学报，2010(4).

[22] 王明华,等. 机载 LiDAR 数据滤波预处理方法研究[J]. 武汉大学学报:信息科学版, 2011, 35(2):224 - 227.

[23] 肖汉, 张祖勋. 基于 GPGPU 的并行影像匹配算法[J]. 测绘学报, 2010,39(1):46 - 51.

[24] 肖京国,谭冀川,刘国辉. 基于数据库的一体化海图生产模式研究[J]. 海洋测绘,2010,30(4): 41 - 44.

[25] 徐聪,曹沫林,李柏明. 矿山测量技术的发展与探讨[J]. 矿山测量,2011,(1):58 - 60.

[26] 徐广袖,黄谟涛,欧阳永忠,等. 海洋磁重数据库建设及关键技术研究[J]. 海洋测绘,2010,30(4): 33 -37.

[27] 许家琨,申家双,缪世伟,等. 海洋测绘垂直基准的建立与转换[J]. 海洋测绘,2011,31(1): 4 - 8.

[28] 闫利,曹君. 基于 SSKM 算法的遥感图像半监督聚类[J]. 遥感信息, 2010(2):8 - 11.

[29] 闫利,聂倩,赵展. 利用四元数描述线阵 CCD 影像的空间后方交会[J]. 武汉大学学报:信息科学版, 2010,35(2):201 - 204.

[30] 杨必胜,等. 面向车载激光扫描点云快速分类的点云特征图像生成方法[J]. 测绘学报, 2010,39(5):540 - 545.

[31] 杨瑞奇,孙健,张勇. 基于无人机数字航摄系统的快速测绘[J]. 遥感信息, 2010 (3):108 - 111.

[32] 杨应,苏国中,周梅. 影像分类信息支持的 LiDAR 点云数据滤波方法研究[J]. 武汉大学学报:信息科学版. 2010,35(12):1453 - 1456.

[33] 杨元喜,张丽萍. 中国大地测量数据处理 60 年重要进展(第二部分):大地测量参数估计理论与方法的主要进展[J]. 地理空间信息,2010,8(1):1 - 6.

[34] 杨元喜. 北斗卫星导航系统的进展、贡献与挑战[J]. 测绘学报,2010,39(1):1 - 6.

[35] 张太鹏,宋会传. 无人机技术在现代矿山测量中的应用探讨[J]. 矿山测量,2010,3:44 - 46.

[36] 赵晋霞,范小军. 海洋测绘信息数字平台系统应用研究[J]. 海洋测绘,2011,31(3): 64 - 66.

撰稿人:宁津生

专题报告

大地测量与GNSS发展研究

一、引　言

大地测量学是地学领域中的基础性学科，是为人类的活动提供地球空间信息的学科。获取地球空间信息，合理利用空间资源，已成为当前社会经济发展战略的重要环节。大地测量学与地球科学多个分支互相交叉渗透，将为探索地球深层结构、动力学过程和力学机制服务。

大地测量2010—2011年的新进展可从以下几个方面进行阐述：①2000国家大地坐标系（CGCS 2000）及其框架；②卫星定位的发展应用；③海岛礁测绘大地测量技术；④地球重力场研究与大地水准面精化研究进展；⑤大地测量数据处理进展。

二、CGCS 2000坐标系及其框架

（一）CGCS 2000系进展

CGCS 2000于2008年正式启用后，经过2009、2010年两年时间，其应用推广工作陆续在全国展开。CGCS 2000推广应用工作是由国家测绘地理信息局组织实施，中国测绘科学研究院技术总负责，国家基础地理信息中心、国家测绘地理信息局大地测量数据处理中心共同参与负责全国各类参心坐标系下的坐标到CGCS 2000的转换。CGCS 2000在全国的进展情况大体上归为国家层面、省市地方及行业的进展。

国家层面上主要包括三、四等天文大地网成果转换；1∶5万、1∶1万地形图格网点1980西安坐标系到CGCS 2000改正量计算；国家1∶5万数据库转换。

控制点成果的转换是基于原始观测数据，分析了全国三、四等三角网的观测数据和未参加两网平差的一、二等三角网的242个基线网观测资料共计117601点、600413条方向、2173条观测边、32个方位角。平差采用的数据：三角（导线）点103860个，观测方向566131条，测距边2173条，方位角32个。

已知点采用省级大地水准面精化中与三角网点重合的GPS点、在两网平差项目中确定与三、四等三角网点重合点、两网平差的全国天文大地网成果点和5个二等三角改造网成果点，在80系三、四等网分区平差时的起算点，部分80系三、四等网分区平差时未用全国天文大地网成果起算的点，共29137个，其中GPS 2000网点186个，C级网点1014个。

采用分区平差，全国共分54个区。其中起算点29137个，待定点74723个。平差精度：平差后点位平均精度为±0.07m，纬度方向分量为±0.06m，经度方向分量为±0.05m。点位中误差小于0.2m，占96.02%，且误差较大的点主要分布在云南及青藏高原一带。平差结果外部附和精度检验是利用国家测绘地理信息局2004—2009年在我国部

分地区开展省级大地水准面精化项目时布测的 GPS B、C 级网点，选择其中与三、四等三角点重合的 112 个点作为外部检核点，这些点分布在 17 个平差区，从统计结果可以看出，db 绝对值均值为 0.07m，dl 绝对值均值为 0.08m，db 绝对值最大为 0.35m，dl 绝对值最大为 0.44m，db 绝对值在 5cm 以内的占 61.6%，dl 绝对值在 5cm 以内的占 50.0%，db 绝对值小于 0.2m 的占 93.7%，dl 绝对值小于 0.2m 的占 93.7%，与平差精度相符。获得了全国共计 74723 个三、四等三角点 2000 系坐标成果。

数据库转换 2010 年完成国家 1∶5 万更新工程 DLG 数据 5000 幅、DOM 数据 5000 幅的 2000 国家大地坐标系的转换；省级数据库转换主要是针对各省市建立的 1∶1 万基础地理信息数据库的转换。考虑各省市数据库基于不同的平台建立的，作为试点选择陕西省关中、陕南、陕北三个地区包含有 DLG、DRG、DEM、DOM 及其元数据的 1∶1 万基础地理信息数据库为数据源，采用整体转换和仿射变换等方法进行了大量试验，分析得出整体转换方法用于 1∶1 万 DLG 数据转换其精度由控制点精度确定，整体转换方法对成果没有精度损失，1∶1 万标准分幅 DLG 图和 1∶1 万地理信息数据库 DLG 数据转换都可以使用。而仿射变换转换方法适合 1:1 万标准分幅 DLG 图，图幅之间需要重新接边。随着转换区域增大，使用仿射变换进行的坐标转换，转换精度在逐步降低，不适合1∶1万地理信息数据库 DLG 数据转换。基于 DEM、DOM、DRG 数据转换实验与分析，编制《1∶1万基础地理信息转换技术规定》用于指导地方相关数据库的转换。

地形图的转换工作进展情况：1∶5 万、1∶1 万图幅平移量计算工作已经完成。1∶5 万比例尺的地形图 1980 西安坐标系转换到 2000 国家大地坐标系图幅平移量计算采用 Bursa 七参数坐标转换模型，在全国陆地范围内均匀选取了 6315 个高精度的控制点，计算获得了全国高精度的 80 系与 2000 系转换参数，转换参数平均精度±1.10m；利用全国高精度的 80 系与 2000 系转换参数计算获得了全国 25801 幅 1∶5 万图幅 80 系向 2000 系转换改正量，x 平均值为 0.565m，y 平均值为 0.554m，平均点位精度±0.87m，完全满足 1∶5 万图幅 80 系向 2000 系转换精度要求。1∶1 万比例尺地形图 1980 西安坐标系到 CGCS 2000 图幅平移量计算采用整体转换法，根据全国陆地范围内 127210 个控制点，获得了全国 413288 幅高精度的 1∶1 万图幅 80 系向 2000 系转换高精度的、连续的改正量，经检验，95%的点转换改正量的内符合精度优于 0.05m，平均点位精度±0.014m，实现了同一地理位置的转换改正量相同，且不受成图比例尺与成图区域大小的影响。

地心坐标系推广应用项目组完成的上述阶段性成果，于 2010 年 5 月 10 日通过了由我国大地测量界著名院士及业内同行专家组成的专家组鉴定。目前已提交国家基础地理信息中心（国家测绘局档案资料馆）并正式对外提供使用。

对地方测绘部门的支持方面主要是基于几种常用坐标转换方法及转换模型：三维七参数转换模型、二维七参数转换、三维四参数转换模型、平面四参数转换模型编制了控制点成果转换软件，并给出这些模型的适用范围，结合对实时框架到 CGCS 2000 基准的转换方法研究，解决和实现地方 CORS 站到 CGCS 2000 的转换。另外指导地方独立坐标系与 CGCS 2000 建立联系方面，基于典型代表特点的地方独立坐标系及其相关控制点成果资料，制定了独立坐标系与 2000 国家大地坐标系转换技术指南，可指导地方独立坐标系的建立和转换。

为了扩大 CGCS 2000 的宣传和支持力度,技术支持与技术服务主要包括建成并正式开通 2000 国家大地坐标系专题网站,就应用中所涉及的政策、技术应用、各阶段成果、相关培训内容进行及时更新,对各省市项目进展进行跟踪,提供培训教材、CGCS 2000 相关论文下载等功能。针对各阶段转换中所遇到的问题举办讲座并提供 2000 国家大地坐标系交流平台方便地方测绘部门信息及时沟通。

各省市 CGCS 2000 系推广应用开展工作情况大致为:甘肃、河北、浙江、江西、吉林,陕西测绘主管部门完成所辖区域内所有控制点成果转换。湖南、海南、河南、福建完成 GPS 控制点成果转换。海南部分影像图采用了 CGCS 2000。福建省新出的部分 1∶2000、1∶1000 地形图为 CGCS 2000,对外同时提供 2000 系和 80 系。吉林、甘肃、陕西、山东、河南完成数据库转换。湖北、浙江、新疆、安徽完成了省基础地理信息数据库转换。广东和广西已制订方案并进行了前期实验。四川编制了 1∶1 万数据库转换软件并通过测试。列入"十二五"规划并在近期开展工作的有黑龙江、内蒙古、辽宁、青海、山西、云南、西藏。

行业 CGCS 2000 地心坐标系的开展工作进展缓慢,主要是目前测绘部门还没有完成 CGCS 2000 下的数据库转换及 1∶5 万地形图的生产,而行业部门大多使用的是 1954 北京坐标系或 1980 西安坐标系,库和图的更新目前也只能基于这些坐标系进行。

(二)CGCS 2000 框架进展

1. 中国大陆构造环境监测网络工程

由中国地震局、总参测绘局、中国科学院、国家测绘地理信息局、中国气象局、教育部六部委联合承担的中国大陆构造环境监测网络工程(以下简称"陆态网络")于 2011 年上半年全面完成建设任务,整体项目进入验收阶段。通过 4 年的建设,陆态网络完成 260 个基准站、1000 个区域点、30 个连续重力观测站、70 个 INSAR 角反射器以及 6 个部委数据系统的建设工作。工程产出的结果包括基准站坐标成果及速度场、区域网点坐标成果、全国速度场、重力梯度以及 INSAR 干涉结果等。

与陆态网络前期工程"中国地壳运动观测网络工程"的基准网 30 站连续观测了近十年时间。基本网由 56 个定期复测的 GPS 站组成,主要用于一级地块本身及地块间的地壳变动的监测,作为基准网的重要补充,基本网在 1998、2000、2002、2003、2005、2006 年进行了 6 次观测,每期整网同步观测 8 天。区域网由 1000 个不定期复测的 GPS 站组成,1999 年 3～8 月完成坐标测定工作,截至目前已完成 1999、2001、2004、2007 年区域网的观测,每一区域站观测 4 天。

对基准网、基本网以及区域网处理的结果显示如下。

基准网精度:

1)站点基线解水平方向重复性 3～5mm,垂直方向重复性 10～15mm。

2)站点基线相对精度达到 10^{-9}。

3)站点坐标相对精度,水平方向优于 1mm,垂直方向优于 2mm。

4)站点速度场相对精度,水平方向优于 0.2mm,垂直方向优于 0.4mm。

基本网与区域网计算精度：

实测精度为水平分量小于 3mm，垂直分量小于 10mm，全网基线相对精度达 3×10^{-9}。

2. 国家现代测绘基准体系基础设施建设

中国现代测绘基准体系基础设施建设工程 2010 年完成初步设计工作，该项目建设内容包括 360 个国家级 GNSS 连续运行基准站、4500 点规模的国家卫星大地控制网、12.2 万 km 国家一等水准网、50 个国家重力基准点以及一个数据系统等。设计秉承了充分利用现有资源，通过新建、改造完善我国测绘基准基础设施。其中 GNSS 连续运行基准站建设包括新建 150 站、利用“中国大陆构造环境监测网络工程”150 站，改造地方 GNSS 站 50 个；国家卫星大地控制网点包括新建 2500 点，利用区域大地水准面精化、中国地壳运动观测网络、中国大陆构造环境监测网络等区域点 2000 点；将部分二等水准线重新设计提升到一等，改造二期复测一等水准路线由 9 万 km 增加到 12.2 万 km。

目前项目已经完成了 150 个新建 GNSS 连续运行基准站的选址工作，技术规程编写已经完成，技术培训工作即将展开。

（三）ITRF 2008 框架

ITRF 2008 是继 ITRF 2005 之后，对四个空间大地测量技术 VLBI，SLR，GPS 和 DORIS 观测数据进行重新处理后的国际地球参考框架精化版本，这四项技术观测时间跨度分别是 29，26，12.5 和 16 年。输入数据为 IAG 国际服务 IGS，ILRS 和 IDS 提供的卫星技术时间序列周解和由 IVS 提供的 VLBI 日解。每个单一技术的时间序列已经由单个分析中心（AC）对该技术解进行了综合。提交的 VLBI 解涉及覆盖了整个 VLBI 观测的时间的 4000 多个按测段综合的 SINEX 文件。SLR 解也包括完整的观测数据。IGS 提交 GPS 解中包括了大部分 1997 年至 2009 年 5 月期间第一次重新处理的解。DORIS 贡献是第一次综合全部观测数据的时间序列提供给七个分析中心。

ITRF 2008 网由 580 个站址的 934 站组成，其中 463 个在北半球，117 个在南半球。包括装备有目前运行的两个及以上技术手段的 84 个并置站，提供各技术之间的局部联系。84 个中除站 Dionysos（希腊）并置 DORIS 和移动的 SLR，Richmond（美国弗吉尼亚州）并置 VLBI，SLR 和 DORIS 外，其他所有的并置站都包括永久性 GPS 站。

ITRF 2008 处理策略：在 ITRF 2008 建立过程中，重新处理 IGS 解时卫星和站相位中心改正引入新的绝对相位中心偏移和变化模型，信号延迟采用新的对流层模型，IVS 重新分析解中顾及了 IERS 规范中平均极潮改正、更先进的对流层模型和天线热变形改正，改进的 ILRS 解考虑了新的伪距偏差值、新的对流层模型和其他依赖于站的相关修正。每次综合 ITRF 解时，首要的是确保最佳的框架定义及其随时间推移框架本身的稳定性。而原点和尺度是地球科学应用感兴趣的关键参数，它的定向和随时间的变化对于保证测定地球自转的连续性很重要。这些元素的任何偏差或漂移将不可避免地传播到使用 ITRF 框架的地球物理应用结果中，目前的 ITRF 尺度可能达到精度为 1×10^{-9}，它的时间稳定性在 0.05×10^{-9}/a 的范围内。

ITRF 2008 原点：ILRS 提交的 SLR 解用于定义 ITRF 2008 原点，是通过将其相应的长期累积的解 6 个参数（平移及其速率）固定为零（因而从法方程中消除）。在历元

2005.0 估计 ITRF 2008 到 ITRF 2005 沿 X,Y 和 Z 轴平移分量分别为 -0.5、-0.9、-4.7mm 的差异。Y 和 Z 平移速度差为 0,X 平移速度为 0.3mm/a。这些数字表明,两框架协议原点之间在 SLR 整个观测时间跨度内符合度等于或好于 1cm,并被认为是目前原点可能达到精度。ITRF 2000 与 ITRF 2005 之间在 Z 有一个显著的平移速率 1.8mm/a。鉴于 ITRF 2008 结果表明相对于 ITRF 2005 平移率是可忽略不计的。ITRF 2005 与 ITRF 2000 之间 Z 平移速率最有可能是 ITRF 2000 解确定的原点不精确。

ITRF 2008 尺度:在 ITRF 2005 综合时,VLBI 和 SLR 的解之间的尺度和尺度速率在 2005.0 历元符合水平分别为 $1.4(\pm 0.11)\times 10^{-9}$ 和 $0.08(\pm 0.01)\times 10^{-9}$/a。这样低的一致性取决于多种因素,包括未改正的 VLBI 平极潮影响和 SLR 站可能的距离偏差,它们并置差和它们的网随时间退化。

ITRF 2008 与 ITRF 2005 之间的转换参数:用同样的 179 台连接 ITRF 2008 与 ITRF 2005 定向及其速率,同时估计两框架之间的转换参数。选择这 179 站的主要标准是:①有最佳的站点分布;②涉及尽可能多 VLBI,SLR,GPS 和 DORIS 站;③两框架之间的 14 个参数转换验后残差符合最好。关于这第三个的标准,14 个相似变换参数在东、北和垂直分量位置拟合的 WRMS 值分别是 2.4、2.9、3.9mm(在历元 2005.0)和速度为 0.4、0.4,0.7mm/a。

相比包括 ITRF 2005 在内过去的解,ITRF 2008 不仅在站的位置和速度精度方面,而且还有它的定义参数上特别是原点和尺度都有所改善。虽然难以评估只有 SLR 确定的 ITRF 2008 的原点精度,可以认为其与 ITRF 2005 原点的符合程度达到或好于 1cm 的较高水平,可视为目前原点精度所能达到水平。两独立技术解之间的(VLBI 和 SLR)尺度差异评估,因此也是目前的尺度精度,在它们共同的跨度约 26 年观测时间段内被认为是在 1.2×10^{-9} 水平(8mm)。

ITRF 2008 与 CGCS 2000 框架的联系可通过 ITRF 2008 与 ITRF 97 框架的转换参数及板块模型建立。即通过板块运动模型进行历元归算,然后经过框架之间的转换关系进行转换。

三、"北斗"卫星定位的发展应用

卫星定位的发展应用主要面向我国"北斗"系统。"北斗"卫星导航系统是中国正在实施的自主发展、独立运行的全球卫星导航系统,近几年发展势头非常迅猛。

(一)"北斗"系统概况

"北斗"卫星导航系统〔BeiDou(COMPASS)Navigation Satellite System〕是中国正在实施的自主发展、独立运行的全球卫星导航系统。系统建设目标是:建成独立自主、开放兼容、技术先进、稳定可靠的覆盖全球的"北斗"卫星导航系统,促进卫星导航产业链形成,形成完善的国家卫星导航应用产业支撑、推广和保障体系,推动卫星导航在国民经济社会各行业的广泛应用。"北斗"卫星导航系统致力于向全球用户提供高质量的定位、导航和授时服务,包括开放服务和授权服务两种方式。开放服务是向全球免费提供定位、测速和授时服务，定位精度 10m，测速精度 0.2m/s，授时精度 10ns。授权服务是为有高精度、高可靠卫星导航需求的用户，提供定位、测速、授时和通信服务以及系统完备性信息。根据系统建设总体规划，2012 年左右，系统将首先具备覆盖亚太地区的定位、导航和授时以及短报文通信服务能力；2020 年左右，建成覆盖全球的北斗卫星导航系统。

“北斗”卫星导航系统由空间段、地面段和用户段三部分组成，空间段包括 5 颗静止轨道卫星和 30 颗非静止轨道卫星，地面段包括主控站、注入站和监测站等若干个地面站，用户段包括“北斗”用户终端以及与其他卫星导航系统兼容的终端。

“北斗”卫星导航系统的建设与发展，以应用推广和产业发展为根本目标，不仅要建成系统，更要用好系统，强调质量、安全、应用、效益，遵循开放性、自主性、兼容性、渐进性的建设原则。

开放性：北斗卫星导航系统的建设、发展和应用将对全世界开放，为全球用户提供高质量的免费服务，积极与世界各国开展广泛而深入的交流与合作，促进各卫星导航系统间的兼容与互操作，推动卫星导航技术与产业的发展。

自主性：中国将自主建设和运行“北斗”卫星导航系统，“北斗”卫星导航系统可独立为全球用户提供服务。

兼容性：在全球卫星导航系统国际委员会（ICG）和国际电联（ITU）框架下，使“北斗”卫星导航系统与世界各卫星导航系统实现兼容与互操作，使所有用户都能享受到卫星导航发展的成果。

渐进性：中国将积极稳妥地推进“北斗”卫星导航系统的建设与发展，不断完善服务质量，并实现各阶段的无缝衔接。

（二）“北斗”系统建设情况

2007 年 4 月 14 日，我国成功发射了“北斗”二代系统首颗试验卫星 COMPASS—M1，其工作在高度 21500km、倾角为 55°的 MEO 圆轨道上，同时也拉开了“北斗”全球卫星导航系统布网建设的序幕。2009 年 4 月 15 日，我国成功将第二颗“北斗”导航卫星 COMPASS—G2 送入预定轨道，也是 COMPASS 建设计划中的第二颗组网卫星，是地球同步静止轨道卫星。2010 年 1 月 17 日将第三颗静止轨道“北斗”导航卫星送入预定轨道。2010 年 6 月 3 日 23 时 53 分，成功将第四颗“北斗”导航卫星送入太空预定轨道。2010 年 8 月 1 日 5 时 30 分，这是一颗倾斜地球同步轨道卫星。2010 年 11 月 1 日 0 时 26 分，成功将第六颗“北斗”导航卫星送入太空。2010 年 12 月 18 日 4 时 20 分，成功将第七颗“北斗”导航卫星送入太空预定轨道，该卫星是一颗倾斜地球同步轨道卫星。2011 年 4 月 10 日 4 时 47 分，成功将第八颗“北斗”导航卫星也是第三颗倾斜地球同步轨道卫星送入太空预定转移轨道。此次“北斗”导航卫星的成功发射，标志着“北斗”区域卫星导航系统的基本系统建设完成，我国自主卫星导航系统建设进入新的发展阶段。这颗卫星将与 2010 年发射的 5 颗导航卫星共同组成“3＋3”基本系统（即 3 颗 GEO 卫星加上 3 颗 IGSO 卫星），经一段时间在轨验证和系统联调后，将具备向我国大部分地区提供初始服务条件。2011 年 7 月 27 日 5 时 44 分，成功将第九颗“北斗”导航卫星送入太空预定转移轨道，这是“北斗”导航系统组网的第四颗倾斜地球同步轨道卫星。2011 年 12 月 2 日 5 时 07 分，我国第十颗"北斗"导航卫星被成功送入太空预定转移轨道，这是中国"北斗"卫星导航系统组网的第五颗倾斜地球同步轨道卫星。2011—2012年两年，我国还将陆续发射多颗组网导航卫星，完成"北斗"区域卫星导航系统建设，满足测绘、渔业、交通运输、气象、电信、水利等行业以及大众用户的应用需求。2010年，根据大地测量专业委员会有关专家的意见，"北斗"系统的设计覆盖范围实现了向北扩展。

(三)"北斗"技术发展

在"北斗"定位与完备性监测方面，针对"北斗"卫星导航系统提出了一种相对定位选星策略，分析了几种双频组合的方法及适用范围，给出了一种利用B1和B3频率进行双频载波相位差分的方法，讨论了算法在工程应用中的一些问题。最后利用"北斗"信号源输出验证了高动态轨道双频载波相位差分方法；针对"北斗"双星定位系统的有源定位方式，提出了"北斗"三星无源定位技术，借鉴GPS差分定位，介绍了一种可提高北斗无源定位精度的"北斗"局域差分技术，包括工作原理、被采用的原因和使用条件等。进行了两种周跳探测方法在"北斗"三频中的应用比较研究，以多频组合观测值理论为基础，利用"北斗"三频实测数据，对比分析多频伪距/载波相位组合法和MW & Geom etry free组合法，对"北斗"三频载波相位周跳的探测情况。结果表明，两种方法不但探测精度较高，而且对大小周跳都可以快速准确地探测出来，都可以应用于三频载波相位的周跳探测中。针对"北斗"用户机RA IM算法与性能进行分析，并提出一种基于奇偶相关分组方法的新型故障卫星分离方法，图形和数据化的仿真结果充分证明了新算法的可行性和有效性。分析了"北斗"卫星导航系统的星座及XPL性能，分析"北斗"卫星导航系统的组成结构，就系统在中国大陆区域内卫星的可见性、DOP值和定位精度进行仿真分析。借鉴SBAS完备性算法的原理分析在中国大陆区域内"北斗"卫星导航系统所能提供的XPL性能指标。表明在单频条件下，中国大陆区域内仿真的Compass系统能满足APV飞行阶段的完备性要求。

在"北斗"组合定位方面，主要包括"北斗"二代/ SINS组合导航系统研究，将伪距、伪距率组合方法应用于"北斗"二代卫星/ SINS组合导航系统，利用卫星系统的星历数据与SIN S给出的位置、速度计算出相应的伪距和伪距率，然后与接收的伪距和伪距率相比较得出误差作为量测值，通过卡尔曼滤波器估计卫星定位系统和SINS的误差量，从而实现系统的校正。建立了组合导航系统的状态模型和量测模型。针对"北斗一号"/惯导组合导航算法的可控性进行了分析。首先，用一个例子说明了可控性分析的作用及其重要性，并由组合导航滤波定位模型及其可控性的定义出发，通过数学推导论证了卡尔曼滤波器满足可控性的条件. 接着，提出、推导了定量分析各滤波器状态量可控度即可控性好坏的方法. 最后，运用所提方法仿真了"北斗"双星/惯导组合导航滤波定位模型的可控性、各状态量的可控度，并分析了各状态量预测精度及其与哪些因素有关，所得结论可用于指导设计双星/惯导组合导航滤波定位模型，以便提高组合导航系统定位输出的精度。

在"北斗"定轨方面，研究了星地监测网下的"北斗"导航卫星轨道确定，提出层间链路的星间链路方式，即以轨道高度区分的不同类型卫星间链路，在MEO卫星上安装星载接收机即可接收 GEO、IGSO 卫星观测数据。根据中国卫星导航系统星座构型，从卫星跟踪时间、三维位置精度因子 PDOP、定轨均方差等评价指标，分别进行地面跟踪站区域和全球非均匀分布情况下的星地链路、星地链路联合层间链路、星地链路联合星间双向测距等多种场景的定轨仿真。结果显示，基于中国区域的 7 个地面跟踪站 1d 观测值，联合波束角为 41.25 的层间星间链路，GEO、IGSO 和 MEO 定轨均方差值由 6.1m、1.3m 和 5.9m 减小到 1.0m、0.8m 和 2.0m；联合卫星波束角为 45°的卫星双向测距(残余系统误差为振幅 30cm 的周期项)，星座整体定轨精度优于 20cm。进行了基于转发式的"北斗"卫星导航系统地球静止轨道卫星精密定轨试验，除了利用导航系统自身的伪距相位以外，利用其他的测轨系统对其进行精密定轨有着重要的意义。利用国家授时中心的转发式测轨网对 Compass 的 GEO 卫星进行观测，获取转发式测轨数据，利用该数据对 Compass 的 GEO 卫星进行精密定轨分析。分别从观测数据的观测精度，定轨残差以及轨道重叠误差等方面分析 GEO 卫星的定轨精度。

在"北斗"其他关键技术方面，研究了"北斗"二代导航卫星星间测距与时间同步技术，针对"北斗"二代导航卫星之间通过星间链路进行距离测量和时间同步以实现星座自主导航功能，提出一种动态环境下基于伪码高精度距离测量和时间同步技术。它根据狭义相对论中光速不变基本原理，扩展了静态环境下双向测距和时间同步技术，使之适用于"北斗"二代导航卫星这样的动态环境之下。理论、仿真以及工程可实现性分析表明：利用该技术，"北斗"二代导航卫星星间测距精度可达厘米级，时间同步精度优于 1ns。应用延长基线法实现"北斗"双星的快速定向，为验证"北斗"双星定向中所提出的通过延长基线确定模糊度的方法，利用双天线"北斗"载波相位接收机系统构建了实验平台，设计了延长基线"北斗"定向物理实验方案，通过事先在实验场地确定同一方向不同基线长度的若干天线放置位置实现了该方案。实验结果表明，用延长基线法确定"北斗"定向载波相位单差模糊度是可行的，在延长基线期间无周跳发生时成功率可达 100%。此外，辅助验证了影响"北斗"定向精度的若干确定性影响因素，包括基线长度、定向时长以及基线指向等，提出为提高定向精度，应适当增加基线长度，延长定向时间，并尽可能令基线指向接近南北方向。该项研究将进一步促进"北斗"定向技术的实际工程应用。

(四)"北斗"系统应用情况

随着第八颗"北斗"导航卫星的成功发射，已构成"3+3"基本系统。测试结果显示，定位精度优于 10m、测速精度优于 0.2m/s、授时精度优于 50ns。系统将于 2011 年 10 月完成全面测试，将具备向我国大部分地区提供初始服务的条件。到 2012 年年底前，我国还将有约 8 颗"北斗"导航卫星升空，届时将按计划完成"北斗"区域系统的组网建设，"北斗"系统建设和应用产业化进入新的发展阶段。

"北斗"导航系统作为高技术战略新兴产业，"北斗"产业的发展首先要建成高性能、高可靠、高效益的"北斗"卫星导航系统，让用户放心使用，满足国家安全和经济社会发展对卫星导航系统的需求，促进国家信息化建设和经济发展方式转变，实现卫星导航产业的社会效益和经济效益。其次，要从"示范"和"基础"双方向打通产业链，政府积极示范，从行业和区域加大应用推广的力度，尽快形成规模效应，奠定全面推广应用与产业化基础。

为了配合"北斗"系统的建设和应用，分别于2010年在北京举办了第一届中国卫星导航学术年会，在上海举办了2011年第二届中国卫星导航学术年会。导航学术年会已经从国内的研讨会扩展到有国际相关其他系统、政府部门主管、海外专家参加的准国际导航年会。各个主管部门领导、政府官员的参加使导航年会的层次得到提升。会议规模不断加大，参会人数2010年是1100人，2011年是1500人，是"北斗"系统整个产业链的大盛会。导航年会的报告内容、课题设置、专项研讨内容更加宽泛、更加深入。

"北斗"导航系统在各行业得到了广泛应用，如在交通部启动"重点运输过程监控管理服务示范系统工程"等"北斗"行业应用项目。在核心芯片、视频芯片等基础产品的研发方面也正加大扶持力度以便掌握自主知识产权，降低终端、芯片成本，奠定行业和大众"北斗"应用的基础。在此基础上，进一步推广到周边国家和亚太地区乃至全世界。

在监测道路安全方面，由于不受通视条件的限制，"北斗"导航卫星系统在监测公路边坡(滑坡、崩塌)和桥梁变形上具有选点灵活的特点，可根据监测需要将监测点布设在对变形体的形变比较敏感的特征点上。此外，导航卫星定位系统静态相对定位具有很高的定位精度和较强的作业自动化程度。上述特点和优点使"北斗"在公路边坡等地质灾害及桥梁变形监测上有着广阔的应用前景。

在中国时间保障电力畅通方面，电网是一个巨大的系统工程，要确保电厂、变电站的设备运转同步进行，必须首先要确保设备内部时钟的一致性。基于中国"北斗"的"北斗电力全网时间同步管理系统"，解决了电力系统时间同步应用中的三大难题—可靠的时钟源、全网时间同步管理和远程集中实时监测维护，有效保障了中国电力安全和国家安全。

在灾害救援方面，"北斗"导航卫星试验系统在近年来多次成功运用于灾害监测与救援行动，尤其在2008年的汶川地震救灾中发挥了突出作用。汶川地震发生后，国家有关部门迅速将"北斗-1"终端机配备给一线救援部队。该终端机不但能接收"北斗"卫星的导航信号，还可以用短报文的形式与指挥中心取得联系。指挥人员在监控中心可随时通过监控屏幕关注每个救援小组的位置信息，必要时以短报文形式发出监控指令。救援队伍在赶往灾区的过程中，通过卫星定位可得知自己所处的位置，并判断离救援目的地的距离，从而选择最佳路线，保证以最快的速度到达灾区开展救援工作。通过对大量相关地物的定位普查并进行统计分析，也可为开展救灾与灾后重建的指挥、调度、管理、统筹及决策提供依据，以利于对灾情信息快速上报和共享。

在海洋渔业方面，以"北斗"系统为基础构建的"北斗"卫星海洋渔业综合信息服务网，实现了多网合一的渔船船位集中监控。该信息服务网能向渔业管理部门提供船位监控、紧急救援、政策发布、渔船出入港管理服务等；向海上渔船提供导航定位、遇险求救、航海通告、增值信息(如天气、海浪、渔市行情)等服务；提供船与船、船与岸间的短消息互通服务等。"北斗"系统极大地提高了渔业管理部门的渔船安全生产保障水平，提高了渔民收入，减少了外事争端，维护了中国海洋权益。

在气象领域，第一个是直接应用，即卫星定位测速功能可以直接用在"北斗"探空系统的高精度测风定位上；移动应急和特殊环境气象数据收集更是对"北斗"快速通信功能的直接应用；第二个是定量遥感等深层次应用：利用导航定位系统可定量遥感水汽和电离层电子浓度，海洋气象参数定量探测等领域是对导航卫星信号遥感的更深度应用。可以提高暴雨暴雪的预报能力和增强近海大风大雾的预报和服务能力。基于“北斗”导航卫星的大气、海洋和空间监测预警应用，将通过对台风结构的探测提高台风路径的预报能力，探测水汽输送，通过岸基探测海风海浪，增强近海天气预报的精度。通过卫星探测手段的提升，提高对关键气象灾害的预报能力。气象部门的行业化应用，也是对我国“北斗”产业化的一个重要支撑。我国高空探测系统全面实现用自主的“北斗”探空系统升级换代后，每年需要消耗“北斗”探空芯片近 20 万片，全国 GNSS 水汽电离层探测站网也需要用我国“北斗”接收机逐步更换进口设备，这些在支撑“北斗”产业化的同时，反过来还将推进我国对“北斗”高精度接收机的研发，提高我国高精度接收机的研制技术。此外，发展“北斗”电离层监测系统还可以改善“北斗”单频接收机的定位效果，促进“北斗”接收机的性能改善，推进“北斗”应用产业的更大发展。为解决高寒地区和无人区的气象数据观测和传输问题，有关部门经过多年气象数字报文传输的应用试验，研制了一系列气象测报型“北斗”终端设备，并设计出实用可行的系统应用解决方案，实现了国家气象局和各地市气象中心的气象站数字报文自动传输汇集、气象站地图分布可视化显示功能。同时，“北斗”设备也被逐步用于中国人工影响天气飞机作业领域，取得了明显的效果。目前，应用于气象领域的“北斗”设备已达几百台。

在移动系统时间同步方面，“北斗/GPS”光纤拉远系统是基于第三代移动通信系统 TD－SCDMA 时间同步的 GPS 替代方案。“北斗/GPS”光纤拉远系统综合采用授时系统光纤拉远、强抗干扰滤波设计以及“北斗/GPS”双系统联合解算技术，不仅从根本上彻底解决了传统授时系统的问题，满足现网所有卫星授时的场景需求，而且可以显著提升授时系统的性能，大大推进了“北斗”替代 GPS 的进程。授时系统光纤拉远技术采用北斗/GPS 天线与接收机一体化设计，通过光电混合缆可以至少拉远 1km，在就近取电的方式下，至少可以拉远 10km，完全满足现网“北斗/GPS”长距离拉远的所有需求。“北斗/GPS”光纤拉远系统不仅使用“北斗/GPS”双模设计，保证了授时安全性，而且采用了双系统联合解算技术。传统双模系统采用两个独立系统平台方案，只能单独工作在 GPS 或者“北斗”模式下，而双系统联合解算技术，是在授时信息提取中不再区分授时卫星的差别，将“北斗”和 GPS 的信息同时处理。这样可以使得授时系统捕获卫星信号更快速，授时更可靠，同时采用统一系统平台也降低了硬件成本，降低了系统功耗，提高了整机的可靠性。相比于其他同步拉远解决方案，“北斗/GPS”光纤拉远方案可以做到自动时延补偿，授时精度得到了极大保证。目前，“北斗/GPS”光纤拉远方案已完成了现网规模测试验证。2010 年 1 月 12 日至 1 月 14 日，全网基站因美国 GPS 系统升级出现频繁告警问题，而 20 个“北斗/GPS”光纤拉远系统切换到“北斗”模式运行完全稳定。

在煤矿安全生产监测方面，将“北斗”卫星定位通信技术与井下监测技术相结合，实现对矿井瓦斯、风压和设备工作状态等数据的远程监测，为中国煤矿安全生产提供了一种有效的监测监控手段。

在国家特大工程应用方面，如西气东输工程，是我国“十一五”期间建设的特大型基础设施。“北斗”卫星导航系统以其独特的无盲区全国区域的双向卫星通信、中国自主控制的北斗定位、精确的授时功能，在工业领域远程设备监控方面具有独特的优势。“北斗”卫星系统在石油天然气行业的首次成功应用，可实现远程、广域空间的油气管道、油井、天然油气井的生产和储运过程的实时监控，覆盖面大、不受地域状况影响、不受天气影响，解决了石油天然气行业各种远程设备与生产管理部门之间实时双向通讯的难题，对于提高我国油气管线的自动化管理水平，保证油气生产和管道运输安全均有非常重要的意义。该系统能够对采油设备安全生产进行实时监测与控制，在出现异常情况时，迅速报警，防患于未然；系统具有价格便宜、设备体积小，安装、维护和使用方便的优点，管理部门通过计算机就可直接了解各抽油气井参数的变化规律，及早进行分析、诊断，及时排除故障，减少停产时间，避免不必要的能源浪费，提高油气井管理水平和生产效率。“十二五”期间，西气东输工程将再度新建干线和支线管道达到 5000km 以上。届时，“北斗”卫星导航系统将继续为油气生产和安全运输，乃至国家的能源战略发挥重要作用。

四、海岛礁测绘大地测量科学与技术进展

海岛测绘技术在大地测量学科方面有许多新的突破和进展，特别是在与陆地一致的海岛礁测绘基准构建技术、海岛礁高程传递技术、遥感测图海岛岸线综合测量技术、GPS 激光测距移动定位技术、GPS 近景快速信息移动采集技术以及海岛遥感测图高程控制技术等方面取得了新的突破和进展。

(一)与陆地一致的海岛礁测绘基准构建技术

与陆地一致的海岛礁测绘基准构建是当今世界的难点问题。由于海岸带、海洋环境变化快，怎样有效维持海岛礁测绘基准成为制约技术发展和应用的瓶颈，不同测绘基准之间的连接及连接关系的维持成为建立海岛礁测绘基准必须解决的关键问题。

大地测量控制站点并置技术。建立完备的现代测绘基准，涉及的大地测量控制站点类型主要包括：CORS 站、长期验潮站、水准点、重力控制点、卫星定位控制点，这些站点分属于坐标基准、高程基准、重力基准和深度基准的基础设施。通过并置这些站点，可精确分离海平面变化与地壳垂直运动，测定国家高程基准与全球高程基准之间的差异，多角度重构坐标基准、高程基准、重力基准和深度基准之间的关联，提升海岸带重力场和大地水准面精化的科学水平，大大提高大地测量基础设施抗地质环境影响和人为破坏的能力，实现以一种大地测量技术手段维持另一种大地测量技术构建的测绘基准，从而全面提升测绘基准维持的科学水平。

与陆地一致的海岛礁测绘基准构建技术。建立由沿岸陆地、海岛礁大地控制站点构成的坐标基准、高程基准、重力基准和深度基准一体化的海岛礁测绘基准，通过与已有国家坐标基准、高程基准、重力基准联测，实现海岛礁测绘基准与陆地测绘基准的衔接。通过 CORS 站、长期验潮站、国家一二等水准点并置技术，综合多种卫星测高海面高测定技术，多源重力场数据集成的海岸带大地水准面精化技术，确定国家大地坐标基准、高程基准与深度基准的严密关系，实现海岛礁测绘基准的统一和不同测绘基准之间精确连接。

(二)与陆地一致的海岛高程传递技术

传统长距离高程传递技术的改进。海岛礁测绘以测距三角高程法为主，短时验潮法

为辅，配合卫星定位、水准测量和地面垂线偏差测定等方法，实现近海 15km 范围内海岛礁高程传递。利用地面垂线偏差实测垂直大气折光的算法，来代替垂直大气折光模型，使高程传递的测量精度可以达到等级水准测量的精度；利用跨海两岸同步短时验潮观测的强相关性将传统的短时验潮数据处理技术进一步拓展，从而提高海岛礁高程传递的精度；从数据源（包括地形和重力数据）和算法两个方面改进天文重力水准技术，提高天文重力水准路线上垂线偏差的计算或内插精度，使得改进的天文重力水准方法能达到或接近跨海高程传递的精度水平。

海岸带重力场大地水准面精化。海岸带重力场大地水准面精化一直是难以有效解决的国际热点问题。海岛礁测绘将海岸带和海域重力场大地水准面精化作为重要工程目标之一，在我国也尚属首次。工程涉及范围内重力场数据种类之多、精度不一、分辨率和来源不同也很罕见。为此，海岛礁测绘集成了沿岸陆地重力、海域船测重力、航空重力和多种卫星测高等数据，针对海岸带数据源在精度和分辨率方面的复杂性，提出了重力场数据集成控制目标：①能有效实现精度不一的多源重力场数据集成问题，保证集成过程中高精度数据源不被低精度数据污染；②能有效解决不同区域重力场数据拼接及同一区域多源重力场数据的融合问题；③能有效克服或抑制低精度重力场数据在重力场大地水准面精化过程中交叉利用或多次重复使用问题；④针对多种类型重力场数据，如扰动重力、空间异常和垂线偏差，能在集成或精化中分离地形的高频影响，提高重力场数据集成和重力场精化的水平。在此基础上，通过改进传统的局部重力场算法，包括各类重力场参量（重力异常、扰动重力、垂线偏差、扰动位、重力梯度等）地形影响算法、各类重力场积分的快速算法和多种重力场数据实用集成方法等，以适应厘米级大地水准面精化和高精度局部重力场逼近的技术要求。

（三）遥感测图海岛岸线综合测量技术

海岛岸线定义为平均大潮高潮时刻的海陆分界线，即平均大潮高潮线矢量。随着测图比例尺不同，海岛岸线的长度和形状都存在较大差异，具有典型的非线性分形特性。海岛岸线是条实际不存在的理论曲线，无法通过实地定位和遥感测图方法直接获取，因此，海岛岸线测量是当今世界性的技术难题。但是，海岛岸线又是海岛地形图的陆海分界线，决定了海岛的形状和大小，是非常重要的地形要素，海（岛）岸线测量是陆海地理空间信息综合面临的基础性问题，是陆地测绘向海洋测绘扩展不可回避的科学问题。

在现代海岛礁测绘技术中，获取海岛痕迹岸线的重要手段是航空航天测图方法提取高潮痕迹线，但这种方法对于无明显痕迹线的海岛不起作用，这样，经过航空航天遥感测图后，会出现三种情况：一部分海岛有完整痕迹岸线，另一部分海岛只有部分痕迹岸线，还有一部分海岛完全没有痕迹岸线。

（1）海岛岸线高程偏差补偿模型的确定技术

对于每个局部海区，全部海岛的高潮痕迹线和平均大潮高潮线之间的高差具有相近特征，因此，如果已知该海区少数海岛的实测痕迹线与平均大潮高潮线的高差（称为海岛岸线高程偏差），就可以确定适合整个海区海岛的岸线高程偏差补偿模型。

（2）影像曝光时刻海岛瞬时水位线高程测定技术

遥感测图内业过程中提取影像曝光时刻及对应时刻的海岛瞬时水位线平面位置矢

量，据此推算该海岛瞬时水位，即海岛瞬时水位线相对于平均海面的高度，利用影像曝光时刻的潮位数据与海面地形信息可以确定影像曝光时刻海岛瞬时水位线高程。

(3)遥感测图海岛痕迹岸线的高程测定技术

感测图内业过程中提取海岛痕迹岸线的平面位置矢量，据此推算该海岛的平均大潮高潮位，进而计算该海岛的岸线高程；由海岛岸线高程偏差补偿模型与海岛岸线高程，直接反算出该海岛痕迹岸线的高程。

(4)海岛遥感测图岸线位置矢量推算技术

已知海岛DEM成果和海岛岸线高程值，可以采用岸线与DEM切割法解算岸线位置矢量，但这种方法得到的岸线位置精度与等高线相当，难以满足海岛测图的精度要求。为最大限度地提高海岛岸线的测定精度，应充分利用遥感测图获取的不同时相瞬时水位线及痕迹岸线信息来控制岸线的空间形态，在此基础上恢复海岛岸线。

(四)GPS激光测距移动定位系统

GPS激光测距移动定位技术可对干出礁、海上标志进行及时定位，解决了从船上对周边目标快速定位的技术难题。

GPS激光测距定位系统基于GNSS/电子罗盘/激光测距仪等电子元器件，集成导航定位技术，激光测距技术，信号控制技术，机械设计与安装等关键技术，重点突破时间同步、动态观测与自动瞄准、信号控制等关键技术，开发配套实时处理软件与高精度后处理软件，实现对无法到达的海岛礁控制测量与精确定位。

GPS激光测距动态定位系统由GPS OEM板和天线、激光测距模块、三维数字罗盘、控制模块、瞄准目镜、供电系统和掌上电脑等硬件，以及数据控制中心(含实时质量控制模块、数据获取存储模块、目标粗定位模块等)、交互式界面、后处理精密定位模块、系统参数标定模块与系统参数设置模块等软件组成。

GPS OEM板+GPS天线用于流动点(激光测距头中心)卫星定位观测。激光测距模块用于测定流动点到目标(瞄准视线)的距离。三维数字罗盘用于测定瞄准视线的三维姿态(用磁方位和倾角表示，本系统不用横滚角)。控制模块用于GPS、激光测距模块和三维数字罗盘时钟同步。瞄准目镜用于测距时瞄准目标。数据控制中心功能是采集GPS卫星、激光测距、数字罗盘数据，建立它们之间的逻辑关系并存储，进行实时质量控制，计算状态参数，实时对目标进行粗定位。交互式界面实时显示流动点位置、目标到流动点的距离、视线姿态、状态信息及目标粗略位置。后处理精密定位模块导入GPS基准站数据后，精确解算目标的三维坐标。

GPS激光测距动态定位的定位模式是：作业人员手持GPS激光测距系统从目镜瞄准待定位目标，按下测距按钮，交互式界面实时显示流动点位置、目标到流动点的距离、视线姿态和目标粗略位置信息。作业人员移动一段距离，从下一个方位瞄准目标测距，交互界面除显示流动点位置、目标到流动点的距离、视线姿态和目标粗略位置信息外，还将实时显示状态信息。当状态正常时，显示上次与本次观测数据综合计算的目标位置信息；当状态异常时，显示上次的目标定位信息。作业人员继续移动一段距离，从另一个方位瞄准目标测距。当状态正常时，显示的目标位置一般较前次准确。作业人员继续移动瞄准目标，获取 5～8 个状态正常的 GPS 卫星观测数据、测距数据、姿态数据和状态数据。外业工作结束。导入 GPS 基准站数据进行数据处理，精确解算目标的三维坐标。

经过各种海洋环境试验，GPS 激光测距动态定位系统的基本结论是：操作简便，实用性强。系统硬件连接简单、软件界面友好，易于操作。后处理软件简单易学，使用方便。工程人员只需经过简单培训即可使用，具有很强的实用性。精度高，适用于难以到达区域测量定位。系统静态实时定位精度在 2～3m，后处理精度在 0.5m 以内。船上作业，动态条件下实时定位精度在 5m 以内，后处理精度在 1.5m 以内。解决了海上测量高程精度较低的问题。系统对目标瞄准错误具有抗差能力。一般技术人员在不晕船的前提下，经过一段时间适应后，采用首先水平方向对准目标，掌握船只上下起伏规律，从垂直方向可以从船上较为准确的瞄准目标，系统软件同时具有粗差剔除能力，可以将脱靶的观测数据剔除，从而较好地解决了系统动态条件下的瞄准问题，提高了系统的可靠性和实用性。稳定性好，可靠性高。GPS 激光测距动态定位系统在复杂的海洋环境中从始至终保持稳定，显示了系统在海洋高温、高湿、高腐蚀条件下具有实用性、稳定性和可靠性，适用于海洋环境定位。具备工程化能力。GPS 激光测距动态定位系统具备工程化能力，其在目标瞄准、激光测距作用距离、实时质量控制的可靠性以及系统的稳定性等方面都达到了工程化的要求。

（五）GPS 近景信息移动采集系统

GPS 近景信息移动定位技术实现了难以到达地方的全野外测图，解决了从船上对海岛滩涂和岸线进行精细测量的重大难题，还可实现像控、调绘与信息采集一体化。

GPS 近景信息采集系统基于 GNSS/电子罗盘/数码相机等电子元器件，集成导航定位技术、近景摄影技术、信号控制技术、无线通信技术、机械设计与安装等关键技术，重点突破 GNSS 浮标，影像同步获取，观测站/像控站/目标站几何结构匹配等关键技术，开发配套高精度后处理软件，实现对无法到达的海岛礁立面高精度地形图测量、岸线测绘以及特征地物的精确采集与定位。

GPS 近景信息采集系统的基本思想：在海上第一流动点利用卫星定位与数码相机对待测目标进行摄影，在摄影范围内布设 2 个以上像控点，并测定像控点的精确坐标，获得第一影像，并获得第一流动点的精确坐标，通过三维数字罗盘或者像控点的精确坐标获取并计算第一影像的外方位元素；在海上第二流动点利用卫星定位与数码相机对待测目标进行摄影，在摄影范围内布设像控点，并测定像控点的精确坐标，获得第二影像，并获得第二流动点的精确坐标，通过三维数字罗盘或者像控点的精确坐标获取并计算第二影像的外方位元素；根据第一影像，第一流动点的精确坐标、第一影像的外方位元素及第二影像、第二流动点的精确坐标、第二影像的外方位元素计算待测目标的三维坐标。

卫星定位采用差分定位或实时动态差分法（real - time kinematic，RTK）技术，流动点的卫星定位精度可达到 10cm，三维数字罗盘姿态测量精度一般为 1/100（0.5°）。由误差分析方法可知，当流动点与目标之间的平均距离（下称作用距离）为 400m 时，仅姿态误差就可导致目标定位误差达到 2m。此时，即使目标影像的分辨率优于 30cm，目标的定位误差也很难优于 2m。因此，要提高目标主动式动态定位精度，必须提高姿态测量精度或影像外方位元素的获取精度，并保证影像分辨率至少与定位精度指标相匹配。可以通过布测少量像控点提高影像外方位元素的获取精度（像控点三维坐标精确已知，相片上的坐标也已知，可以得到高精度外方位元素），从而通过适当提高影像分辨率，在扩大海平面操作平台到目标的作用距离（最大作用距离 1km）的同时，使得主动式动态定位精度达到 1m。

GPS 近景信息采集系统工作时，可在附近 40km 范围内设立 GPS 基准站（保证卫星动态定位精度优于 10cm），并布设 GPS 浮标。作业过程中，GPS 基准站和 GPS 浮标之间无需通信，相对独立，GPS 浮标定位时刻、海平面操作平台摄影曝光时刻可以通过 GPS 时间保证同步。

经过各种海洋环境试验，GPS 近景信息采集系统的基本结论是：操作简便，实用性强。GPS 近景信息采集系统 2.0 版本，仪器操作简单，软件界面友好，使用方便。工程人员只需简单的学习就可以掌握；测量精度高。系统的陆地静态测量静态优于 0.3m，在海上动态测量条件下，平面优于 0.5m，高程优于 0.3m，满足工程需要；稳定性好，可靠性高。在复杂海洋环境如高温、潮湿、腐蚀性强的恶劣环境下，本套系统未出现任何问题。显示了系统在海洋高温、高湿、高腐蚀条件下具有实用性、稳定性和可靠性，适用于海洋环境定位。总的看来，GPS 近景采集系统在整个海上期间工作稳定，实现了动态像控条件下的岸线及岸上地物特征点的测量，实现了难以到达区域的定位与测图，同时仪器操作方便，数据处理简单，达到了工程化作业需求。

（六）海岛航空航天遥感测图高程控制技术

除少量较大面积的海岛外，海岛的高程一般不大，在我国，高程超过 10m 的海岛数量占全部海岛的比例不到 15%。由于海岛被海水包围，其高程有海平面作绝对参考，大的高程误差甚至会导致海平面与海岛的拓扑关系出现错误。因此，在海岛测图中，海岛高程的准确性和精度至关重要。

与陆地相比，海岛分布稀疏，无法按常规的密度和点位布测像控点，海域绝大部分被海水覆盖，影像地面特征稀少、纹理少使得航空航天影像匹配的难度大，导致模型连接困难甚至无法实现。有效解决这些问题的办法之一是对航空航天遥感海岛测图成果进行高程修正。遥感测图内业作业过程中，可充分利用痕迹岸线（如果能够提取）、多时相瞬时水位线的信息控制海岛高程的绝对精度，修正海岛地形图数据（DEM、DLG）的高程，主要方法是：①提取影像曝光时刻及海岛瞬时水位线平面位置矢量，据此推算影像曝光时刻该海岛瞬时水位线的高程。由于采用立体测图方式测绘海岛，因此对于海岛的某个特定区域，存在两个时相瞬时水位线高程；②若条件许可，尽可能提取海岛痕迹岸线的平面位置矢量，据此推算该海岛痕迹岸线的高程；③比较遥感测图内业获取的多时相瞬时水位线高程和海岛痕迹岸线高程，修正该海岛 DEM、DLG 的全部高程，实现海岛的高程控制。

遥感测图海岛高程控制过程中，应充分综合利用一切能够获取的海岛痕迹岸线和多时相瞬时水位线的信息，提高海岛高程控制的精度。

这种方法得到的高程精度仅受大地水准面、平均海面高和潮汐模型误差影响，以目前的技术水平看，高程精度可达到 0.3m，能够满足大比例尺测图对绝对高程的精度要求。

五、重力与大地水准面

(一)地球重力场

利用卫星观测数据恢复地球重力场及其在相关地学中的应用研究仍然很活跃。重点关注 GOCE SGG 数据处理和解算重力场模型新方法的探索,以及误差分析、数据校准和成果检验。在应用领域,首先利用重力观测数据提取近几年全球大地震前兆和地球动力学效应信息,是一个颇为突出的研究热点;其次是研究重力匹配辅助水下惯性导航问题。此外,对未来更新一代卫星重力探测模式也作了相关研究。

1. 卫星重力测量

在卫星重力场反演方法方面,基于低轨卫星精密轨道和非保守力加速度,给出了同时求解位系数以及加速度计偏差、尺度和漂移校准参数的能量守恒观测方程。此校准方法不受先验重力场模型影响。求解的模型精度优于同阶次的 EGM96、EIGEN2、EIGEN—CHAMP03S,在低阶位系数上与 GGM02S 精度相当。基于 SGG 观测数据,提出一种构建重力场模型的线质量调和分析方法,是基于 SGG 数据单层点质量调和分析方法的新发展。在线质量调和分析法不仅具有与点质量法相同优点,而且计算模型形式上完全相似。由于线质量法顾及不同埋置深度,有分频段的作用,改进了单层点质量法无此作用的缺陷;研究了求解 GOCE 重力场的 Tikhonov 正则化方法。该项研究采用 Tikhonov 正则化方法利用模拟 SGG 观测值,基于半解析法(SA),探讨了几种不同正则化矩阵的优劣和最优化正则化参数的确定,其中正则化矩阵包括零次、一次、二次和 Kaula 正则化矩阵,以及选择正则化参数的 L(型)曲线法和广义交叉检验(GCV)法;基于星间加速度法(IRAM)精确快速确定 GRACE 地球重力场。由 GRACE 星间距离观测值,采用 9 点 Newton—Gregory 插值法得到星间相对加速度,联合星间距离和星间相对速度,建立关于相对扰动位梯度的观测方程,快速确定了 120 阶 GRACE—IRAM 模型,其模型大地水准面的累积精度为 7.2cm,长波段(低于 60 阶)精度略低于 EIGEN—GRACE02S;利用星载 GPS 和 LL—SST 数据同时确定重力场模型和卫星精密轨道的“同解法”研究。同解法从星载 GPS 跟踪观测数据的非线性观测方程出发,通过线性化,形成一个高阶设计矩阵,按最小二乘法建立弧段法方程,经迭代解算待估参数。开发了“同解法”仿真模拟软件系统。

在数据处理、误差分析、分辨率和精度评估方面,基于卫星加速度恢复地球重力场的去相关滤波法研究。加速度法基于牛顿第二运动定律直接建立卫星加速度观测值与重力位系数在地心惯性系中的线性关系。主要结论为:基于三点差分和 ARMA 过程的白化滤波器,采用不同噪声背景的 CHAMP 模拟轨道数据,按加速度法恢复重力场,计算结果表明,所研究的两种去相关滤波方法都有效,且优于传统的等权处理方法;GOCE 卫星重力梯度测量误差分析及模拟研究。提出采用 AR 模型基于先验的误差 PSD,模拟卫星重力梯度仪有色噪声时间序列,给出 AR 模型构造平稳随机过程的基本原理和数学模型。根据两类解析形式的重力梯度仪观测噪声 PSD,分别模拟相应的有色噪声时间序列,其对应的 PSD 与解析形式 PSD 的比较结果验证了 AR 模型用于模拟 GOCE 卫星重力梯度测量有色噪声的可行性和有效性;比较研究了SGG数据粗差探测的阈值法、Grubbs检验、Dixon检验和小波分析法及组合方法。基于SGG测量粗差的来源和特征,模拟生成了SGG数据的粗差,分别利用上述粗差探测方法进行模拟计算,结果表明联合Dixon检验和小波分析的组合法最有效;基于轨道扰动引力谱分析方法,确定利用重力卫星的低低SST数据反演重力场的空间分辨率。利用EGM96分别计算了400km、450km和500km轨道高度处作用于重力卫星的扰动引力的谱及其平均值的量级,分析其垂向分量特性表明:在三个轨高处能分别反演150阶、140阶和130阶重力场模型;当两颗同轨重力卫星相距220km,分别计算了上述三个轨高处纬度相差2°的两颗卫星纬向扰动引力差,分析其谱特性,表明利用重力卫星低低SST数据,能反演确定117阶重力场模型;卫星重力梯度数据向下延拓问题的研究。将航空重力数据处理的球内Drichlet法、泊松积分迭代法和谱方法引入SGG数据的向下延拓中,建立了相应的数学模型。结果表明,当延拓距离为5km时,谱方法获得的延拓结果精度最高,其次为球内Drichlet法,泊松积分迭代精度最差;当延拓距离为250km,泊松积分迭代精度最好,其次为谱方法,球内Drichlet法精度最差;基于地球重力场模型的重力梯度测量数据外部校准。基于多个现有地球重力场模型,研究了卫星重力梯度测量数据的外部校准方法。模拟数值计算结果表明:高精度高分辨率重力场模型能有效地应用于卫星重力梯度测量数据外部校准。

在精密定轨及其他方面,多种测量技术条件下的GEO卫星定轨研究。提出了基于SLR和转发式测距数据的GEO卫星定轨方案,探讨了两种新的C波段转发式测距设备的系统时延精确标定方法。利用中国区域内的转发式测距跟踪网对GEO卫星进行了联合定轨实验,结果表明经过事后精处理,定轨残差为0.205m,激光外符视向精度为0.133m,三维位置精度优于5m,预报2h激光外符视向精度为0.373m;低地球轨道(LEO)卫星星群探测地球重力场的性能分析。探索如何利用低成本LEO星群的精密轨道资料探测地球重力场,并以COSMIC(Constellation Observing System for Meteorology Ionosphere & Climate)星群为研究实例,分析其覆盖性和用于确定地球重力场的方法及可行性。

2. 航空与海洋重力测量

正则化方法在航空重力测量数据向下延拓问题中的应用研究。提出基于信噪比的正则化方法解决航空重力测量数据向下延拓的不稳定性问题。利用Kalman平滑技术估算航空重力测量中的载体垂直加速度研究。提出一种具有模型误差修正的Kalman滤波模型,在此基础上,探讨了采用该模型,利用Kalman最优线性平滑估值技术确定载体垂直加速度的方法,并与数字差分和FIR滤波等方法进行比较。航空重力数据向下延拓的Tikhonov正则化方法的仿真研究。采用的基本方法是求解逆Poisson积分方程,为解决该方法具有放大误差的不适定(病态)问题,研究了目前广泛采用的Tikhonov正则化方法在此类向下延拓问题中的应用。航空重力梯度测量的地形改正方法及讨论。简要介绍了航空重力梯度测量中地形改正的基本原理及现有的改正公式,采用基于质量线和质量棱柱两种地形模型的数值积分公式,进行了模拟试算,其中首次将顾及地球曲率影响的质量棱柱体模型应用于航空重力梯度数据的地形改正;计算S型海洋重力仪交叉耦合改正的测线系数修正法。提出测线系数修正法,即在交叉点处采用平差的思想对每条测线的交叉耦合(CC)改正监视项的系数进行修正,然后采用新系数重新计算 CC 改正。实验结果表明,采用修正后的系数能补偿外界的动态测量条件与仪器生产厂家计算 CC 改正系数时设计的假设条件之间的差异对 CC 改正造成的影响,提高海洋重力数据处理的精度;L&R 海空重力仪测量误差综合补偿方法。为了削弱各类误差源的影响,提出了一种两阶段误差综合补偿方法:第一阶段采用相关分析法对仪器厂家标定的交叉耦合改正(CC 改正)的不足进行修正;第二阶段采用测线网平差对各类剩余误差的综合影响进行补偿。实际观测数据处理结果验证了该方法的有效性和可靠性。

3. 应用研究

在大地构造和地球动力学解释方面,利用地面重力观测资料和卫星重力资料,研究了中国东北地区重力场,阴山山系与鄂尔多斯盆地北部的重力场与深部构造,广西地区卫星重力异常与区域地质特征,利用重力多尺度分解资料反演青藏高原东北缘地壳厚度,利用卫星重力数据研究中国及邻区地壳厚度,利用重力资料研究华北地区构造应力场,利用宜昌台重力观测资料检测地球自由振荡,利用 GRACE 卫星重力资料解算气候驱动的地表周年垂直形变。

在地震监测方面,采用重力方法研究了 2009 年姚安 Ms 6.0 地震重力场前兆变化机理,2010 年玉树 Ms 7.1 地震前的重力变化,GRACE 卫星重力观测在强震监测中的应用及分析,GRACE 探测强地震重力变化,GRACE 卫星观测到的与汶川 MS8.0 地震有关的重力变化,GRACE 卫星观测到的日本 Ms 9.0 级大地震重力前兆信息,日本 Ms 9.0 地震前的连续重力观测异常,日本 Ms 9.0 地震前的重力高频扰动,川西地区重力变化与汶川地震,汶川地震形变场和重力场模拟分析,新疆南天山地区重力场动态变化与乌恰西 MS 6.8 地震,川西藏东地区的地壳均衡异常及其与地震分布的关系,并开展了汶川大地震的"震前扰动"现象研究。

在海洋动力环境方面,研究了近 4 年全球海水质量变化及其时空特征分析,联合 Jason1 与 GRACE 卫星数据研究全球海平面变化,联合卫星测高和模式资料研究海水热含量变化。

在国防建设方面,研究了重力扰动对惯性导航系统位置误差影响分析,导航用海洋重力异常图的孔斯曲面重构方法,水下重力异常最近等值线迭代匹配算法的改进,重力垂直梯度导航值特征分布与可导航性分析,重力垂直梯度和重力异常辅助导航 SITAN 算法结果分析,重力场可匹配区域选择研究,弹道主动段全射向扰动引力快速逼近方法,扰动引力对洲际弹道导弹被动段的影响分析,利用重力梯度测量探测海底障碍地形的模拟研究。

在其他应用方面,利用卫星测高和重力测量监测巴尔喀什湖水位变化,卫星重力捕捉龙滩水库储水量变化,利用绝对重力测量对大地原点地下水沉降进行研究。

(二)大地水准面

近两年我国局部大地水准面的精化工程仍在不断发展,但理论和方法的研究相对偏少。由于 2160 阶全球重力场模型 EGM 2008 的公布,研究了利用该模型快速精确计算 $5' \times 5'$ 模型大地水准面的算法改进,以及联合 GPS 水准统一局部高程基准的问题;另外由于全球1′×1′重力异常数据产品V18.1的公布，研究了利用该产品确定高分辨率局部大地水准面的计算方法；也进一步研究了重力大地水准面和GPS水准联合确定精化局部大地水准面的方法。在这些研究领域取得了一定进展。

利用Clenshaw求和计算大地水准面差距。当采用半正规化方法计算缔合勒让德函数时，不仅可以提高计算速度，还可提高计算的稳定性。Clenshaw求和方法计算区域大地水准面比常用的标准向前递推算法有明显优势。同时指出Clenshaw求和方法在纬度-8°～8°区域不能达到cm级精度。

利用全球1′×1′重力异常确定局部大地水准面的实例研究。利用“移去—恢复”法计算了研究区多个大地水准面，并探讨了这些大地水准面的精度。结果表明，不同精度地球重力位模型作为参考场所计算得到的大地水准面的精度存在一定差异，但是利用高精度GPS水准数据对其进行系统偏差改正后，得到的拟合大地水准面的精度接近，均为0.05m左右；不加地形改正的拟合大地水准面的精度略高于加地形改正的精度。

应用GPS水准与重力数据联合解算大地水准面。建立了两个水准面之差与基准转换参数、重力和GPS水准观测值的残差之间的关系，并基于最小二乘准则解算了基准转换参数和重力与GPS水准观测值的残差，即计算转换参数及重力与GPS水准观测值的改正。尤其当GPS水准精度远高于重力水准面时，联合解算模型可固定GPS水准大地水准面，只对重力观测值进行改正。

利用等效点质量进行(似)大地水准面拟合。提出利用等效虚拟点质量原理的拟合方法，即在大地水准面内部构建一个扰动点质量集合，使其产生的扰动位确定的大地水准高或高程异常与GPS水准观测值一致，由此得到一个由点质量模型表达的，可计算拟合区域任一点大地水准面高的连续拟合函数。

基于EGM 2008重力场模型的局部高程基准统一。利用最新全球重力场模型EGM 2008和GPS水准数据计算了中国1956黄海高程基准面和香港主要高程基准间的垂直偏差和重力位差。计算结果表明，这两个基准面间的重力位差为$(8.065\pm0.343)m^2s^{-2}$，即1956黄海高程基准面平均高于香港主要高程基准面(82.4 ± 3.5)cm。

(三)月球重力场

我国探月计划“嫦娥工程”的实施和“嫦娥一号”月球探测卫星的成功发射，带动了大地测量学科对确定月球重力场模型的研究，2010年利用“嫦娥一号”跟踪数据，自主研制了一个50阶次的月球重力场CEGM—01，同时研究了我国未来利用月球探测卫星确定月球重力场的可行优选方案，并作了仿真模拟试验。

基于“嫦娥一号”跟踪数据的月球重力场模型CEGM—01。根据“嫦娥一号”月球探测卫星轨道跟踪数据的特征，基于动力法精密定轨解算月球重力场模型的原理及策略，在“嫦娥一号”测控数据精度和覆盖均有限的条件下，独立使用“嫦娥一号”月球探测器6个月的在轨运行双程测距测速跟踪数据，成功得到了50阶次月球重力场模型CEGM—01。通过多种方式，如重力场模型频谱特性、实测数据定轨残差、月球重力异常特征、与地形的相关性及导纳值，对解算得到的CEGM—01月球重力场模型进行了精度评价，分析了相应的物理特性和效果，结果表明了CEGM—01解算过程的有效合理，在此基础上展望了我国月球重力场探测未来可能的发展方向。

同波束 VLBI 技术用于月球双探测器精密定轨及重力场解算。利用同波束 VLBI 同时观测两个探测器的多点频信号,可以得到两个探测器之间高精度差分相位时延。针对采样返回的月球探测任务中轨道器和返回器同时绕月飞行期间,研究利用同波束 VLBI 跟踪数据在探测器精密定轨和月球重力场仿真解算中的贡献。结果表明,加入同波束 VLBI 跟踪数据之后,探测器定轨精度有显著提高,改进超过一个量级。综合同波束 VLBI 跟踪数据解算得到的月球重力场模型,相比于传统的 USB 双程测距测速数据,中低阶次位系数精度有明显改进,并且定轨精度有望能达到米级。

基于大倾角卫星轨道跟踪数据的月球重力场模拟仿真解算。针对现有月球探测任务主要为极轨的特点,仿真分析了大倾角轨道卫星跟踪数据在月球重力场解算中的贡献,基于极轨道、77°倾角和极轨道结合 77°倾角轨道三种情况,利用各 3 个月的轨道跟踪数据进行了月球重力场模型仿真解算,通过重力场功率谱、基于解算模型位系数协方差矩阵的重力异常及月球大地水准面误差以及精密定轨等手段对解算模型进行了精度评价。结果表明,结合大倾角的轨道可以较为明显地改进月球重力场模型的计算精度。

月球探测器 LP 精密定轨及月球重力场模型解算。利用美国 1998 年发射的月球探测器 LP 任务阶段共 19 个月的双程测距测速轨道跟踪数据,对探测器进行了精密定轨,对定轨结果基于轨道残差及重复弧段差异作了精度评价。利用 LP 正常任务阶段 3 个月的轨道跟踪数据,进行了月球重力场模型解算,通过重力场功率谱、轨道残差和月球自由空气重力异常对解算模型进行了精度评价。结果表明,精密定轨及月球重力场模型解算合理。对进一步融合"嫦娥一号"轨道数据和 LP 数据解算自主的高精度月球重力场模型有参考意义。

六、大地测量数据处理

近两年来,我国在大地测量数据处理理论和方法研究方面取得了长足发展。下面从测量平差模型、病态条件诊断与正则化、抗差估计、滤波算法、GPS 数据处理以及重力数据处理等方面进行总结和分析。

(一)测量平差模型

1. 函数模型

经典平差函数模型有条件平差模型、间接平差模型、附有参数的条件平差模型和附有限制条件的间接平差模型以及附有限制条件的条件平差模型。

将经典测量平差的概括模型(即附有等式限制条件的条件平差模型)扩展为附不等式约束的平差模型,并将其定义为测量平差统一模型,同时在一定的条件下实现了这种平差模型与概括平差模型间的相互转换。基于最优化计算理论中罚函数方法及传统测量平差中零权和无限权的思想,提出了附不等式约束平差的有效迭代算法,算法过程与经典平差计算方法相同。

提出了整体最小二乘的改进算法,利用附有限制条件的平差模型,导出了观测向量和数据矩阵精度不等情况下的计算公式。该算法满足拟合方程应有的条件，提高了整体最小二乘递推算法的逼近精度，为整体最小二乘应用于测量数据处理提供了可行的方法。通过引入对多元函数隐函数求导的方法，确定了未知参数对观测数据的线性信息，解决了整体最小二乘下的精度评定问题。

在函数模型应用方面，针对中国大陆地壳运动分析中观测资料不足以及分布不均匀的问题，建立了更适于形变分析的最小二乘配置模型，并结合抗差估计，提出了引入地球物理模型计算值用于数据的中心化处理，同时分区、按方向确定协方差函数的新方法。在中国 2000 GPS 网的整体平差处理中，采用附加系统参数的平差模型，减弱了系统误差及基准误差的影响。

2. 随机模型

提出了基于等效残差的方差-协方差分量估计方法。利用正交分解提取出等效残差，建立 VCE 的基本方程，在给定初值的情况下，导出了 Helmert、最小二乘和 MINQUE VCE 的估计公式，证明了基于等效残差的 VCE 公式与已有公式的等价性。分别采用 χ^2 统计量和正态积 Np 统计量检验等效残差的平方及其乘积，与基于残差粗差剔除的 VCE 相比，基于残差二阶量粗差剔除的方差分量估计结果等价，但协方差估计结果更有效。

在随机模型应用方面，推导了基于哈达玛总方差的 Kalman 滤波过程噪声参数和观测噪声的估计方法，在此基础上构造了 KaIman 滤波状态噪声协方差阵和观测噪声协方差阵，有效地实现了卫星钟时差、频差和频漂的短期预报。针对 GPS 精密单点定位中观测值随机模型中没有考虑卫星钟差插值误差，提出一种顾及卫星钟差插值误差的观测值随机模型。引进时间遗忘因子和观测冗余度因子，有效地平衡了移动窗口内不同时刻的观测数据及其冗余情况对单位权方差估值的贡献，改进了单位权方差的移动开窗实时估计算法，通过采用载噪比模型确定观测权阵及等价权抗差估计方法处理粗差，显著提高了 GPS/Doppler 的导航精度与可靠性。

(二)病态条件诊断和正则化

大地测量中的不适定问题包括病态问题和秩亏问题。病态问题的主要特征是解的不稳定性，如在某些控制网平差、大地测量反演、GPS 快速定位、重力场的向下延拓以及航天飞行器的精密轨道解算等方面都可能存在病态问题，影响参数解的稳定性。目前大地测量界对病态问题的研究主要集中在两个方面：①如何建立病态问题的有效诊断方法；②寻求效果更好的病态问题解法。

基于矩阵体积的定义和性质，定义了任意矩阵向量正交度，并将其应用于病态问题的诊断、分析和解释。

利用观测矩阵的 QR 分解结果，将对观测结构的分析过渡到对上三角矩阵的分析与计算。由此对观测结构进行了深入分析与度量，能够对观测结构的各种形态进行推断，进而对系统的Ⅰ类及Ⅱ类病态性作出推断与估计。通过对Ⅰ类病态产生原因的分析提出了适合参数分组和不分组两种情况下的参数优选方法，即基于投影正交分解的附加参数比较与选择方法和基于 QR 分解的参数比较与选择方法。前者用伪残差比对附加参数进行排队，该方法的几何意义明确，伪残差比加速了参数的分化，对参数优选有利；后者利用观测矩阵的 QR 分解得到的上三角矩阵进行观测结构的分析，根据观测结构的优劣决定参数的取舍。

采用岭估计法处理加权总体最小二乘平差的病态性问题，推导了相应的求解公式及均方误差评定精度的方法，定义了病态加权总体最小二乘平差中的模型参数分辨矩阵，并讨论了岭参数的含义及其作用，给出了确定病态加权总体最小二乘岭估计中岭参数的岭迹法、广义交叉核实法和 L 曲线法。提出了处理附有病态约束矩阵的等式约束反演问题的岭估计解法，推导了相应的求解公式及均方误差评定精度的方法，给出了确定附有病态约束矩阵的等式约束反演中岭参数的岭迹法、广义交叉核实法和 L 曲线法。

在广义条件数定义的基础上，推导了非线性病态法方程解的扰动估计式，并以扰动估计式为基础，讨论了非线性算法对非线性病态问题判断和分析的影响。

(三)抗差估计

为了削除或消弱粗差对估值的影响，我国学者一直致力于抗差估计的研究。提出了 P-范分布混合整数模型的极大似然估计方法。首先采用极大似然理论，顾及实参数可导而整参数不可导，导出了 P-范分布整数搜索准则，并证明了最小二乘整数搜索准则是它的一个特例；然后给出 P-范分布混合整数模型的 P 参数估计、整参数搜索和实参数求解的方法和计算流程。

从测量误差的实际情况出发，提出一元非对称 P 范分布极大似然平差方法。建立了一元非对称 P-范分布的密度函数，利用极大似然估计方法导出了参数估计值的基础方程。研究表明，结合实际测量数据，通过选择合适的参数估计值，可以增加误差分布模型选取的灵活性，便于 P-范分布理论在测绘数据处理中的推广应用。

应用 Bayes 定理，给出了测量噪声为污染正态分布时的一种 Bayes 估计动态模型，从理论上探讨了状态估计与污染率和粗差方差阵的关系，对于抗差估计的设计有一定的参考意义。

提出了结合中位参数法和等价权的抗差估计法，利用中位参数估值作为等价权抗差估计法的初值，提高了计算结果的抗差性。

在抗差估计应用方面，提出一种新的钟差算法——开窗分类因子抗差自适应序贯平差，即首先对一维钟差数据进行开窗处理，在窗口内利用抗差等价权削弱粗差影响，在窗口间构造自适应因子抵制钟跳异常，从而达到消除和削弱观测异常和状态异常的目的。采用粗差检测与抗差估计相结合的方法处理 GPS 动态定位中的粗差问题，在数据预处理阶段采用粗差探测方法剔除大的粗差，在参数估计阶段，利用抗差估计控制小粗差的影响，既能有效抵御粗差的影响，又能保证软件的解算速度。

(四)滤波算法

滤波算法是近年来大地测量研究领域的一个热点问题。我国学者在自适应滤波领域做了大量的研究工作，取得了一批有影响的研究成果。

1)针对低轨卫星 LEO 星载 GPS 实时定轨中存在的问题，提出了以单点定位结果为观测值，采用自适应卡尔曼滤波方法进行动力平滑来实现 LEO 星载 GPS 实时动力法定轨。

2)提出一种通过部分状态不符值来构造自适应因子的方法,并在 GPS/INS 紧组合导航中得到有效应用。

3)提出一种利用自适应滤波综合估计形变参数的方法。采用抗差等价权控制几何观测异常误差的影响,引入自适应因子平衡几何观测和地球物理模型信息对形变模型参数估计的贡献,利用高精度 IGS 站速度确定局部形变的基准。

4)构建了自适应拟合推估解法。分别采用 Helmert 方差分量估计法和极大似然方差分量估计法构造自适应因子,通过自适应因子调整信号向量与观测向量的先验权比,在 GPS 大地高到正常高的转换中得到很好应用。

5)提出一种自适应渐消扩展 Kalman 粒子滤波方法,该方法用渐消扩展 Kalman 滤波产生建议分布函数,由于参数的可在线调节性,使得系统具有更好的自适应性和鲁棒性。提出了 GNSS/INS 紧组合导航的抗差 EKF 算法,该算法可以将三类粗差抑制在相应观测值的残差中,达到削弱其对状态参数的影响。提出一种基于神经网络的 GPS/SINS 组合导航系统算法。

(五)GPS 数据处理

1. 模糊度解算

1)建立了直线道路和曲线道路的约束条件方程,给出了附有道路轨迹约束条件的卡尔曼滤波公式,提出了约束条件下的模糊度分解算法。

2)提出一种中长基线三频模糊度快速解算新方法,该方法先以较高成功率快速固定两个超宽巷模糊度,然后用这两个模糊度固定的超宽巷组合与任一窄巷组合构成无几何误差和无电离层延迟的新组合。同时,利用坐标参数与模糊度参数作为约束条件,给出了附有约束条件的 GPS 模糊度快速解算。

3)提出自适应整数正交变换算法,并采用此算法和升序排序调整矩阵对 LLL 算法进行改进,减小了备选模糊度组合数,更有利于整周模糊度的搜索和解算。

4)通过分析目前存在的逆整数乔列斯基降相关方法的特点,提出一种基于排序和乔列斯基分解的模糊度降相关方法。

5)针对联合降相关算法中存在的缺陷,提出了改进的联合降相关算法。该算法在降相关每个模糊度之前先查找精度最高的模糊度进行降相关,并将条件方差按照大致降序顺序排列。该算法能降低方差-协方差矩阵的相关性,减少降相关过程所花费的时间,有效地提高条件搜索的速度。

6)针对双星姿态测量中整周模糊度解算这一关键问题,提出了一种新的双星整周模糊度解算方法——天线反转法。其基本思想是,在静态初始化过程中将副天线绕主天线反转了 180°。模拟算例表明,该方法能够快速可靠地解算出双星整周模糊度。

2. 周跳探测

1)对传统的周跳探测理论和方法进行了改进,实现了非差载波相位周跳的实时探测。通过对 Geometry—free 组合和 Melbourne—Wtbbena 组合的特性进行分析,同时利用滤波技术，很好地实现了周跳的实时探测。

2)提出了一种适于 Compass 周跳探测的三频数据优化组合法。根据多频数据组合原理，推导了组合观测值比例因子与噪声比例因子的关系，分析了 Compass 码和相位的多种可能组合，从中选取 3 种线性无关的优化组合作为周跳检测量。所选检测量保持了周跳的整数特性，便于准确估计与修复周跳。

3)利用双频观测值来讨论长基线动态测量中周跳修复问题，并在综合利用电离层残差法和伪距载波相位组合法的基础上，提出一种周跳修复法——最小二乘周跳搜索算法。该方法无要经过最小二乘平差计算，就可以利用残差平方和搜索并确认周跳，计算速度快。

4)提出一种基于经验模态分解对载波相位测量进行周跳探测的新方法。相对于小波分析法探测周跳，经验模态分解可以做到自适应，解决了由于小波基的选取不当对周跳探测结果的影响。

5)提出一种基于卡尔曼滤波的周跳探测算法。该算法首先利用 klman 滤波器对载波相位进行滤波处理；然后搜索预报残差中的跳变对异常值(周跳及野值)出现的历元进行定位；最后结合最优固定区间预测方法确定异常值的类型及计算其大小，从而达到周跳修复和野值剔除的目的。该方法一定程度上降低了分段滤波引起的复杂运算，并对不同类型的异常值有很好的探测能力，如连续野值、频繁出现但不连续的野值以及周跳等。

3. GPS 定位解算

以小波分析为工具，提出利用基于小波分析的组合观测值残差趋势信号改正原始观测值的预处理方法，可有效地削弱非模型化系统误差的影响，提高精密单点定位精度。

提出一种基于改进粒子滤波的动态精密单点定位算法。首先固定单差无电离层模糊度，以减少状态参数向量的维数，提高初始定位的精度和粒子滤波的收敛速度；采用 Kalman 滤波作为粒子滤波的预滤波，以提高粒子滤波的重点采样效率，并提高采样粒子精度，减缓粒子退化。该方法可以提高动态 GPS 的定位精度。

优化了利用固定模糊度的动态精密单点定位算法。首先采用序贯最小二乘法计算无电离层组合观测值的模糊度，然后固定宽巷组合模糊度，再固定窄巷组合模糊度，最后得到无电离层组合观测值的模糊度最终解。谱密度的取值影响状态参数预测值的协方差矩阵元素的大小，因此，采用自适应滤波进行处理。利用机载 GPS 数据进行验证，结果表明，与其他方案相比，利用固定模糊度的自适应滤波加快了收敛速度，提高了动态精密单点定位的解算精度；无论谱密度取何值，自适应滤波都能够得到较稳定的解。

针对个别历元流动点有观测数据，基准点没有观测数据的情况，提出用流动点历元间差分数据作为观测值，以相近历元与基准点存在同步观测数据的流动点作为已知点，内插流动点坐标的算法，推导了相应公式，通过算例验证了算法的正确性和可行性。

(六)重力场数据处理

在多源重力数据融合方面，在大地坐标系下利用 Forsberg 局部扰动位协方差模型导出了实用的局部重力异常协方差模型和局部扰动重力协方差模型，两种模型形式完全一致。提出了重力异常协方差模型参数的两种拟合方法，即按照泊松积分向上延拓获得的不同高度数据进行拟合以及按照测量区域的平面实测数据进行拟合，通过某地区的实测数据检验得出两种参数拟合方法得到的参数值相差不大，这种差别在向上和向下延拓过程中的影响可以忽略。在最小二乘逐步配置基础上，提出多源重力数据自适应融合处理方法，构建了基于传统逐步配置的自适应融合以及基于递推配置的自适应融合两种融合模式，融合后重力异常的精度有显著提高。

在卫星重力数据反演方面，提出基于卫星加速度恢复地球重力场的去相关滤波法，根据数值微分导出的加速度误差具有有色噪声的特性，提出基于去相关算法构造白化滤波器对加速度有色噪声进行白化滤波，以抑制高频观测误差的影响；提出一种恢复地球重力场并同时改善部分轨道初始参数的方法——基线法；提出利用星载 GPS 历元差分计算的平均加速度反演地球重力场的方法；利用改进的能量守恒法论证了 GRACE 星体和星载加速度计检验质量的不同质心偏差对地球重力场精度的影响；深入研究利用重力梯度张量不变量恢复地球重力场的理论与方法，首先在重力梯度张量不变量线性化的基础上，建立了基于卫星轨道面的不变量观测模型，完整推导了两类重力梯度张量不变量的球近似和估计地球扁率影响的球面边值问题的求解公式。

在奇异积分处理方面，针对现有的地形改正积分核函数存在奇异现象使得积分在奇异点处不连续的问题，提出采用高斯积分法与核函数项增加常数因子级数展开法来解决这一难题，并推导了高斯积分法处理奇异积分的公式及含可选小常数的地形改正的严密级数展开式。

七、国内外比较分析

我国大地测量事业的发展基本与国外同步，甚至在某些领域走在国外同行的前面，综合来看，主要表现在区域与全球参考框架方面，高精度定位方面，重力场方面以及地球自转等方面。

在 GNSS 高精度定位方面，目前导航系统包括已有和正在发展的 GNSS 包括 GPS、GLNOSS、Galileo 和我国的北斗。多 GNSS 系统会产生更多的导航信号，因此多信号系统 GNSS 接收机将是未来的重点发展方向，也将是 IGS 未来的主要观测设备。同时利用多个 GNSS 系统联合定位导航也是目前的研究热点，包括 GPS 和 GALILEO 双系统的最优线性组合，单历元 GPS＋Galileo 定位方法，采用单历元载波和伪距观测值获得可靠的厘米级定位的方法。精密单点定位(PPP)依然是研究的热点，主要包括非差 PPP—RTK 方法，双差网络 RTK 和 PPP—RTK 在某种条件下的一致性。动态实时定位方法和软件开发是 GNSS 应用重点，目前 GNSS 更多应用于飞行器、卫星等动态定位中，动态、实时定位精度要求越来越高，国内外在相关方法研究和软件开发今年来也取得了很多成果。为提高精度，GNSS 各种误差因素一直是研究的重点，如单频 GPS 接收机利用小波分析的方法在桥梁监测中探测低频信号，识别粗差和故障，GPS 卫星天线相位中心对低轨卫星定轨的影响，卫星动态加速度仪的误差来源，GNSS 接收机外接原子钟钟差模型。

在区域与全球参考框架方面，随着 GNSS、VLBI、SLR、DPRIS 等空间技术的不断发展，区域和全球参考框架的质量和精度不断提高，最新地球参考框架 ITRF 2008 已经获得广泛的应用。同时更加有利于应用的区域参考框架也不断发展改善。各种空间技术如GNSS、SLR、DORIS、VLBI对对参考框架的作用,及其发展前景对框架维护和改善的贡献,一直是各国学者研究的热点。尤其多种空间技术的并置站建立、多种空间技术联合方法等更是学者们关注的重点。地震等地质构造运动、大气对参考框架的影响会对VLBI等空间观测数据产生影响,进而对参考框架空域和时域上产生影响。ITRF未来的建立和发展必须考虑季节性因素的影响。同时需要进一步发展新的地球物理模型,包括地质、大气和流体模型。利用多种空间技术联合,通过建立短期参考框架来分段构建长期参考框架也是为了参考框架发展方向之一。全球参考框架应充分考虑各台站分布的地域特点。区域参考框架的建立,则应以全球框架基准站坐标作为基准。

在重力场与大地水准面方面,利用重力数据建立大地水准面,利用GPS/水准构建高程基准的研究仍是研究热点,如利用小波方法对海陆交接处的大地水准面进行分析,利用卫星重力和实测重力数据建立的包括近海岛屿在内的大地水准面。重力场模型有了进一步发展,其阶数和精度上都有了实质性的提高,所建立的模型不仅采用卫星重力数据,更多地利用了实测重力以及Cryosat等卫星数据。模型应用更加广泛,不仅用于大陆物质分布与迁移研究,同样应用于两极冰川、海平面变化等的研究。利用CHAMP和GRACE卫星数据研究水资源的变迁一直是重力卫星的主要应用之一,如利用GRACE建立澳大利亚包括地表水、地下水、周边海流在内的整体水资源循环变化模型,利用GRACE研究了Argentina的水储量变化,利用GRACE研究了中国三峡水库的水储量变化情况,利用GRACE数据估算了印度主要河流的水储量变化。随着最新重力卫星GOCE的发射,有关GOCE的研究成为热点并且成果丰富,主要研究包括:利用GOCE建立新一代重力场模型,GOCE重力梯度数据的时变特征,GOCE重力梯度的地形均衡改正,GOCE应用于Moho面估算以及地震监测与建模。

在地球自转服务中,以揭示地球系统内部的相互作用以及对地球自转参数的影响为目标的研究,这些研究主要集中在地球形态建模、全球尺度气候变化影响分析、大气与海洋潮汐影响分析、地球物质重分布及其地球物理过程影响分析、天/半天等短周期信号提取以及每天EOP解算等方面。

在大地测量数据处理理论和方法方面,在大地测量边值问题上提出一种适用于似地球面和似大地水准面计算的超定大地测量边值问题解法,该方法既可用于解决地球表面的重力位值计算问题,由于其可将各种重力观测值同时作为边界数据输入,因此还可用作各类重力数据的融合处理。提出了适用于高程基准统一的无偏大地测量边值问题,构造了相应的数学模型,并以芬兰西南部1.5°×3.0°范围的实验数据进行了验证。还提出了一种解算大地测量边值问题的有限元方法。在GPS数据处理上提出一种用于GPS载波相位定位的改进模糊度函数法,有别于传统的三步法即浮点解、整周模糊度搜索和固定解,新方法基于模糊度函数的某些特性,无需通过整周搜索就可确保模糊度的整周性,其中模糊度不是显式计算,而是通过最小二乘平差的条件方程约束予以实现,该方法的实验精度与传统方法等价,但能更好地抵御周跳的不良影响。针对GNSS定位,设计了一种新型的整数最小二乘(ILS)理论模型及其高效的搜索方法;它将现有的未约束ILS理论扩展至非线性约束情况,使其更适合于精密姿态确定,并且更符合给定的先验信息;该方法在模糊度目标函数中综合集成了非线性基线约束，因此在极小化过程中可获得合适的权阵并指引模糊度搜索。在精密点定位中设计了基于电离层延迟精密推估的模糊度固定解的快速重收敛方法，先以经电离层改正的宽巷观测量替代含噪声的 MW 组合观测量，快速解算得到宽巷模糊度，然后以经电离层改正的宽巷观测量作紧约束，加速获取窄巷模糊度解。

八、展望与对策

结合国际最新大地测量前沿发展方向以及我国当前大地测量的主要现状，尤其要结合我国国情，大地测量各个专业方向的主要展望与对策如下。

在区域与全球参考框架方面，需要进一步加强我国 CGCS 2000 坐标系的理论研究和框架建设，同时参与到全球框架建设中，设立相应的 IGS 服务中心以及其他空间技术手段中心，参与到全球地球自转服务，并逐渐占据主导地位。

在 GNSS 导航方面，在系统建设方面需要进一步建设我国自主的"北斗"导航系统，在地基服务方面需要建立我国的增强服务网，在硬件方面需要研制开发基于"北斗"的多频多模 GNSS 芯片，板卡和接收机，在软件方面需要研究开发基于"北斗"的 GNSS 网络 RTK 技术，精密单点定位 PPP 技术等，在非 GNSS 导航领域，需要采取其他技术手段，如 WIFI，无线电导航，INS 等实现室内定位，形成 LBS 服务网络。

在海岛礁测绘方面，重点实现远海岛礁探测与定位技术。对于我国南海远离大陆的无法抵近测量的海礁，需要发展高分辨率多光谱与 SAR 的干出礁、暗礁综合探测技术，研究 GNSS 浮标辅助的多种卫星影像海况提取与校正技术，研究无地面控制情况下和 GNSS 浮标控制下多源卫星影像联合的海岛精细识别和暗礁精确定位技术等，为提取精确的远海岛礁地理空间分布信息提供技术支撑。礁盘高精度测量技术。南沙诸多岛礁多为暗礁、暗沙、礁盘，需要发展基于航空航天立体影像及 GNSS 浮标辅助的海况（海面风、海浪、海面温度）校正、影像处理与礁盘特征增强技术，解决模型连接的关键技术问题；研究高分辨率多光谱与 SAR 组合的礁盘水深反演与礁盘底质探测技术；研究 GNSS 浮标辅助的高分辨率多光谱立体影像与 SAR 干涉的组合水深测量技术，以及礁盘地形要素精细测量技术。滩涂与岸线地形要素遥感综合测定技术。联合采用多种先进技术手段开展海岛岸线和滩涂的集成测量方法研究，最终实现海岛岸线与滩涂地形信息准确测量与提取。船载海岛及周边海域一体化测量技术。综合三维激光扫描的海岛地面测量技术、IMU 的定向技术、双频 GPS 定位技术、近景测量、激光测距及浅水多波束测深技术，实现海岛的无地面控制地形测量和海岛周边海域的无潮汐水深测量，从而达到船载海岛及周边海域水上水下一体化地理信息获取能力。

在重力与大地水准面方面，对照国外的最新研究进展，总的研究方向和趋势基本上是一致的。我国理论和方法的研究更有深度和创新性，算法和关键技术的研究也接近国外研究水平，在应用研究领域与国际上的研究则各有特色和侧重点。物理大地测量学科发展总的趋势，是支持地球科学解决涉及人类生存环境的气候变化、灾害、资源等问题的努力，支持国家重大发展战略，近期主要包括水资源、应对重大灾害、西部开发和海洋开发维权战略。

在大地测量数据处理方面，CGCS 2000 的精化需要新的理论和方法的支撑，包括 GNSS 网数据的快速处理技术、地球定向参数的自主测定和精化技术、高程基准的统一理论和方法等。考虑到“北斗”系统本身的特殊性，基于“北斗”系统的精密定位理论和方法将是研究之重点之一。大地测量基础理论和方法研究，包括测量平差、大地测量边值、大地水准面精化、多源（多卫星）重力数据融合等仍是经典而不断发展的领域，需要持之以恒的创新。

参考文献

[1] 宁津生，钟波，罗志才，等. 基于卫星加速度恢复地球重力场的去相关滤波法 [J]. 测绘学报，2010，39(4)：331－337.

[2] 宁津生，王伟，汪海洪，等. 应用小波变换确定琉球俯冲带的深部特征[J]. 武汉大学学报：信息科学版，2010，35(10)：1135－1137.

[3] 刘经南，赵莹，张小红. GNSS 无线电掩星电离层反演技术现状与展望[J]. 武汉大学学报：信息科学版，2010，35(6)：631－635.

[4] 刘经南. GNSS 连续运行参考站网的下一代发展方向-地基地球空间信息智能传感网络[J]. 武汉大学学报：信息科学版，2011，36(3)：253－256.

[5] 杨元喜. 北斗卫星导航系统的进展、贡献与挑战[J]. 测绘学报，2010，39(1)：1－6.

[6] 杨元喜，张丽萍. 中国大地测量数据处理 60 年重要进展　第二部分：大地测量参数估计理论与方法的主要进展[J]. 地理空间信息，2010，8(1)：1－6.

[7] 郑伟，许厚泽，钟敏，等. GRACE 星体和 SuperSTAR 加速度计的质心调整精度对地球重力场精度的影响[J]. 地球物理学报，2009，52(6)：1465－1473.

[8] 郑伟，许厚泽，钟敏，等. 基于时空域混合法利用 Kaula 正则化精确和快速解算 GOCE 地球重力场[J]. 地球物理学报，2011，54(1)：14－21.

[9] 郭东美，许厚泽. 应用 GPS 水准与重力数据联合解算大地水准面[J]. 武汉大学学报：信息科学版，2011，36(5)：621－625.

[10] 聂建亮，杨元喜，吴福梅. 一种基于改进粒子滤波的动态精密单点定位算法[J]. 测绘学报，2010，39(4)：338－343.

[11] 黄观文，杨元喜，张勤. 开窗分类因子抗差自适应序贯平差用于卫星钟差参数估计与预报[J]. 测绘学报，2011，40(1)：15－21.

[12] 赵丽华，杨元喜. 综合地球物理信息与几何观测量的地壳形变分析方法[J]. 武汉大学学报：信息科学版，2009，34(9)：1090－1093，1125.

[13] 吴富梅，杨元喜，崔先强. 利用部分状态不符值构造的自适应因子在 GPS /INS 紧组合导航中的应用[J]. 武汉大学学报：信息科学版，2010，35(2)：156－159.

[14] 高永梅，欧吉坤. 利用系统误差延续性的基线解算选权拟合法[J]. 武汉大学学报：信息科学版，2009，34(7)：787－789，813.

[15] 蒋涛，李建成，王正涛，等. 联合 Jason1 与 GRACE 卫星数据研究全球海平面变化[J]. 测绘学报，2010，39(2)：135－140.

[16] 徐新禹，李建成，王正涛，等. Tikhonov 正则化方法在 GOCE 重力场求解中的模拟研究[J]. 测绘学

报,2010,39(5):465-470.

[17] 宫轶松,归庆明,李保利,等. 粒子滤波算法在GPS/DR组合导航中的应用[J]. 测绘科学技术学报,2010,27(1):27-30.

[18] 顾勇为,归庆明. 度量LS及正则解质量的信噪差异指标[J]. 测绘科学技术学报,2010,27(4):235-238.

[19] 顾勇为,归庆明. 航空重力测量数据向下延拓基于信噪比的正则化方法的研究[J]. 测绘科学技术学报,2010,27(5):458-464.

[20] 归庆明,李新娜. 多个粗差定位的抗掩盖型Bayes方法[J]. 武汉大学学报:信息科学版,2010,35(1):1-5.

[21] 李斐,郝卫峰,王文睿,等. 非线性病态问题解算的扰动分析[J]. 测绘学报,2011,40(1):5-9.

[22] 柴洪洲,崔岳,明锋. 最小二乘配置方法确定中国大陆主要块体运动模型[J]. 测绘学报,2009,38(1):61-65.

[23] 欧阳永忠,陆秀平,黄谟涛,等. L&R海空重力仪测量误差综合补偿方法[J]. 武汉大学学报:信息科学版,2011,36(5):625-629.

[24] 欧阳永忠,陆秀平,暴景阳,等. 计算S型海洋重力仪交叉耦合改正的测线系数修正法[J]. 武汉大学学报:信息科学版,2010,35(3):294-297.

[25] 肖云,夏哲仁,孙中苗,等. 基线法在卫星重力数据处理中的应用[J]. 武汉大学学报:信息科学版,2011,36(3):280-284.

[26] 翟振和,孙中苗. 基于配置法的局部重力场延拓模型构建与应用分析[J]. 地球物理学报,2009,52(7):1700-1706.

[27] 徐华君,柳林涛,罗孝文. 标准Morlet小波变换检测地球自由振荡[J]. 测绘学报,2009,38(1):16-21.

[28] 常志巧,郝金明,陈刘成,等. 一种基于排序和乔列斯基分解的模糊度降相关方法[J]. 测绘科学技术学报,2009,26(6):410-413.

[29] 范澎湃,隋立芬,黄贤源. 处理有色观测噪声的粒子滤波算法[J]. 测绘科学技术学报,2009,26(2):89-92.

[30] 付江缺,高井祥,程正逢,等. 极大可能性估计带权解算理论及数据质量评定[J]. 测绘科学技术学报,2010,27(4):239-242.

[31] 郭秋英,胡振琪. 遗传算法在GPS快速定位病态方程解算中的应用[J]. 武汉大学学报:信息科学版,2009,34(2):240-243.

[32] 蒋志浩,张鹏,秘金钟,等. 基于CGCS 2000的中国地壳水平运动速度场模型研究[J]. 测绘学报,2009,38(6):471-476.

[33] 李博峰,沈云中,周泽波. 中长基线三频GNSS模糊度的快速算法[J]. 测绘学报,2009,38(4):296-301.

[34] 李博峰,沈云中. P—范分布混合整数模型极大似然估计[J]. 测绘学报,2010,39(2):141-145.

[35] 李博峰,沈云中. 基于等效残差积探测粗差的方差—协方差分量估计[J]. 测绘学报,2011,40(1):10-14.

[36] 林雪原,鞠建波. 利用神经网络预测的GPS/SINS组合导航系统算法研究[J]. 武汉大学学报:信息科学版,2011,36(5):601-604.

[37] 聂建亮,高为广,张双成. 利用BP神经网络的动态精密单点定位故障诊断算法[J]. 武汉大学学报:信息科学版,2010,35(3):283-285,327.

[38] 潘雄,程少杰,赵春茹. 一元p范分布的参数快速估计方法[J]. 武汉大学学报:信息科学版,2010,

35(2):189 - 192.

[39] 潘雄,赵启龙,王俊雷,等. 一元非对称 P 范分布的极大似然平差[J]. 测绘学报,2011,40(1):33 - 36.

[40] 彭军还,李淑慧,师芸,等. 不等式约束 M 估计的均方误差矩阵和解的改善条件[J]. 测绘学报,2010,39(2):129 - 134.

[41] 石杏喜,王铁生,黄波,等. 基于 SUT - EKF 的 DGPS/DR 组合定位算法[J]. 测绘学报,2010,39(5):528 - 533.

[42] 宋迎春,陈宇波,曾联斌. 测量噪声污染模型下的动态定位 Bayes 算法[J]. 武汉大学学报·信息科学版,2009,34(6):736 - 740.

[43] 王坚,刘超,高井祥,等. 基于抗差 EKF 的 GNSS/INS 紧组合算法研究[J]. 武汉大学学报:信息科学版,2011,36(5):596 - 600.

[44] 王乐洋,许才军,鲁铁定. 病态加权总体最小二乘平差的岭估计解法[J]. 武汉大学学报:信息科学版,2010,35(11):1346 - 1350.

[45] 王潜心,徐天河,许国昌. 粗差检测与抗差估计相结合的方法在动态相对定位中的应用[J]. 武汉大学学报:信息科学版,2011,36(4):476 - 480.

[46] 吴星,王凯,冯炜,等. 基于非全张量卫星重力梯度数据的张量不变量法[J]. 地球物理学报,2011,54(4):966 - 976.

[47] 徐天河,贺凯飞. 移动开窗检验法及其在 GOCE 数据粗差探测中的应用[J]. 测绘学报,2009,38(5):391 - 396.

[48] 杨荣华,花向红,李昭,等. GPS 模糊度降相关 LLL 算法的一种改进[J]. 武汉大学学报:信息科学版,2010,35(1):21 - 24.

[49] 游为,范东明,傅淑娟. 同伦函数与填充函数相结合的非线性最小二乘平差模型[J]. 武汉大学学报:信息科学版,2010,35(2):185 - 188.

[50] 游为,范东明,郭江. 基于能量守恒方法恢复地球重力场模型[J]. 大地测量与地球动力学,2010, 30(1):51 - 55.

[51] 吴星,张传定,王凯,等. 基于卫星重力梯度数据的线质量调和分析[J]. 大地测量与地球动力学,2010,30(6):95 - 99.

[52] 徐天河,贺凯飞. 利用交叉点不符值对 GOCE 卫星重力梯度数据进行精度评定[J]. 武汉大学学报:信息科学版,2011,36(5):617 - 620.

[53] 曹学伟,党亚民,章传银,等. 利用重力资料研究华北地区构造应力场[J]. 测绘科学,2010,35(3):40 - 42.

[54] 李姗姗,吴晓平,田颜锋. 水下重力异常最近等值线迭代匹配算法的改进[J]. 武汉大学学报:信息科学版,2011,36(2):226 - 230.

[55] 束蝉方,李斐,张利明. 基于 EGM 2008 重力场模型的局部高程基准统一[J]. 地球物理学进展,2011,26(2):438 - 442.

[56] 鄢建国,李斐,平劲松,等. 基于"嫦娥一号"跟踪数据的月球重力场模型 CEGM - 01[J]. 地球物理学报,2010,53(12):2843 - 2851.

[57] 郝晓光,陈晓峰,张赤军,等. 中国二代卫星导航系统设计覆盖范围的探讨[J]. 大地测量与地球动力学,2007,27(1):119 - 122.

[58] 刘根友,郝晓光,陈晓峰,等. 对我国二代卫星导航系统设计覆盖范围向北扩展星座方案的探讨[J]. 大地测量与地球动力学,2007,27(5):115 - 118.

[59] 郝晓光,胡小刚. 宽带地震仪资料证实汶川大地震"震前重力扰动"[J]. 地球物理学进展,2008,23

(4):1332 - 1335.

[60] 胡小刚,郝晓光,薛秀秀.汶川大地震前非台风扰动现象的研究[J].地球物理学报,2010,53(12):2875 - 2886.

[61] Migliaccio F, Reguzzoni M, Sansò F, et al. GOCE data analysis: the space - wise approach and the first space - wise gravity field model [J]. Progress of the Satellite Gravity, 2010.

[62] Richard Shako, Christoph Forste, et al. GOCE and its use for a high - research global gravtiy combination [M]. System Earth via Geodetic - Geophysical Space Techniques, 2010.

[63] David N Wiese, Pieter Visser, Robert S. Nerem. Estimating low resolution gravity fields at short time intervals to reduce temporal aliasing errors[J]. ADVANCES IN SPACE RESEARCH, 2011.

[64] Zuheir Altamimi, Xavier Collilieux, Laurent Métivie, ITRF 2008: an improved solution of the international terrestrial reference frame ,J Geod,2011,DOI 10. 1007/s001 - 011 - 0444 - 4.

[65] ltamimi Z, Collilieux X, Legrand J, et al. ITRF 2005: a new release of the international terrestrial reference frame based on time series of station positions and earth orientation parameters 2007. J Geophys Res 112(B09401). doi:10. 1029/2007JB004949.

撰稿人:程鹏飞　晁定波　孙中苗　章传银　李建成
张　鹏　成英燕　郝晓光　秘金钟

摄影测量与遥感发展研究

近年来，随着计算机技术的发展，多种新型传感器和遥感平台的出现与成熟，遥感数据获取的能力不断增强，应用领域进一步拓宽，遥感数据的处理和应用迎来了新的机遇与挑战。在成像传感器与平台方面，除了传统的卫星和飞机平台性能不断优化外，新型的传感器平台或系统也层出不穷；在数据处理方面，除继续完善现有单一数据源的处理方法提高方法的快速自动化外，多源遥感数据联合处理，有效提高遥感数据的精度与可靠性，仍是摄影测量与遥感领域的重要发展趋势。本文分别从摄影测量与遥感的传感器平台以及处理技术两方面对本领域的最新进展进行阐述，其中传感器与平台部分分别从成像传感器和传感器平台两个角度进行阐述；摄影测量与遥感处理技术部分则从光学和微波两个角度进行论述。文章最后对摄影测量与遥感整个学科的发展前景进行展望。

一、成像传感器与平台发展进展

随着现代科技的不断发展，航天、航空乃至地面成像传感器的技术先进性也得以不断提高。对于搭载传感器的平台，除了传统的卫星和飞机平台不断优化外，新型的传感器平台或系统也层出不穷(克里斯蒂安·海普克，唐粮. 2011)。

(一)传感器发展

1. 高分辨率卫星

目前光学传感器的地面分辨率已达优于 0.5m，除影像幅面和带宽加大外，还可提供多模式的成像选择(如定点、立体)。此外，增加更多的多光谱波段(如从蓝外到红外)乃至达到高光谱也是一个很重要的趋势。另一方面，高分辨率合成孔径雷达(SAR)技术也发展得很成熟，以其全天候、抗云雾干扰等特性，加上干涉技术(InSAR)的提升，将逐步成为测定宏观地形、地物沉降及微小变化的有效手段之一。

2. 数码航摄仪

CCD 等光电感应器件技术的发展带来数码相机的诞生及其性能迅速提升，但与传统的胶片航摄仪相比，单个 CCD 芯片的数码相机其像幅大小还只能算是中偏小。自 20 世纪末 21 世纪初以来，大像幅数码航摄仪的开发和产品的不断完善成为国际顶尖设备厂商所追求的重要目标之一。现代大像幅航摄仪的基本原理主要可归纳有三方面：①依据中心投影原理将四幅成方阵排列的单元面阵相机的影像拼接成一幅大面阵影像；②四个单元面阵相机沿飞行方向成一字形排列，进行依次顺时(间隔约 1ms)分块曝光，之后将各块影像拼接成一个大幅面；③依据三线立体扫描成像原理，即 3 条 CCD 长线阵(如超过 1 万像素)分别排列在前视、垂视和后视的相机焦面上，随飞机飞行推扫记录 3 条立体重叠的宽带影像。

一种新的趋势是采用“倾斜摄影”的成像方式，即由5台单元数码相机组成，分别竖直朝下、倾斜朝向前方和后方以及左侧方和右侧方进行拍摄，以保障在空中从多个角度获取地面、地表和地物的信息。此方式提高了空间信息量，有助于对地物等影像的直接识别、建模和纹理提取，已逐渐成为数字城市建设的理想数据源之一。

3. 机载激光雷达

机载激光雷达(LiDAR)技术日趋成熟，已成为目前地形测量和3D建模及应用的重要手段之一。除了最大测程、脉冲频率、测量精度等硬指标不断地提高之外，回收回波信号的方式也在进一步改进。目前，大多数激光雷达均具有多重回波记录性能，特别值得一提的是“全波形分析(fullwaveform analysis)”技术，它是将一束激光返回的所有回波信号全部记录下来，经过自动分析后，保留最有效的回波信号。其实际意义在于，如对森林覆盖区域进行测量时，不仅可记录到树尖返回的回波信号，还可记录到树叶、树枝、树干、灌丛乃至草和地面等返回的回波信号，由此可有效地减少粗差，保障每一束激光的可用信息最大化。

4. 高速相机和摄像系统

高速相机、摄像机以及网络摄像头等可提供连续的影像序列，对于物体动态跟踪、碰撞变形测量以及实时监测监控等任务有着不可替代的作用。以1000帧/s的速度跟踪汽车碰撞试验的整个过程，可提供汽车表面和结构在整个碰撞过程中毫秒间的状态，为车结构的改进和安全措施的制订提供了第一手资料。除动态观测和分析等工业专业应用外，序列影像还可提供现实社会及环境的实时信息，通过互联网平台的连接，其应用前景不可忽略。

5. 纹理投影系统

摄影测量方法需基于物体表面的影像纹理，对无表面纹理特征的物体，测量时将人工纹理投影到物体表面上，再进行拍摄获取影像，也可实现摄影测量的目的。更使人新奇的是，对投影的纹理再进行相应的数字深度编码，通过解译便可直接得到物体的三维信息。

6. 三维相机

测定传感器至物体间的相对距离是三维测量的基础。新近推出的光子混成器件(photonic mixer device，PMD)传感器和基于此器件出台的面阵PMD三维相机，让我们看到了实现实时三维测量的曙光。PMD三维相机采用经调制的不相干红外光照明被测物体，并以PMD面阵接收由物体表面返回的光，通过相位差测量获取每个像素到相应物体点间的距离，由此形成物体的三维影像(或称模型)。

7. 其他

多媒体技术的发展使得视频设备和产品在人们的日常生活中无处不在。移动电话和便携式多媒体产品均已成为集成视频甚至GPS定位等传感器件的平台，也将成为现实社会空间信息采集的数据源。另外，红外成像传感器等也将为环境监测等应用提供进一步的手段。

(二)平台发展

1. 高空长航时无人机

高空长航时无人机(HALEUAV)是介于长期太空卫星与短期中低空飞机平台之间的一种中期高空遥感平台,具有很强的自主能力,可凭借太阳能在14000m以上的高空进行持续几个月的飞行。

2. 无人飞机

固定翼或直升无人飞机是轻小型、简易传感器的良好搭载平台,为灾害应急、安保监控等快速或实时应用提供了又一选择。

3. 移动测量车

以汽车为移动平台搭载各种传感器获取沿路的街景信息是21世纪以来空间信息领域的热门技术之一。方便灵活、快速简捷使得该项技术的发展非常迅速。尤其GPS/IMU直接定位定向和激光雷达扫描等技术的成熟,近些年发展起来的车载激光雷达系统已步入完善,将会很快成为三维测量技术中最为强大的生力军。

4. GPS/IMU直接定位定向平台

进入21世纪后,GPS/IMU直接定位定向技术得到了飞跃发展,并已成为支持如机载和车载激光雷达、机载干涉雷达和线阵数码航摄仪等现代传感器应用不可或缺的平台。随着实时或准实时计算处理的逐步实现,有望在飞行中直接计算出摄影测量产品来,使得人们"载最终产品着陆"的梦想成为现实。

二、摄影测量与遥感技术进展

(一)光学遥感方面的研究进展

1. 航天方面

在航天遥感方面的研究主要集中在几何辐射处理、高光谱高光谱影像的分类、分割、多源遥感影像的匹配、影像融合、地物目标提取与应用等方面。

(1)几何与辐射处理

作为目前我国发射的分辨率最高的民用卫星,CBERS—02B星HR数据在大比例尺资源环境调查和基础地理信息更新等方面发挥着重大的作用。为了推广其应用,廖安平等(2010)在不能获取严密物理模型参数情况下,对覆盖两种不同地形类别的CBERS-02B星HR影像1级数据进行了多项式、投影变换、RPC等几种不同几何模型的纠正试验,并进行了精度分析与评定。徐郑楠等(2010)采用计算机仿真技术进行CBERS—02B卫星CCD影像几何误差分析,通过建立影像成像的严密几何模型,将影响因素人为引入误差或退化采样精度进行仿真实验和分析,得到CBERS—02B卫星CCD影像畸变的规律。赵利平等(2010)利用多种RFM(rational function model)多项式平差模型对World-

View－1影像数据几何处理展开研究，发现当地面控制点在精度、数量与分布等方面质量较好时，各种模型精度基本一致。随着控制质量的降低，二阶多项式和一阶多项式改正的精度有显著下降，但零阶多项式改正的精度基本稳定不变。张过等（2010）对RPC模型用于表示推扫式光学卫星影像系统几何校正产品的3维几何模型的可行性进行分析，发现RPC模型能够很好地用于表示推扫式光学卫星影像系统几何校正产品的高程起伏引起的变形规律，基于该模型的影像定向精度不低于推扫式光学卫星影像辐射校正产品的严密成像几何模型。

为了实现数据的连续性、稳定性、可靠性，提高遥感卫星数据的定量化应用水平，实现资源、生态环境的遥感监测，卫星传感器的辐射定标是实现遥感定量化的前提和关键环节。丁琨等（2010）基于小波提升分解的小波变换算法解决时间序列上的MODIS遥感图像的辐射定标问题。龚慧等（2010a）利用贡格尔实验场对中巴地球资源卫星CBERS02B卫星进行场地反射率基法辐射定标，获得CCD相机可见近红外波段的绝对辐射定标系数。龚慧等（2010b）利用辐照度基定标方法对Terra卫星MODIS传感器开展研究。定标结果表明，辐照度法定标系数和MODIS的星上定标、反射率基法定标系数非常接近，证明辐照度基定标方法正确。李家国等（2010）利用内蒙古达里湖定标与真实性检验场地的星地同步观测数据，通过辐射传输模型计算大气廓线高度、大气气体含量、水表参数和观测角度等因子的不确定性对HJ—1B热红外通道（B08）星上定标精度的影响，分析星上定标对各观测因子误差的敏感性。结果表明，星上定标更适用于洁净、干燥大气和高温、高比辐射率地物目标的定标。韩启金等（2010）针对HJ—1B红外相机（IRS）热红外通道特点，利用青海湖辐射校正场进行HJ—1B热红外绝对辐射定标，提出新的场地定标算法，并通过实测数据和Landsat5—TM数据对不同定标系数进行真实性检验分析，研究结果表明提出的定标算法适用于不具备观测冷空间能力的卫星传感器在轨绝对辐射定标得到的定标系数合理可靠。高海亮等（2010）在阐述辐射定标概念、意义和方法的基础上，以在轨替代定标中的场地定标法、场景定标法和交叉定标法为重点，详细介绍了其中各种方法的基本原理，适用范围以及当前国内外研究现状。最后，对当前国际上辐射定标的发展趋势作出展望，并针对国内的辐射定标现状提出相关的建议，使用户能够得到更高精度的遥感数据。

（2）影像分割与分类

遥感影像的分割与分类，一直是摄影测量与遥感领域学者与研究者的研究热点。近来高分辨率、多光谱及高光谱遥感影像的陆续出现，信息量的日益丰富给地物识别带来巨大的优势，但由于影像数据量的剧增，给后续的分类识别等处理应用带来的极大挑战。

针对多光谱影像，陶建斌等（2010）提出一种遥感影像非监督分类的方法GMM—UC。该方法以有限混合密度理论为基础，认为遥感数据由有限个子高斯分布以一定比例“混合”而成，通过改进EM算法自动确定子高斯分布及其参数，再从中“还原”出各个地物类（各子高斯分别对应一类地物）。针对朴素贝叶斯网络简单条件独立性假设的不足。陶建斌等（2010a）将选择型朴素贝叶斯网络和两种扩展形式（树增强型朴素贝叶斯网络、贝叶斯增强型朴素贝叶斯网络）用于多光谱遥感影像的分类中。陶建斌等（2010b）提出一种新的嵌入高斯混合模型（Gaussian Mixture Model，GMM）遥感影像朴素贝叶斯网络模型 GMM—NBC(GMM based Na ve Bayesian Classifier),改善连续型朴素贝叶斯网络分类器中假设地物服从单一高斯分布的不足。闫利等(2010)针对半监督聚类需要有完整的先验信息的不足,提出了一种基于不完整信息的遥感图像半监督聚类方法———SSKM 聚类算法,算法利用部分样本类别的先验信息,辅助遥感图像聚类。祝鹏飞等(2011) 将快速漂移(Quick Shift)算法应用于高光谱影像分割,得到面向对象分类所需的较理想的"同质"影像对象,同时,为提高影像分割的效率,提出一种基于灰度共生矩阵的自适应核带宽确定方法,能够兼顾影像空间特征和光谱特征。李祖传等(2010a)提出一种改进的随机场模型 SVM—CRF,并采用 AVIRIS 高光谱遥感数据进行实验,结果表明,在分类精度上 SVM—CRF 优于支持向量机和传统条件随机场模型。李祖传等(2010b)提出一种改进的扩展形态剖面导数(P—EDMP)以及一种融合 P—EDMP 与光谱的分类方法。采用 AVIRIS 高光谱遥感数据,与融合光谱和扩展形态剖面(EMP)的方法进行对比实验,表明本方法速度快,且精度高。谭琨等(2011)提出一种基于分离性测度的二叉树多类支持向量机分类器,并用 OMIS 传感器获得的高光谱遥感数据和 Hyperion 高光谱遥感数据进行实验,结果表明,SVM 进行高光谱分类时,基于分离性测度的二叉树多支持向量机的分类精度最高。单丹丹等(2011)将多分类器集合应用于"北京一号"小卫星多光谱遥感数据土地覆盖分类,试验表明,多分类器集成能够有效提高"北京一号"小卫星土地覆盖分类的精度,具有广泛的应用前景。

为了应对基于数据分块的高分辨率遥感并行分割过程中数据衔接时出现的"缝合线"问题,胡晓东等(2010)提出一种新的缝合算法解决分割结果合并问题,并采用基于数据并行实现遥感影像分割。分割效果对比和运算效率分析等实验结果表明,此算法保持了分割结果合并后的边界正确性,使并行化分割在提高运算效率的同时保证了分割结果的可信度。陈杰等(2010)提出一种基于粗糙集理论的面向对象分类方法以区分高分辨率遥感影像上的不同地物。实验表明本方法可取得较好分类结果与较高分类精度。沈占锋等(2010) 根据高分辨率遥感影像信息提取过程中对影像的对象化分割的需求,设计并实现了一种高分辨率遥感影像多尺度均值漂移分割算法。实验证明该算法具有较好的影像分割精度。张倩等(2011)提出一种监督的多尺度同质区域的提取、融合和分类方法(ECH-O),该方法同时考虑了地物的光谱和空间信息。实验证明该方法能有效提高高分辨率遥感影像的解译精度。张卉等(2010)为研究 SPOT5 等高分辨率遥感影像的面向对象模糊分类过程中,不同特征权重对分类精度的影响,在分类时根据特征的重要与否,对参与分类的特征赋予不同的权重,结果表明,经过权重优化的多特征模糊分类有助于提高模糊分类法的分类精度和适用性。巫兆聪等(2011)提出一种区域自适应的标记分水岭分割方法。该方法利用高斯低通滤波和概率统计相结合的方法,对梯度影像进行区域自适应阈值分割,提取分割标记,然后采用 Meyer 算法进行标记分水岭分割。陶超等(2011)将概率潜在语义模型应用于高分辨率遥感影像分类,提出一种无监督的遥感影像分类新方法,并利用 GeoEye—1 和 IKONOS 影像进行试验,结果表明,该方法能有效提高高分辨率遥感影像分类精度。谢丽军等(2010)利用核主成分分析(KP—CA)方法对光谱和纹理量提取非线性特征信息,增大类别之间的可分性;并结合决策树分类方法对 IKONOS 遥感影像分类。张滔等(2010)将混合像元分解的丰度加入特征集,结合光谱信息和 DEM 数据生成决策分类规则。运用陆地卫星TM影像对黄河源区的玛多县进行土地覆盖分类试验，验证其精度。高海燕等(2010)针对高分辨率遥感影像空间分辨率高，结构形状、纹理、细节信息丰富等特点，提出一种新的融合特征的面向对象影像分类方法来提取城市空间信息。与eCognition最邻近分类方法比较，本文方法分类的总体精度大约提高了6%。熊彪等(2011)提出对每一类地物的光谱特征用一个高斯混合模型(gauss mixture model，GMM)描述的新思路，并应用在半监督分类(semi-supervised classification)中。实验证明本方法只需少量的标定数据即可达到其他监督分类方法(如支持向量机分类、面向对象分类)的精度。杨国鹏等(2010)提出一种基于相关向量机的高光谱影像分类方法，将相关向量机学习转化为最大化边缘似然函数参数估计问题，并采用快速序列稀疏贝叶斯学习算法。杨红磊等(2010)提出基于对数—主成分变换的EM算法用于遥感影像分类，实验证明，所提出的计算方案分类精度优于普通EM方法和传统的K-means方法。陈杰等(2011)结合支持向量机技术与基于粗糙集的粒度计算，提出一种新的高分辨率遥感影像面向对象分类方法。试验结果表明本文所提方法能够取得更好的分类效果。焦洪赞等(2010)提出一种基于DNA计算的高光谱遥感数据光谱匹配分类新方法。通过与传统的光谱匹配算法(二值编码，光谱角，光谱差分特征编码)的分类结果进行比较，证明该算法分类精度优于传统高光谱数据的光谱匹配分类方法，具有实用价值。

(3)影像匹配配准

图像匹配是信息处理领域中一项非常重要的技术，在计算机视觉、航空摄影测量、飞行器巡航制导等领域得到了广泛的应用。在摄影测量与遥感领域，图像匹配技术常用于遥感影像的定位和配准，它通过比较目标图像和参考图像之间的相似性来确定目标图像在参考图像中的位置。

陈飒等(2010)在对目标图像和参考图像进行Contourlet分解的基础上，采用小波模极大值法提取低频图像的边缘信息，以LTS—HD作为图像匹配的相似性度量准则，采用由粗到精的方法实现遥感图像匹配。试验结果表明，该算法不仅具有更高的匹配精度和运算效率，同时该算法对噪声、不同程度的遮挡具有较强的稳健性。肖汉等(2010)提出一种基于GPGPU的CUDA架构快速影像匹配并行算法，实验表明CUDA在高运算强度数据处理中呈现出的实时处理能力和计算能力，为进一步加速影像匹配性能和GPU通用计算提供了新的方法和思路。针对传统SIFT算法匹配多源遥感影像特征点存在的不足，李芳芳等(2010)提出一种基于线特征和SIFT点特征的多源遥感影像配准方法。试验结果表明，本文方法能取得较高的配准精度。季顺平等(2010)利用RFM进行高分辨率卫星影像直接定位和同名点预测，然后采用金字塔影像策略进行核线约束的近似一维影像匹配，最后采用RANSAC算法剔除误匹配点以获取最终的匹配结果。试验结果表明，该方法的匹配成功率和稳定性高于传统的二维灰度匹配方法和现流行的SIFT匹配方法，能够很好地解决高分辨率卫星遥感影像自动匹配中不同成像模式、多时相、大姿态角等情况导致的匹配难题。王瑞瑞等(2011)提出一种基于虚拟匹配窗口的SIFT算法，通过构建虚拟匹配窗口，增大SIFT特征点之间的尺度相似性，提高了匹配的几率，并通过与最小二乘法和双线性内插法的结合完成自动配准。杨化超等(2010)提出基于对极几何和单应映射双重约束的SIFT特征多尺度加权最小二乘匹配算法。算法综合应用基于积分影像的 NCC 快速计算、金字塔影像匹配等方法和策略。与原始的 SIFT 特征匹配算法、基于 SVD 的 SIFT 算法对比分析表明当影像间无显著亮度变化时该方法的匹配性能明显优于现有的方法。

(4)影像融合

近年来,遥感图像融合技术作为遥感图像处理技术的重要分支,在资源调查、环境监测、区域分析及建设规划和全球性宏观研究等领域得到了广泛的应用和关注。该技术通过处理低空间分辨率多光谱图像和高空间分辨率全色图像,使得融合图像同时具有较高的光谱分辨率和较高的空间分辨率,提高了数据的使用效率。

为了使融合影像能够最大限度地保持原始多光谱影像的光谱特征,同时又能尽可能地提高融合影像的空间分辨率,邵振峰等(2010)提出一种基于高斯影像立方体的空间投影融合方法。该算法在避免光谱扭曲的同时,又能提高融合影像的空间分辨率。王忠武(2010)提出一种 IKONOS 图像融合中自动拟合低分辨率全色图像的方法。首先使用支持向量机将全色图像的像元自动分为高、低频信息像元;然后采用改进的 Bucket 技术选择一定数量、均匀分布的低频信息像元点作为观测值;最后通过线性回归方法求得拟合系数,并构造低分辨率全色图像。王忠武等(2010)针对 IKONOS 图像,研究基于线性回归波段拟合的空间细节信息提取方法的可行性。通过比较分析发现,本方法提取的空间细节信息进行融合,能达到甚至超过基于光谱响应函数方法的融合质量,相对于 FastIHS 融合方法,本文方法的融合质量也有较大的提高。彭凌星等(2010)利用第二代曲波(curvelet)作为多尺度分析工具,并提出一种新的分量融合模型,粗尺度分量线性加权融合,不同层次细尺度分量采用不同融合模型。实验结果表明该方法无论在光谱保真度还是空间细节增强方面都有所提高。刘军等(2011)提出一种基于快速离散 curvelet 变换的遥感影像融合方法。首先,对经过空间配准的多光谱和全色影像分别进行快速离散 curvelet 变换。然后,对低频子带采用局部标准差加权策略,对中高频子带采用绝对值最大策略,对高频子带采用直接替换策略,反变换后即可得到融合影像。王相海等(2010)提出一种基于 contourlet 系数方向区域相关性的遥感图像融合算法,该算法在提高融合图像空间分辨率的同时能够更好地保留原始多光谱图像的光谱信息。董张玉等(2011)采用拉普拉斯、对比度、梯度以及形态学 4 种金字塔分解算法,以区域特征选择为融合规则对 IKONOS 多光谱和全色波段影像进行融合,通过对比分析发现,基于形态学金字塔算法影像融合的空间信息增强和光谱特征保留效果最好,laplacian 算法次之,对比度和梯度算法效果最差。

(5)地物目标提取

基于遥感影像的地物目标自动或半自动识别提取一直是摄影测量与遥感领域学者和工作者的研究重点,也是难点之一。近两年的研究重点主要集中在道路提取、水体、建筑物的提取等方面。

针对道路,叶勤等(2010)将区域生长与空间形状约束相结合进行高分辨率图像上的道路边线信息的提取。王昆等(2010)提出一种结合纹理和形状特征提取道路信息的方法,该方法可以准确地提取主干道路网,剔除非道路地物的影响。王华等(2010)提出了一种在高分辨率遥感影像上提取居民地外轮廓的方法。该方法通过计算边缘点的角度提取居民地外轮廓,并利用感知编组连接提取轮廓点,形成闭合外轮廓。张剑清等(2010)介绍了基于 Meanshift 算法的小比例尺航空影像道路提取方法。通过估计给定的中心点附近概率密度提取道路中心点,并利用核函数的影子函数使得其搜索过程沿着概率密度分布的梯度方向前进,加快收敛速度。李晓峰等(2010)将微分几何中的贝特朗曲线性质进行离散化表达,用于道路边缘信息提取,构造的算法能够在有效去除非道路边缘的同时完成对道路边缘侣线的插值,从而使道路边缘更加连续完整。张雷雨等(2010)提出一种基于均值漂移和利用统计面积去除和合并小区域的道路提取算法,并采用数学形态学方法消除错误道路,利用轮廓跟踪法获取道路的边缘,实现道路的提取。陈杰等(2010)提出一种基于 LBP 算子与多尺度分析手段的高分辨率遥感影像道路提取方法。吴亮等(2011)以条带检测的结果初始化道路轮廓,利用 balloon snake 方法提取道路轮廓。基于图像梯度和轮廓曲率调节膨胀系数,降低道路提取效果对膨胀系数的敏感,并加快道路轮廓的扩张,减少迭代次数。

针对水体,杨树文等(2010)提出一种利用 TM 影像自动提取山区细小水体的多波段谱间关系改进方法。该方法在典型谱间关系法的基础上,针对水体与阴影在蓝绿光波段亮度值降低速率差异较大的特征,基于差值运算,构建新的多波段谱间关系水体提取模型。刘晨洲等(2010)基于 MODIS 的反射率数据,利用改进的线性混合像元分解方法提取水体,并结合 MODIS 温度产品和 SRTM 的 DEM 数据校正阴影对提取结果的影响。杨莹等(2010)以洪泽湖 Landsat TM 影像为例,分析了利用单波段阈值法和多波段增强图阈值法进行水体信息提取的差异,从而确定出不同时期不同用途所采用的最佳水体综合提取方法。周小成等(2010)提出一套利用基元对象关系特征提取高分辨率卫星影像中水上桥梁的技术方法。首先利用多尺度分割算法对高分辨率卫星影像进行分割,利用水体指数或 GLCM 同质性纹理特征区分河水和陆地;其次,利用对象形状特征和相邻的关系特征提取桥梁潜在区;将河流片段和桥梁潜在区专题二值化,利用数学形态学算子实现河流水面的连续化;最后利用叠加分析的方法获得最终的桥梁目标。

对于城区建筑物等地物目标,陶超等(2010)利用高空间分辨率遥感影像,将面向对象的思想融入到基于邻域总变分的建筑物分割方法中,并通过分析分割后不同类型建筑物提取的难易程度,提出一种多特征融合的建筑物对象分级提取策略。实验表明:该方法可以检测同一幅影像中具有不同形状结构和光谱特性的建筑物目标,准确率高、鲁棒性好。韩权卫等(2011)基于 Geoeye—1 高分辨率遥感影像,根据机场、大型公共建筑、污水处理厂 3 类建筑目标的光谱特征和形状特征,采用面向对象分类识别方法,并结合城市总体规划专题数据,对上述 3 类建筑目标进行提取实验。

李松等(2010)在分析当前滑坡灾害信息识别方法的基础上,以滑坡的地学原理为依据,提出了以多时相遥感影像为数据源,结合纹理分析的变化检测自动识别滑坡灾害信息的方法。林腾(2010)选择位于秘鲁南部阿雷基帕(AREQUIPA)省境内的萨卡纳(CERCANA)和伊卡(ICA)省境内的 Moarcona 铁矿区作为研究区,从分析地物光谱出发,利用 ETM+和 ASTER 卫星影像数据,通过主成分分析法和比值分析法分别对两个研究区进行泥化蚀变信息提取和铁染蚀变信息提取,并对两者的提取结果进行对比分析。

2. 航空方面

在航空遥感方面近来的研究主要包括:航空相片的相对定向、绝对定向以及正射影像制作等方面。

(1)航空影像定位定向

为了解决低空摄影测量、建筑摄影测量等领域中缺乏明显特征点给相对定向带来的难题,张永军等(2011)基于广义点摄影测量原理,提出利用多种同名影像特征进行相对定向的方法大量实际数据的试验结果表明,该方法切实可行,能够获得稳定的相对定向结果。王伟等(2010)介绍了基于POS数据对OMIS影像做几何校正的原理和方法,该方法不需要地面控制点,这显著地提高了航空摄影后处理的工作效率,具有良好的应用前景。该处理流程主要分为两个部分:利用POS数据计算影像外方位元素和建立共线方程对OMIS影像做几何校正。实验证明,该方法对摆扫型成像方式的几何畸变校正是可行的,校正结果满足使用要求。张永军等(2010)针对近景摄影测量中影像与地面坐标系间存在大旋转角的问题,提出了一种适合大旋转角影像的绝对定向方法,采用奇异矩阵分解获取较准确的角元素初值,并结合最小二乘平差进行粗差剔除和绝对定向精确参数解算。试验表明,本算法计算简单、收敛速度快,具有很好的实用价值。郭海涛等(2011)依据空间直线在航空影像上的投影仍然是直线,结合共线条件方程,推导了基于直线特征计算相片外方位元素的误差方程。最后,通过实验验证了基于线特征计算相片外方位元素理论与方法的可行性和可靠性。同其他方法相比,该方法具有易于理解、便于计算、实用性强、易于实现影像自动外部定向等特点。孙红星等(2010)基于随机常数、随机游走和一阶马尔可夫过程组合的高阶IMU误差模型,建立36阶卡尔曼滤波器。通过松散组合模式,最终实现位置标准差±5cm、俯仰/横滚角标准差±0.002°、航向角标准差±0.008°的定位定向精度。闫利等(2010)将四元数理论引入高分辨率线阵CCD影像的空间后方交会解算中,提出了一种利用四元数描述线阵CCD影像的单片空间后方交会方法。该方法利用四元数描述角度旋转矩阵,对严格的共线条件方程进行线性化,并采用正则化的数学方法克服线阵CCD影像外方位元素的相关性。

(2)正射影像制作

正射影像兼具影像信息丰富和几何定位精确的优点,使得数字正射影像和大范围的正射影像镶嵌在整个地理信息系统领域应用越来越广泛。

大范围的正射影像制作过程中需要进行影像镶嵌处理,而接缝线的自动生成是多影像镶嵌处理中的一个关键环节,潘俊等(2010)提出一种接缝线网络的自动生成及优化方法,首先基于顾及重叠的面Voronoi图,生成全局的初始接缝线网络,然后利用重叠区的影像内容对接缝线网络进行优化。不仅可保证区域范围内多影像镶嵌处理的灵活性与效率,避免误差累积和中间结果的产生,使处理结果与影像顺序无关,而且优化后的接缝线网络可保证镶嵌质量。左志权等(2011)以高精度数字表面模型为检测基础,通过智能识别处理手段对地面区域与非地面区域进行良好区分,发展出一种贪婪蛇型算法。该算法仅与搜索步距、方向旋转间隔以及重叠区域宽度等三个因素相关,具有速度快、效率高等优点。范永弘等(2011)在DSM滤波和权值确定的基础上,提出了一种基于DSM的遥感图像拼接线自动提取方法。该方法首先基于流水模型的基本原理设计了拼接线自动选择规则，然后利用数学形态学对自动提取的拼接线进行了膨胀处理。实验结果表明，该方法提取的拼接线能够有效地规避建筑物投影差等问题，确保了自动拼接线提取的有效性。钟成等(2010)提出一种基于多边形反演成像(polygon based inversion imaging,PBI)的遮蔽检测方法。利用建筑物表面多边形内部互不遮蔽的特点,以多边形为单元将建筑物逆投影到像方,反演成像时的目标状态,获得目标之间、多边形之间的遮蔽关系。谢文寒等(2010)为解决城市大比例尺正射影像生成的问题从真正射影像的关键技术入手着重研究其中的阴影与遮挡问题并提出相应解决方法。将这些方法应用在美国丹佛城区的真正射影像生成的项目中,取得了令人满意的效果。

3. 低空与地面方面

低空、地面遥感的研究主要集中在无人机平台的影像获取与处理、非量测相机标定、影像拼接、核线约束的特征点匹配等方面。

(1)无人机平台的数据获取与处理

作为一种新型的遥感平台，无人飞行器系统(UAS)具有优于其他遥感平台的灵活性、实时性、移动性等特点。近年来,随着实时化测绘的需求,无人机航摄近年来发展迅猛。杨瑞奇等(2010)在介绍无人机的数字航摄系统的性能与特点的基础上,阐述了利用该系统进行航测作业的技术流程,并利用该系统实施的 1∶2000 航测试验实践证明了该系统的适用性,且特别适合于小区域应急测绘数据的获取与更新。王峰等(2010)介绍了无人飞行器系统(UAS)的发展现状及其关键技术,提出 UAS 遥感平台的分类方法,从技术、市场、法律制度、成本等多方面考察了 UAS 应用于民用遥感领域的可行性。理论和实践证明,UAS 平台在遥感技术的发展中必将发挥重要的作用,成为主流的遥感平台之一。

(2)非量测相机标定、近景影像的处理

杨朝辉(2010)提出一种非量测数码相机标定的直接方法。为了将畸变直线纠正成理想直线,该方法利用畸变模型对其进行畸变纠正,并采用 Levenberg - Marquardt 算法对非线性方程组进行求解,解出符合条件的最佳畸变参数。实验结果证明该方法具有较强的鲁棒性与实用性。对于多摄站地面摄影张雅楠等(2010)采用单像后方交会—多片前方交会及多片光束法两种算法对基于普通数码影像的多摄站量测算法进行了探讨,并对其解算精度及可靠性进行了比较。实验结果表明,经过相机内方位元素标定、影像畸变校正之后,两种算法可行,控制点较少时,摄站数增加对提高精度作用明显,检查点点位中误差可减小约 1mm,且 3 站以上多摄站摄影测量网可视为稳定。多片光束法对初值要求苛刻,收敛性较差,但精度高于多片前方交会。冯其强等(2010)提出一种基于已知点和核面约束的近景摄影测量人工标志点分组匹配算法。首先利用定向棒点和编码标志点等已知点对所有相片进行分组;然后按三张一组进行组合,并计算各组合的几何质量;最后选择几何质量最好的部分相片进行组合,按核面约束进行匹配。刘亚文等(2010)依据建筑物丰富的直线信息来分割面状遮挡物,并采用边缘保护的模板匹配方法进行遮挡纹理的恢复。同时,对于简单的线状竖直遮挡物,采用边缘检测和跟踪的方法提取影像上的遮挡区域,采用一维水平均值内插和块状填充的方法恢复遮挡纹理。李畅等(2010)提出一种新的基于直线自动分组、核线约束、灭点方向引导和影像金字塔模型的直线匹配算法。该算法利用核线约束缩小搜索范围但不完全依赖于核线，利用灭点方向引导匹配但不完全依赖于灭点，并且符合空间物体整体分布不连续但局部连续的客观规律，再加上大范围的搜索，不仅克服了一般直线匹配算法中核线约束退化或基于单应性映射失效的缺陷，而且能匹配出直线段端点。同时，还提出了基于随机抽样一致性的单片剔除误匹配直线的算法。王美珍等(2011)提出并实现了基于交比这一射影变换不变量的单幅图像平面几何信息提取方法。该方法首先利用结构化场景中的平行、垂直等几何关系计算平面的灭点灭线；然后利用平面上已知长度的参考线段及灭点、灭线信息构建交比；最后依据待求线段与已知几何信息的位置关系计算待求线段的长度。对实验数据计算结果的精度分析验证了算法的正确性和可行性。欧建良等(2011)根据影像灭点理论分析建筑物道路特征线与影像平面线段间数学关系，对影像所提取线段进行分类。实验通过立体影像中模拟数据和基于影像边缘提取线段的处理实现了地物特征线段的快速自动分类，无关线段过滤效果显著，是移动测量地物自动量测与影像理解的重要基础。

(二)微波遥感技术进展

研究主要集中在激光雷达与合成孔径雷达数据获取、分析、处理与应用等方面。

1. 激光扫描技术

近两年来，关于激光雷达的研究主要涉及：机载激光点云的滤波，正射影像制作、地物提取以及建筑物重建等方面；地面激光扫描数据的分割以及压缩。

(1)机载 LIDAR 点云滤波

点云数据的滤波和分类是激光雷达数据应用处理重要环节，是当前研究的热点问题。杨应等(2010)针对茂密植被区域点云数据的特点，提出了以移动窗口和坡度算法为基础的改进的点云数据滤波算法。试验结果表明，改进的滤波算法对地形变化复杂、植被郁闭度较高覆盖、地面激光脚点比少的点云数据有良好的效果。隋立春等(2010)在介绍传统数学形态学算法的基础上，对相应的算法进行扩展和改进，提出针对不同地形特点的自适应滤波算法。在数学形态学“开”算子的基础上，提出增加一个“带宽”参数用于点云数据滤波的方法。最后利用三组实际点云数据进行试验，以验证这一算法的有效性。沈晶等(2011)在利用 KD-树进行粗差剔除的基础上，结合机载 LiDAR 数据的多回波特性剔除不必要的冗余数据，利用形态学重建的方法对机载 LiDAR 数据进行滤波，且运行时只需要输入一个参数。使用国际摄影测量与遥感学会(ISPRS)提供的测试数据对算法进行实验，结果表明，该算法对各种场景的适应性较强，整体性能优于经典的滤波方法。王明华等(2010)为简化后续的机载 LiDAR 点云数据滤波，针对茂密植被的陡坡林区，提出了均值限差预处理方法；针对具有密集墙面激光脚点的城区，提出了角度限差预处理方法。采用两组不同特征的实测数据分别对两种预处理方法进行了实验，定性和定量分析结果表明，预处理效果显著，使用了预处理的滤波结果与未使用预处理而直接滤波的结果相比，两类滤波误差均有所减小。

(2)正射影像制作

针对传统航空摄影测量生成有地理编码的正射影像需要一定的地面控制点、密集的同名点匹配和繁琐的 DEM 人工编辑，李国元等(2010)将 LIDAR 点云作为控制基准，采用共线、共面等几何约束条件，联合平差求出CCD影像的外方位元素，并采用LIDAR点云滤波后的DEM，对CCD影像进行正射纠正，生成具有地理编码的影像数据，可有效地提高工作效率，节省大量时间和人工成本，试验结果证实了这种思路和算法的可行性。孙杰等(2010)将机载LiDAR点云数据进行滤波，以去除高地物，确定出房屋树木等高出地面的地物的位置记为障碍区域。在配准后的正射影像上，利用改进 A^* 算法自动避开障碍区域选择一条最优化镶嵌线。实验证明，该方法可以准确、智能地对镶嵌线进行优化，改善镶嵌后的影像质量。

(3)地物提取及模型重建

张永军等(2010)提出将LiDAR数据对水体的敏感性与航空影像的高分辨率特征相结合的水体自动提取方法。利用SIFT算法对LiDAR强度图像和航空影像进行配准，在LiDAR高程图像上提取无回波信号的黑色区域，构建几何约束条件，排除由遮挡产生的无效区域；将水体初始位置映射到航空影像上，结合边缘信息进行区域生长，并对生长区域进行数学形态学运算，最终获取水体区域。实验结果表明，该方法可以获得很好的水体提取效果。王宗跃等(2010a)提出一种基于机载激光雷达点云数据提取水体轮廓线的方法。采用双层格网模式提取较窄的水体；以朝向水体的边界点作为拟合轮廓线的关键点提取更精确的轮廓线。王宗跃等(2010b)首先通过曲面拟合修正部分粗糙地面点的高程，然后建立三角网跟踪等高点，采用加权二次多项式消除毛刺，最后采用顾及等高距的样条函数内插等高线。实验表明，本文方法能够在损失较小的精度下生成不相交的光滑等高线，视觉效果好。李云帆等(2011)提出一种从机载LiDAR点云数据中提取水陆桥梁的新算法，采用先滤波分类再识别桥梁的策略用于桥梁主体及其与地面连接处脚点的提取。首先对机载LiDAR点云数据进行严格滤波，在此基础上利用多个阈值对非地面脚点进行初步提取；然后引入Alpha-shapes算法对初步提取结果进行分割，并辅以面积阈值提取出属于桥梁主体部分的脚点；最后提出一种顾及地形特征的点云区域生长算法，用于准确提取桥梁主体与地面连接部分的脚点。曾齐红等(2011)提出利用机载LiDAR点云数据进行复杂平面建筑物重建的方法。首先，将提取出的建筑物点云聚类到不同的平面点集；然后，对各个平面点集进行平面拟合，采用平面相交确定平面边界，并解算出各平面边界角点的三维坐标，从而重建建筑物模型。

(4)地面激光点云的分割与简化

由于激光扫描系统在进行数据采集时具有随机性，获取的激光点云中含有不同地物点，且具有大量冗余信息，因此有必要进行点云的分割和简化处理。

杨必胜等(2010)利用生成的点云特征图像，可采用阈值分割、轮廓提取与跟踪等手段提取图像分割的建筑物目标的边界，从而确定边界内部点云数据，实现目标分类与提取。

程效军等(2011)针对点云数据量大的特点，提出了基于非均匀网格的点云数据缩减算法。采用球面投影的方法建立规则网格，以网格内部点的法矢的标准差作为网格细分的依据，用中值滤波的方法确定每个网格内的保留点，通过实验验证了该算法的可行性，并取得了良好的效果。

2. SAR技术

雷达的研究涉及：相位解缠算法、变化检测，极化研究、基于地物提取及地物特性反演等方面。

(1)定位定标

SAR 定位模型的建立和解算是使用 SAR 数据的关键步骤之一,陈尔学等(2010a)研究并实现了 TerraSAR-X、Cosmo-SkyMed 和 Radarsat-2 这三颗高分辨率 SAR 数据的定位模型构建方法,并对 GEC 效果进行了评价。结果表明本文发展的定位模型构建方法是正确的,为实现这三颗高分辨率卫星 SAR 数据的 EEC 和 GTC 处理奠定了基础。陈尔学等(2010b)根据合成孔径雷达(SAR)严格成像几何模型和辐射定标公式建立了地形辐射校正(TRC)模型,并从定性和定量两个方面评价了 TRC 模型的有效性。袁修孝等(2010)从距离和多普勒方程出发,构建了无需地面控制点的直接对地目标定位模型,推导了缺少控制点时的精化轨道参数及成像几何参数等的数学模型。经实验验证表明,对困难地区采用星载 SAR 遥感影像对地目标定位具有很好的应用前景。

角反射器是合成孔径雷达(SAR)定标中使用最为广泛的无源点目标,开展角反射器的研究对于 SAR 定标有着十分重要的意义。张婷等(2010)采用融入多层次快速多极子算法(MIFMM)的矩量法(MoM),对角反射器的雷达散射截面(RCS)进行计算,对比几种常用角反射器的性能,确定不同尺寸三角面角反射器 RCS 最大值及相应的入射方向,分析加工尺寸、加工角度误差、入射角度偏差等对三角面角反射器 RCS 的影响,总结角反射器在设计制作和安装过程中应考虑的问题。研究结果对设计角反射器和 SAR 定标具有重要的参考价值。靳国旺等(2010)利用 GPS 实测的高程控制点对中国科学院电子学研究所自主研制的机载双天线 InSAR 系统进行了干涉参数定标实验,统计利用定标后干涉参数反演地面高程的误差,验证该干涉参数定标模型及解算方案。张薇等(2010)修正了 Madsen 提出的干涉 SAR 三维重建的视向量正交分解算法,采用电磁波波前的球面波模型,加入了载机的姿态旋转,构建一种新的干涉 SAR 三维重建模型。利用各干涉参数对控制点三维信息的不同的敏感性,提出分别利用地面控制点三维信息,对各干涉参数进行定标。

(2)相位解缠

相位解缠是合成孔径雷达干涉测量技术的一个关键步骤。自 1974 年 InSAR 的原理被提出以来,人们已开发了几十种相位解缠算法。

江国焰等(2011)在介绍 PS-DInSAR 相位解缠函数模型的基础上,给出了应用 LAMBDA 方法求解模糊度和形变参数的过程,并将两种改进的 z 变换降相关算法——逆整乔列斯基和 LLL 应用于 PS-DInSAR 相位解缠。以 z 变换过程的迭代次数、z 变换后的模糊度向量间的平均相关系数和协因数阵的谱条件数为准则,对两种算法进行仿真模拟和分析,结果表明逆整乔列斯基算法和 LLL 算法等价。最后从理论上对两种降相关算法的一致性进行了解释。钟何平等(2011)提出一种量化质量引导的快速相位解缠算法。在质量图中采用整数表示相应相位点的质量,引入由静态数组和双链表组成的优先队列,建立相位质量与静态数组下标的对应关系,利用双链表保存具有相同质量值的相位点,保证了所有相位点按照质量值的非递减顺序排列,极大地提高了传统质量引导相位解缠算法的效率。刘子龙等(2010)提出一种基于自适应局部频率估计和多网格加权迭代的相位解缠算法。采用高精度的局部频率估计代替滤波相位差分,先用最小二乘

FFT 法进行初始相位解缠，再以局部频率估计置信度作为依据判断不可解缠区域进而设置加权参量，应用多网格法完成精细相位解缠。局部频率估计的应用使得解缠前无需进行单独的相位滤波，简化了 InSAR 处理模块，提高了数据处理效率。经实验验证，InSAR 数据处理精度明显提高。

(3)除噪及分类

斑点噪声抑制是 SAR 影像应用中关键的预处理过程，对 SAR 影像的解译和自动处理具有重要意义。于波等(2010)将均值平移算法引入到 SAR 影像噪声抑制中，实验结果表明，该方法能在平滑噪声的同时，很好地保持图像的边缘，避免边界模糊现象的出现，处理结果在均匀区域的平滑度和细节区域的边缘保持指数等指标上均优于对比的其他几种噪声抑制算法，特别是边缘保持指数提高明显，具有较高的实用价值。黄海燕等(2010)针对 SAR 图像相干斑滤波中存在的降低相干斑与有效保持细节信息这一矛盾，研究了常用空域滤波算法，在此基础上，将中值滤波与增强 LEE 滤波相结合，改进了 LEE 滤波算法，该方法能够在滤除相干斑的同时很好地保持图像的边缘及细节纹理信息。

针对大多数分类方法未能同时考虑图像与特征、类别与特征、类别与类别之间关系的问题，刘梦玲等(2010)提出一种基于潜在语义分析(pLSA)和拓扑马尔可夫随机场(Topo－MRF)模型的合成孔径雷达(synthetic apertureradar，SAR)图像的分类算法。实验结果证明了该算法的有效性。杨杰(2011)提出一种新的基于 Cloude－Pottier 分解和极化白化滤波(PWF)的全极化 SAR 数据分类算法。该算法利用 PWF 的结果来代替反熵 A 对复 WishartH/α 分类结果进行进一步细化，按 PWF 的值将复 WishartH/α 分类结果由 8 类分为 16 类，然后再次进行 Wishart 迭代分类。实验结果表明，该算法能有效地提高分类精度，分类结果明显优于常规的复 WishartH/α 分类结果和复 WishartH/α/A 分类结果。张中山等(2010)提出一种基于 H/α/A 和粒子群优化(PSO)算法的全极化 SAR 数据非监督分类方法。该方法利用 H/α/A 对全极化 SAR 数据进行基于散射机理的初分类，计算各类别的聚类中心，并利用计算结果对 PSO 算法进行初始化，然后采用 PSO 对极化 SAR 数据进行迭代分类。在运算过程中，引入了基于最大似然准则的复 Wishart 距离，以提高分类器的性能。

(4)地形变化监测

近年来新型成像雷达遥感(极化、干涉)及数据处理技术的发展，SAR 遥感影像上获得的地表信息越来越多，如何利用雷达信息探测土地变化成为研究的新课题。但是雷达影像不同于光学影像，目前雷达数据解译仍存在着一些困难。郝容等(2010)针对多云多雾地区雷达数据土地变化监测，以四川成都地区 COSMO 数据为例，利用雷达相干影像，后向散射强度，强度比值影像，提出一种新的雷达处理手段，减少了雷达数据土地变化监测的工作量，提高工作效率。黄世奇等(2010)提出基于小波变换的双阈值(TWT)SAR 图像变化检测算法。采用期望最大化(EM)算法产生双阈值，可以区分像素发生变化的类型(如变化区域增强类和变化区域减弱类)或变化等级。殷硕文(2010)：针对目前我国 InSAR 系统中定位定姿设备精度不高的现状，提出了一种基于地形匹配的地形变化检测方法。该方法是 InSAR 数据应用于地形变化检测的一种新途径，能够在 InSAR 系统直接定位精度不高的情况下，提高地形变化检测数据处理的自动化程度。邵芸等(2010)利用震前 2010 - 01 - 15 和震后 2010 - 04 - 17 获取的日本 ALOS 卫星 PALSAR 遥感数据，开展了差分干涉雷达地震同震形变测量与分析。差分干涉雷达测量的结果与中国地震局地而调查的结果一致。宽幅雷达成像模式可监测大范围地震形变，但该模式与条带成像模式存在差异。针对这些差异，蒋廷臣等(2011)深入分析了图像拼接、大气效应校正和大地水准面差距改正等方面的关键技术，提出了基于配准加权的拼接方法和基于 EGM96 的大地水准面差距改正方法，分析了适应于宽幅 SAR 干涉的大气校正模型。在此基础上，对 ENVISAT 卫星宽幅数据干涉测量成果进行了校正，并分析了汶川地震和于阗地震的宽域形变场。张艳梅等(2010)利用 2003—2007 年间 14 景欧空局 ENVISAT ASAR 卫星数据，结合 SRTM DEM 数据，采用多时相 SAR 协同配准方法进行二路干涉处理，对 2001 年 11 月昆仑山口西 8.1 级大地震宏观震中—库赛湖地区的地表形变场进行了多时相探测。

(5)地物目标检测与识别

SAR 船只目标检测是实现海上安全监测的有效手段。由于在海杂波较为复杂的情况下，传统 CFAR 算法对于弱小船只检测效果不佳，郭经等(2010)提出基于多尺度静态小波分解的改进型 CFAR 检测算法。首先通过实验选出最优小波基及最佳小波分解级数，再利用幂运算对经多尺度乘性增强的小波系数进行优化，以增强船只与海洋背景的对比度，从而运用简单的 CFAR 算法即可得到较好的检测效果。最后，以新型星载 ALOS—PALSAR 数据为例，通过与传统 CFAR 算法的对比实验，验证本文算法的有效性。陈鹏等(2010)提出一种基于复合参数分布的 SAR 图像船只检测模型。模型使用 Pearson 分布系统模拟 SAR 图像海洋背景散射分布。Pearson 分布系统由 4 种参数分布组成，包括 Pearson Ⅰ分布(力、Ⅲ分布、Its 分布反力和Ⅵ分布。模型采用基十声平而的分布选择器确定采用哪种分布拟合 SAR 图像海而后向散射分布。同时利用 4 种分布，结合 CFAR 技术，建立 CFAR 方程，通过解算方程得到检测阂值，利用阂值进行 SAR 图像船只检测。吴樊等(2010)提出基于空间信息的 SAR 图像海上船只交通监测方法。首先利用已有的空间先验信息对图像进行自动陆地掩膜；建立海面杂波分布模型，对海面船只进行检测；估算船只的长度、面积、中心坐标等参数信息，并对目标进行筛选；最后根据船只信息库结合空间信息平台进行统计与分析，可为海上船只监测以及交通规划等应用提供决策信息。杨浩等(2010)针对高分辨率 SAR 图像机场提取问题，设计了以尺度变换、边缘检测、短线提取、短线连接、平行线提取和验证识别等流程的机场提取方案，并针对机场跑道特点在短线提取和短线连接两个关键步骤上提出了新的算法。

应用海面雷达后向散射系数检测海上溢油是目前海上溢油遥感监测的一个重要方向。邹亚荣等(2010)以南海 Envisat - ASAR 数据为例，在分析 SAR 数据的基础上，应用 Envisat - ASAR 绝对定标计算方法，计算后向散射系数，研究应用 SAR 进行海上溢油遥感监测的散射特性，计算目标与海面边界后向散射系数梯度均值 σ_0 与目标与海面后向散射系数均值差 $\Delta\mu$，并以两者结合作为区分海面油膜与自然现象的解译标志，从而为溢油识别提供依据。宦若虹等(2010)提出一种基于多方位角图像决策融合的合成孔径雷达(SAR)图像目标识别方法。对目标切片图像用二维小波分解和主成分分析提取特征向量，利用支持向量机对特征向量进行分类，用贝叶斯方法对目标多幅不同方位角下图像的分类输出进行决策融合，得到最终类别决策。刘爱平等(2010)提出一种有效的高分辨率SAR目标特征提取与识别方法，根据SAR图像目标对多尺度Gabor滤波器组的不同响应，充分利用多尺度信息及尺度间的相依性提取新的多尺度特征，并利用Fisher核映射使得非线性变换比线性变换更能刻画实际中的复杂模式。实验结果表明了该多尺度特征的有效性。杨露菁等(2010)针对利用合成孔径雷达图像中的阴影信息进行目标识别的问题，提出一种边界链编码和隐马尔可夫模型(HMM)相结合的合成孔径雷达图像目标识别方法。该方法利用链编码技术来描述SAR图像阴影边界的形状，可以很好地反映形状的特性，且计算上很有效；利用HMM统计建模方法对阴影边界的链编码进行建模和分类，从而实现SAR图像的自动目标识别。

(三)光学与微波遥感数据联合处理

多源遥感影像的融合，特别是光学遥感影像与微波遥感数据的联合处理已成为目前本专业研究的热点，具体内容如下。

利用激光雷达扫描得到的点云数据虽然具有精度高的特点，但由于点间距较为稀疏以及强度信息的不足，造成沿断裂线区域的信息有限，纹理信息也十分缺乏。传统的光学影像具有丰富的纹理信息，但重建出的三维模型的精度往往不甚理想。因此将激光点云数据与影像数据进行联合处理，可以实现激光点云和光学影像两者的优势互补，对自动生成数字高程模型、大比例尺测图、地物的分类与识别以及城市三维建模等都大有裨益。吴杭彬(2011)从硬件系统和原始数据处理入手，研究了点云数据的数据预处理、点云数据分类、点云与影像匹配以及基于匹配结果的特征提取的理论与方法。杨应等(2010)分析了当前点云滤波算法和机载LiDAR数据获取的特点，提出了影像分类信息辅助的机载LiDAR点云自动分类滤波算法。通过对植被覆盖的山区和建筑物密集的城区点云数据进行滤波实验，获得了区域内点云数据的准确分类信息，验证了此算法的有效性。

为了提高SAR影像的解译水平，避免通常基于小波变换的融合方法造成的SAR影像信息损失，黄登山等(2011)提出一种基于a'trous小波与广义HIS变换的SAR与多光谱影像融合方法，在将多光谱影像转换到HIS空间后，应用a'trous小波对I分量进行分解，通过加法的形式将多光谱影像的高频分量信息与SAR影像信息集成，并根据解译的需要，通过改变阈值来控制对多光谱影像信息的集成幅度。实验结果表明本文方法可以根据不同的应用需要，在完整保留了SAR影像信息的基础上，通过调节多光谱影像信息的注入程度，为获取更能满足解译需要的SAR融合影像提供更多选择，拥有更好的鲁棒性。

为解决常用图像配准算法中特征提取易受噪声影响及配准过程受特征提取精度影响的问题，李雨谦等(2010)提出一种新的图像配准算法，即在水平集框架下，通过映射函数将SAR图像特征和光学图像特征结合，构造能量泛函模型，并采用水平集方法求解曲线演化方程，进而实现SAR图像和光学图像的配准。通过两个场景(机载SAR图像和全色光学图像)的配准实验表明，该算法不仅对高信噪比SAR图像和光学图像的配准有效，且对低信噪比的配准优势更加明显。王瑞瑞等(2010)提出一种新的基于空间辅助面特征的主被动遥感影像区域自动配准方法，该方法借鉴了全局区域配准高精度与局部区域配准低复杂度的算法特征.采用正、反函数变换法提取具有相同角度和尺度的空间特征.并采用归一化互相关系数法定义灰度相似性。通过构建空间辅助面将空间特征和灰度相似性有效地结合起来,共同用于影像的自动配准。实验选取 SPOT 与 ASTER 影像,ASAR 和 ASTER 影像两组数据验证本方法简单易行、配准精度较高。

三、摄影测量与遥感技术的应用现状与前景

摄影测量与遥感的应用领域越来越广,涉及人口、资源、环境、社会、减灾和文化等领域的方方面面,与其他学科的联系愈来愈紧密。应用的深度达到更高的层次,应用模型开始由经验、半经验模型向更严密的物理模型方向发展,模型与遥感参数的结合更为紧密。

虽然传感器技术正在大幅度进步、运载平台得到迅速拓展,但人们对于空间信息服务的需求越来越大,要求越来越高。摄影测量与遥感学科正面临更大更多的技术挑战:传感器的检校和定向、物体识别、三维模型重建及海量数据快速处理的高度自动化、各类传感器几何和辐射模型的联合以及多源数据的融合处理等等。

此外,IT 业巨头的介入,如谷歌地球(Google Earth)和微软必应(MicrosoftBING),带来了空间信息的全面社会化,摄影测量与遥感学科应在面对众多技术挑战的同时,考虑如何让技术普及、让产品更加贴近生活,在真正意义上提升国民经济建设服务能力。

参考文献

[1] 克里斯蒂安·海普克,唐粮. 摄影测量与遥感之发展趋势和展望[J]. 地理信息世界. 2011(4):7-11.
[2] 廖安平,等. CBERS-02B 星 HR 数据几何纠正模型研究[J]. 遥感信息. 2010(4):63-67.
[3] 徐郑楠,冯钟葵. 2010. 基于计算机仿真技术的 CBERS-02B CCD 影像几何误差分析[J]. 遥感信息. 2010(6):26-30
[4] 赵利平,等. WorldView-1 影像 RFM 多项式平差模型及其精度分析[J]. 遥感信息. 2010(3):82-87.
[5] 张过,等. 推扫式光学卫星遥感影像产品三维几何模型研究及应用[J]. 遥感信息,2011(2):58-62.
[6] 高海亮,等. 2010. 星载光学遥感器可见近红外通道辐射定标研究进展[J]. 遥感信息,2010(4):117-128.
[7] 丁琨,等. 基于时间序列的 MODIS 遥感数据的辐射定标[J]. 遥感信息. 2010(2):49-52.
[8] 李家国,等. 2010. HJ-1B 热红外通道星上定标精度检验与敏感性分析[J]. 遥感信息. 2011(1):3-8.
[9] 龚慧,等. CBERS02B 卫星 CCD 相机在轨辐射定标与真实性检验[J]. 遥感学报. 2010,14(1):7-12.
[10] 龚慧,等. MODIS 辐照度法定标试验研究[J]. 遥感学报. 2010,14(2):213-218.
[11] 韩启金,闵祥军,傅俏燕,HJ_1B 热红外波段在轨绝对辐射定标[J]. 遥感学报,2010,14(6):1219-1225.
[12] 陶建斌,舒宁,沈照庆. 利用互信息改进遥感影像朴素贝叶斯网络分类器[J]. 武汉大学学报:信息科学版,2010,35(2):228-232.

[13] 陶建斌,舒宁,沈照庆.基于高斯混合模型的遥感影像连续型朴素贝叶斯网络分类器[J].遥感信息,2010(2):18-24.

[14] 陶建斌,等.一种基于高斯混合模型的遥感影像有指导非监督分类方法[J].武汉大学学报:信息科学版,2010,35(6):727-732.

[15] 闫利,曹君.基于SSKM算法的遥感图像半监督聚类[J].遥感信息,2010(2):8-11.

[16] 张卉,张超,赵冬玲.2010.特征权重优化高分辨率遥感影像模糊分类研究[J].遥感信息,2010(1):94-98.

[17] 陈杰,等.粗糙集高分辨率遥感影像面向对象分类.遥感学报,2010,14(6):1147-1155.

[18] 胡晓东,等.高分辨率遥感影像并行分割结果缝合算法[J].遥感学报,2010,14(5):922-927.

[19] 沈占锋,等.高分辨率遥感影像多尺度均值漂移分割算法研究[J].武汉大学学报:信息科学版,2010,35(3):313-316.

[20] 张倩,黄昕,张良培.多尺度同质区域提取的高分辨率遥感影像分类研究[J].武汉大学学报:信息科学版,2010,36(1):117-121.

[21] 巫兆聪,胡忠文,欧阳群东.一种区域自适应的遥感影像分水岭分割算法[J].武汉大学学报:信息科学版,2011,36(3):293-296.

[22] 祝鹏飞,等.基于Quick Shift算法的高光谱影像分类[J].测绘科学技术学报,2010,28(1):54-57.

[23] 李祖传,等.利用SVM-CRF进行高光谱遥感数据分类[J].武汉大学学报:信息科学版,2010,36(3):306-310.

[24] 李祖传,等.利用P-EDMP与光谱进行高光谱遥感影像分类[J].武汉大学学报:信息科学版,2010,35(12):1449-1452.

[25] 谢丽军,等.结合KPCA和多尺度纹理的IKONOS遥感影像决策树分类[J].遥感信息,2010(3):88-93.

[26] 张滔,张友静,谢丽军.结合丰度特征的决策树及其土地覆盖分类[J].遥感信息,2010(3):44-48.

[27] 高海燕,吴波.结合像元形状特征分割的高分辨率影像面向对象分类[J].遥感信息,2010(6):67-72.

[28] 谭琨,杜培军,王小美.利用分离性测度多类支持向量机进行高光谱遥感影像分类[J].武汉大学学报:信息科学版,2010,36(2):171-175.

[29] 熊彪,江万寿,李乐林.基于高斯混合模型的遥感影像半监督分类[J].武汉大学学报:信息科学版,2010,36(1):108-112.

[30] 杨国鹏,等.基于相关向量机的高光谱影像分类研究[J].测绘学报.2010,39(6):572-578.

[31] 杨红磊,等.基于对数—主成分变换的EM算法用于遥感影像分类[J].测绘学报,2010,39(4):378-403.

[32] 陈杰,等.结合支持向量机与粒度计算的高分辨率遥感影像面向对象分类[J].测绘学报,2011,40(2):135-147.

[33] 焦洪赞,等.高光谱遥感数据的DNA计算分类[J].遥感学报,2010,14(5):872-878.

[34] 陶超,等.一种基于概率潜在语义模型的高分辨率遥感影像分类方法[J].测绘学报,2011,40(2):156-162.

[35] 单丹丹,杜培军,夏俊士.基于多分类器集成的“北京一号”小卫星遥感影像分类研究[J].遥感信息,2011,(2):69-77.

[36] 王瑞瑞,马建文,陈雪.多传感器影像配准中基于虚拟匹配窗口的SIFT算法[J].武汉大学学报:信息科学.2011,36(2):163-166.

[37] 李芳芳,等.利用线特征和SIFT点特征进行多源遥感影像配准[J].武汉大学学报:信息科学版,

2010,35(2):233-236.

[38] 陈飒,吴一全. 基于 Contourlet 域 Hausdorff 距离和粒子群的多源遥感图像匹配[J]. 测绘学报,2010,39(6):599-604.

[39] 吴一全,陈飒. Contourlet 变换和 Tsallis 熵的多源遥感图像匹配[J]. 遥感学报,2010, 14(5):899-904.

[40] 肖汉,张祖勋. 基于 GPGPU 的并行影像匹配算法[J]. 测绘学报,2010,39(1):46-51.

[41] 季顺平,袁修孝. 基于 RFM 的高分辨率卫星遥感影像自动匹配研究[J]. 测绘学报,2010,39 (6):592-598.

[42] 杨化超,张书毕,张秋昭. 基于 SIFT 的宽基线立体影像最小二乘匹配方法[J]. 测绘学报,2010,39(2):187-194.

[43] 王忠武,刘顺喜,陈晓东. IKONOS 图像融合中自动拟合低分辨率全色图像的方法[J]. 武汉大学学报:信息科学版,2010,35(11):1283-1287.

[44] 王忠武,赵忠明,刘顺喜. IKONOS 图像的线性回归波段拟合融合方法[J]. 遥感学报,2010, 14(1):49-54.

[45] 邵振峰,刘军,李德仁. 一种基于高斯影像立方体的空间投影融合方法[J]. 武汉大学学报,信息科学版,2010,35(10):1207-1211.

[46] 彭凌星,朱自强,鲁光银. ARSIS 概念下基于第二代 Curvelet 变换的遥感影像融合方法[J]. 遥感信息, 2010.(6):14-18.

[47] 王相海,魏婷婷,周志光. Contourlet 方向区域相关性的遥感图像融合[J]. 遥感学报,2010, 14(5):911-916.

[48] 董张玉,等. 多分辨率金字塔算法的遥感影像融合对比分析[J]. 遥感信息,2010,(1):82-86.

[49] 刘军,李德仁,邵振峰. 利用快速离散 Curvelet 变换的遥感影像融合[J]. 武汉大学学报:信息科学版,2011,36(3):333-337.

[50] 叶勤,张小虎,王栋. 一种基于区域生长与空间形状约束的高分辨率遥感图像道路提取方法[J]. 遥感信息, 2010,(2):25-29.

[51] 王昆,万幼川,屈颖. 融合纹理和形状特征的高分辨率遥感影像道路提取[J]. 遥感信息, 2010,(5):7-11.

[52] 王华,潘励. 基于纹理边缘与感知编组的居民地外轮廓提取[J]. 武汉大学学报:信息科学版,2010,35(1):114-117.

[53] 张剑清,等. 利用 Meanshift 进行道路提取[J]. 武汉大学学报:信息科学版,2010, 35(6):719-722.

[54] 李晓峰,等. 贝特朗曲线性质在高分辨率遥感影像道路边缘信息提取中的应用[J]. 武汉大学学报:信息科学版,2010, 35(9):1079-1081.

[55] 张雷雨,等. 基于改进的 Mean Shift 方法的高分辨率遥感影像道路提取[J]. 遥感信息, 2010(4):3-7.

[56] 陈杰,等. 基于 LBP 算子与多尺度分析的高分辨率遥感影像道路自动提取方法改进研究[J]. 遥感信息, 2010(2):3-7.

[57] 林腾. ETM+和 ASTER 数据在遥感信息提取中的对比研究[J]. 遥感信息, 2011,(1):65-69.

[58] 刘晨洲,等. 基于改进混合像元方法的 MODIS 影像水体提取研究[J]. 遥感信息, 2010,(1):84-88.

[59] 杨树文,等. 一种利用 TM 影像自动提取细小水体的方法[J]. 测绘学报,2010,39(6):611-617.

[60] 杨莹,阮仁宗. 基于 TM 影像的平原湖泊水体信息提取的研究[J]. 遥感信息, 2010 (3):60-64.

[61] 陶超,等. 面向对象的高分辨率遥感影像城区建筑物分级提取方法[J]. 测绘学报,2010,39(1):39-45.

[62] 韩权卫,孙越,龚威平. 基于高分辨率遥感影像的城市建筑目标提取研究[J]. 遥感信息, 2011 (1):

73 - 76.

[63] 吴亮，胡云安. 膨胀系数可调的 BalloonSnake 方法在道路轮廓提取中的应用[J]. 测绘学报，2011，40(1)：71 - 77.

[64] 李松，李亦秋，安裕伦. 基于变化检测的滑坡灾害自动识别[J]. 遥感信息，2010 (1)：27 - 31.

[65] 周小成，等. 基于对象关系特征的高分辨率光学卫星影像水上桥梁目标识别方法[J]. 遥感信息，2010，(2)：236 - 42.

[66] 张永军，胡丙华，张剑清. 基于多种同名特征的相对定向方法研究[J]. 测绘学报，2011，40(2)：194 - 199.

[67] 王伟，等. 基于 POS 数据的 OMIS 影像几何校正[J]. 遥感信息，2010 (1)：89 - 93.

[68] 张永军，胡丙华，张剑清. 大旋角影像的绝对定向方法研究[J]. 武汉大学学报：信息科学版，2010，35(4)：427 - 431.

[69] 郭海涛，等. 一种基于直线特征的影像外方位元素解算理论与方法[J]. 测绘科学技术学报，2011，28(1)：42 - 45.

[70] 孙红星，袁修孝，付建红. 航空遥感中基于高阶 INS 误差模型的 GPS_INS 组合定位定向方法[J]. 测绘学报，2010，39(1)：28 - 33.

[71] 闫利，聂倩，赵展. 利用四元数描述线阵 CCD 影像的空间后方交会[J]. 武汉大学学报：信息科学版，2010，35(2)：201 - 204.

[72] 左志权，等. DSM 辅助下城区大比例尺正射影像镶嵌线智能检测[J]. 测绘学报，2011，40(1)：84 - 89.

[73] 谢文寒，周国清. 城市大比例尺真正射影像阴影与遮挡问题的研究[J]. 测绘学报，2010，39(1)：52 - 58.

[74] 范永弘，等. 基于 DSM 的遥感图像拼接线自动生成技术[J]. 测绘科学技术学报，2011，28(1)：33 - 36.

[75] 潘俊，王密，李德仁. 接缝线网络的自动生成及优化方法[J]. 测绘学报，2010，39(3)：289 - 294.

[76] 钟成，等. 真正射影像生成的多边形反演成像遮蔽检测方法[J]. 测绘学报，2010，39 (1)：59 - 64.

[77] 王峰，吴云东. 无人机遥感平台技术研究与应用[J]. 遥感信息，2010，(2)：114 - 118.

[78] 杨瑞奇，孙健，张勇. 基于无人机数字航摄系统的快速测绘[J]. 遥感信息，2010，(3)：108 - 111.

[79] 杨朝辉. 基于直线约束的非量测数码相机标定[J]. 遥感信息，2010，(5)：76 - 79.

[80] 张雅楠，李浩，王玮. 多摄站普通数码影像两种量测算法的比较[J]. 遥感信息，2010 (5)：72 - 75.

[81] 王美珍，等. 基于交比的单幅图像平面几何信息提取算法[J]. 武汉大学学报：信息科学版，2011，36(2)：190 - 194.

[82] 欧建良，等. 地面移动测量近景影像的建筑物道路特征线段自动分类研究[J]. 武汉大学学报：信息科学版，2011，36(1)：60 - 65.

[83] 冯其强，等. 基于核面约束的近景摄影测量影像人工标志点匹配方法[J]. 武汉大学学报：信息科学版，2010，35(8)：979 - 982.

[84] 李畅，等. 面向街景立面三维重建的近景影像直线匹配方法研究[J]. 武汉大学学报：信息科学版，2010，35(12)：1461 - 1465.

[85] 刘亚文，关振. 街景建筑物立面纹理遮挡恢复方法研究[J]. 武汉大学学报：信息科学版，2010，35(12)：1457 - 1460.

[86] 袁修孝，吴颖丹. 缺少控制点的星载 SAR 遥感影像对地目标定位[J]. 武汉大学学报(信息科学版)，2010，35(1)：88 - 91.

[87] 陈尔学，等. 三颗高分辨率星载 SAR 的定位模型构建及其定位精度评价[J]. 遥感信息，2010 (2)：43 - 48.

[88] 陈尔学,等.星载 SAR 地形辐射校正模型及其效果评价[J].武汉大学学报:信息科学版,2010, 35(3):322-327.
[89] 张婷,张鹏飞,曾琪明.SAR 定标中角反射器的研究[J].遥感信息,2010,(3):38-42.
[90] 靳国旺,等.一种机载双天线 InSAR 干涉参数定标新方法[J].测绘学报,2010,39 (1):76-81.
[91] 张薇,向茂生,吴一戎.利用控制点三维信息标定机载双天线干涉 SAR 参数[J].测绘学报,2010,39 (4):370-377.
[92] 江国焰,等.利用两种 z 变换算法的 PS-DInSAR 相位解缠与等价性证明[J].武汉大学学报:信息科学版,2011, 36(3):338-341.
[93] 钟何平,等.利用量化质量图和优先队列的快速相位解缠算法[J].武汉大学学报:信息科学版, 2011, 36(3):342-345.
[94] 刘子龙,蔡斌,董臻.基于局部频率和多网格技术的 InSAR 相位解缠算法[J].测绘学报.2010,39 (1):82-87.
[95] 于波,张杰,宋平舰.均值平移算法用于 SAR 影像斑点噪声抑制的评价[J].遥感信息.2010,(1):7-12.
[96] 黄海燕,王瑛.一种改进的 SAR 图像 LEE 滤波算法[J].遥感信息,2010,(5):26-29.
[97] 刘梦玲,等.基于 pLSA 和 Topo-MRF 模型的 SAR 图像分类算法研究[J].武汉大学学报:信息科学版,2011, 36(1):122-125.
[98] 杨杰,郎丰铠,李德仁.一种利用 Cloude_Pottier 分解和极化白化滤波的全极化 SAR 图像分类算法[J].武汉大学学报:信息科学版,2011, 36(1):104-107.
[99] 张中山,等.基于粒子群算法的全极化 SAR 图像非监督分类算法研究[J].武汉大学学报:信息科学版,2010, 35(8):941-945.
[100] 杨露菁,王德石,李煜.利用边界链编码和 HMM 进行 SAR 图像阴影建模和分类[J].武汉大学学报:信息科学版,2010, 35(2):215-218.
[101] 黄世奇,等.基于小波变换的多时相 SAR 图像变化检测技术[J].测绘学报,2010,39 (2):180-186.
[102] 殷硕文,邵芸.基于地形匹配的 InSAR 地形变化检测方法研究[J].武汉大学学报:信息科学版, 2010, 35(1):118-121.
[103] 郝容,战鹰,曹将兵.COSMO 雷达数据在多云多雾地区土地变化监测研究[J].遥感信息,2010, (5):40-43.
[104] 邵芸,等.青海玉树地震差分干涉雷达同震形变测量[J].遥感学报,2010, 14(5):1034-1037.
[105] 蒋廷臣,李陶,刘经南.星载宽幅雷达干涉监测大范围地震形变技术研究[J].武汉大学学报:信息科学版,2011, 36(4):490-494.
[106] 张艳梅,程晓.昆仑山口西 8.1 级大地震震后库赛湖地区多时相 InSAR 地表形变遥感探测[J].遥感信息,2010,(2):65-68.
[107] 杨浩,等.基于模板搜索的高分辨率 SAR 图像机场提取方法[J].遥感信息,2010,(2):30-35.
[108] 郭经,等.基于多尺度静态小波分解的改进型 CFAR 船只检测算法[J].遥感信息,2010, (2):73-78.
[109] 陈鹏,刘仁义,黄韦艮.SAR 图像复合分布船只检测模型[J].遥感学报,2010,14(3):552-557.
[110] 吴樊,等.基于空间信息的 SAR 图像船只交通监测方法[J].遥感信息,2010,(5):15-20.
[111] 邹亚荣,卢青,邹斌.基于 SAR 后向散射的海上溢油检测研究[J].遥感信息,2010 (4):76-79.
[112] 宦若虹,杨汝良.多方位角图像决策融合的 SAR 目标识别[J].遥感学报,2010,14(2):257-261.
[113] 刘爱平,等.一种有效的高分辨率 SAR 目标特征提取与识别方法[J].武汉大学学报信息科学版, 2010, 35(8):946-950.

[114] 隋立春,等.基于改进的数学形态学算法的 LiDAR 点云数据滤波[J].测绘学报,2010,39 (4):390 - 396.

[115] 杨应,苏国中,周梅.茂密植被区域 LiDAR 点云数据滤波方法研究[J].遥感信息,2010,(6):9 - 13.

[116] 沈晶,刘纪平,林祥国.用形态学重建方法进行机载 LiDAR 数据滤波[J].武汉大学学报:信息科学版,2011, 36(2):167 - 175.

[117] 王明华,等.机载 LiDAR 数据滤波预处理方法研究[J].武汉大学学报:信息科学版,2011, 35(2):224 - 227.

[118] 李国元,杨应,苏国中.LIDAR 点云支持的 CCD 影像地理编码[J].遥感信息,2010,(6):59 - 62.

[119] 孙杰,马洪超,汤璇.机载 LiDAR 正射影像镶嵌线智能优化研究[J].武汉大学学报:信息科学版,2011, 36(3):325 - 328.

[120] 张永军,等.基于 LiDAR 数据和航空影像的水体自动提取[J].武汉大学学报:信息科学版,2010,35(8):936 - 940.

[121] 王宗跃,等.基于 LiDAR 点云数据的水体轮廓线提取方法研究[J].武汉大学学报:信息科学版,2010, 35(4):432 - 435.

[122] 王宗跃,等.基于 LiDAR 数据生成光滑等高线[J].武汉大学学报:信息科学版,2010, 35(11):1318 - 1321.

[123] 李云帆,等.顾及地形特征的机载 LiDAR 数据桥梁提取算法研究[J].武汉大学学报:信息科学版,2011, 36(5):552 - 555.

[124] 曾齐红,等.机载 LiDAR 点云数据的建筑物重建研究[J].武汉大学学报:信息科学版,2011, 36(3):321 - 327.

[125] 杨必胜,等.面向车载激光扫描点云快速分类的点云特征图像生成方法[J].测绘学报,2010,39(5):540 - 545.

[126] 程效军,李巧丽.一种基于非均匀网格的点云数据缩减算法[J].遥感信息,2011,(2):102 - 105.

[127] 吴杭彬.融合航空影像的机载激光扫描数据分类与特征提取[J].测绘学报,2011, 40(1):540 - 545.

[128] 杨应,苏国中,周梅.影像分类信息支持的 LiDAR 点云数据滤波方法研究[J].武汉大学学报:信息科学版,2010, 35(12):1453 - 1456.

[129] 黄登山,等.基于 a'trous 小波与广义 HIS 变换的 SAR 与多光谱影像融合[J].遥感信息,2011,(1):9 - 13.

[130] 李雨谦,皮亦鸣,王金峰.基于水平集的 SAR 图像与光学图像的配准[J].测绘学报,2010,39(3):276 - 282.

[131] 王瑞瑞,等.结合空间辅助面特征的区域自动配准[J].遥感学报,2010,14(3):454 - 459.

撰稿人:单　杰　刘良明　徐景中

地图制图与GIS发展研究

地图学与地理信息技术的发展，经历了从传统地图学到数字化地图学并进一步向信息化地图学发展的过程，取得了令世人瞩目的成绩。

本文结合近年来地图学与地理信息技术的发展，从现代地图学理论、数字地图制图技术、地理信息系统技术、地理信息基础框架建立与更新、地理信息应用与服务、地图和地图集制作与出版、移动地图与互联网地图七个方面总结了地图学与地理信息技术取得的巨大成就，同时就地图学与地理信息技术今后的发展进行了展望。

一、现代地图学理论

地图学理论研究是地图学与地理信息系统发展的主线之一，特别是在技术和方法高度发展的今天，理论对于技术的发展和应用模式的拓展的作用开始显现，体现为对学科技术和方法的知识总结和引领，越来越多的学者开始重新关注理论问题。

1. 地图学与地理信息技术理论体系架构

随着地图学与信息科学结合的不断深化，地图学与地理信息技术理论体系的建立被提上了议事日程。王家耀[1]针对目前地图学与地理信息技术领域存在的问题及信息化建设的需求，提出了本学科领域研究的六大热点问题，即异构地理空间数据同化、面向用户的地理信息深加工、地理信息服务网格化、空间数据综合智能化、地理信息系统与虚拟地理环境的集成和一体化、多模式(MAP、GIS、VGE)时空综合认知模型，最终提出了以多模式时空综合认知为核心的地图视觉感受论、地图模型论、地图语言学、地理本体论将构成地图学与地理信息技术的理论体系。刘高焕[2]从地理信息系统的概念、结构与功能，从图形数据管理、数据挖掘、空间分析到地理现象或实体空间分布格局、时间演化过程、系统界面间耦合模式及系统间的相互作用分析，再到地球系统模拟的发展历程，回顾分析了我国地理信息系统事业的学术理念、战略思想与科学体系，从中领悟地理信息系统的多维动态、区域综合、系统耦合、过程集成的研究体系，形成了面向地球系统模拟为最终目标的理论框架。

2. 地理信息科学理论与方法论

地理信息科学的提出源于地图学特别是理论地图学的发展，意在研究地理信息系统设计及应用的支撑性理论和方法论。地理信息科学理论和方法论的研究涉及了地图学与地理信息系统的一些基本问题，有望成为独立于飞速发展的信息技术的一个抽象和概念化的研究领域。

齐清文等[3]结合本学科的时代需求和国家前瞻布局，对于地理信息科学理论问题开展了研究，认为地理信息科学是地理学的一个分支，其方法论研究受到科学哲学和地理学方法论的指导，同时也从大量的学科研究成果和工程项目案例中总结和归纳而来。进而提出了地理信息科学方法论的哲学观和实用观，阐述了研究中应该处理好的六个关系，建立了方法论的结构体系，由地理信息本体论、六个科学方法和七种技术方法组成。

崔铁军等[4]从地理学、测绘学和信息学理论视角凝练出地理空间和时空基准、空间认知、地理信息传输过程、地理信息计算机表达、空间数据可视化与尺度、尺度分级规律以及地理数据不确定性等理论作为地理信息科学的基础理论。

3. 经典地图学理论的演进

经典的地图学理论是地图学与地理信息系统一切理论体系建立的基石，是本领域长期理论研究的固化成果。然而，关于这些理论随着地图制作和使用活动的深入所产生的演进并没有停止，在经典地图学理论的基础上结合技术和应用发展所进行的深入研究没有停止。

杜清运[5]从理论的抽象性、思辨性出发，结合人类哲学发展的三个主要阶段，提出了基于哲学主线的理论地图学和地理信息科学框架，其中以本体论、认识论和语言学理论为其核心理论，分别代表人对于存在和真实世界本身、人们的认识能力和知识系统到人们对于认识结果的表达和传输关注点的转移，认为该哲学主线对于形成理论地图学和地理信息性科学的学科范式具有重要意义。

4. 地图学与地理信息工程实践中的理论问题

随着地图学与地理信息工程实践的发展，特别是技术和应用模式的日臻成熟和完善，隐含在技术应用和实践中的理论问题逐渐引起了学术界的重视，将传统的理论和新的实践环境相结合，形成近年来地图学与地理信息工程理论研究的主流特点。该领域的研究受到模型理论、传输理论、认知理论及符号理论的启发，进而在新的数字环境下加以扩展和深入探讨。从地理信息工程的观点来看，它们主要涉及空间数据模型、人机交互模式、空间信息可视化等环节。

(1)空间模型理论

空间数据模型是地理信息工程的核心问题，它既涉及真实世界本身，又与人对于世界的认识密切相关，如何在数字世界表达真实世界及其认识是空间信息建模的基本问题，一直为理论界所关心，导致了近年来地理本体理论的发展。郭仁忠等[6]结合数字地理空间框架建设中的数据体系建设问题，全面分析了其科学内涵和发展特征，指出数字地理空间框架是现代条件下测绘成果的新体系，需要从信息社会的历史背景和测绘转型的战略高度去认识、规划和实施，并进而从物质、能量和信息关系理论的高度提出并阐明了地理信息资源和数据体系立方体概念。

三维和动态信息的加入是空间数据模型的重要进展，虚拟地理环境则是包括真实世界全方位信息表达与分析活动的集成平台，数字地球和智慧地球概念的提出将数字世界中对于真实世界的认知和表达提升到一个新的高度。李德仁等[7]从传感器网络和物联网基础设施的出现探讨了从数字地球到智慧地球的发展前景，蔡畅等[8]、江南等[9]、刘芳等[10]分别在研究认知理论和符号理论中将多维地理数据建模及虚拟地理环节纳入到研究的参照背景。

(2)空间认知理论

认知理论一向是理论界关注的问题，它涉及人与地理空间本身及其各类表达的交互过程中产生的认识论问题，空间认知理论的研究和发展对于更好地认识、表达世界直至更好地理解诸如地图和地理信息系统等信息产品具有重要意义。

蔡畅等[8]认为扩展人类的空间认知手段和范围是三维地图的本质目的所在，其定义应根据其是否具备超二维的感知效果来确定，而三维地图的设计原则也应从三维感受效果和新的符号视觉变量体系考虑，同时充分利用二维地图信息的辅助作用。

刘芳[10,11]认为虚拟地理环境是一种新的空间认知工具，其多感觉通道拓展了人的空间认知手段，为没有地图和地理信息系统使用经验的用户提供了一种有效的复杂信息表示方法，并从更深的层次上改变了人的空间思维方式，使得人的空间思维方式由原来的形象思维为主转变为抽象思维与形象思维并重，极大地提高了人的空间认知能力。

(3)地图传输理论

地图传输也是地图学的经典理论之一，近年来研究相对较少。

高博[12]以基于位置的服务为背景探讨了传输理论的扩展问题。提出 LBS 用户所处的环境以及对空间信息的使用方式均与传统的地图有较大的差别，在分析 LBS 系统特点的基础上，指出传统的 Kolacny 地图传输模型应用的局限性，提出了基于位置服务系统中的空间信息传输模型。

(4)地图符号理论

地图设计以及地理信息系统人机交互设计是建立空间信息传输通道的重要环节，对于提高地图表达质量、增强空间认知工效和扩展空间传输通道有十分重要的意义，因而从传统的地图设计中的符号理论延伸至计算机环境下的地图表达和交互模式，一直是地图学和地理信息工程理论关注的中心问题。

张金禄[14]等在自适应空间信息可视化系统理论成果的基础上，总结了自适应地图符号模型设计的原则，提出树结构的自适应地图符号模型，设计了以树结构符号模型为核心的自适应地图符号系统模块，以及该模块和自适应空间信息可视化系统的其他模块间的接口。

江南等[9]根据动画地图的特点，考虑动画地图的空间认知特性，提出了感知变量这一新概念，将传统动画地图设计中常用的视觉变量进行拓展，并对感知变量的分类进行了阐述，指出听觉变量和触觉变量等具有较好的辅助作用。

李伟[13]等进一步研究了听觉通道在空间信息表达和传输中的作用，解析了听觉多维感知体系，讨论了可听化在地理信息表达中的关键特征，对地理信息可听化的应用现状及前景进行了分类探讨。

当然，以上四个方面只是近年来地图学与地理信息工程领域理论研究发展的一个缩影，体现了在技术和应用高度发展的今天人们对于理论和方法论的重新关注和再认识。理论对于一个学科的重要性是不言而喻的，要建立一个能够同时具有解释和预测功能的完备理论和方法论体系还需要进一步努力和坚持，需要更多学者的加入。

二、数字地图制图技术

1. 数字地图制图技术更加趋于成熟和完善

目前，我国已经实现了地图制图的数字化与一体化，实现了由传统手工制图向数字制图的转变。数字地图制图技术朝着更加深入的方向发展，数字地图制图的自动化、智能化水平有所提升。数字地图制图的工作重点已经从数字地图和纸质地图的生产向基础地理信息的持续更新转移，增量更新、级联更新成为研究的热点和难点问题。地理空间数据同化为数字地图制图中多源数据综合利用提供了新的解决方案，有力地提高多源数据综合利用的质量。制图综合技术继续朝前发展，诞生了一批先进的研究成果，已经在我国1∶50万、1∶100万地形图的生产和更新中得到应用和检验，有力地保障了生产的顺利实施。空间数据质量控制与检查技术日趋完善，确保了所生产的地理空间数据的质量。专题地图制图、应急保障地图制图成为数字地图制图研究的新热点。数字水印技术研究不断深入发展，矢量地图数字水印、DEM数字水印以及数字水印的数据质量评价等问题均有所突破。

2. 基础地理信息的持续更新已成为数字地图制图研究的热点与难点

目前，我国已经构建了1∶500万世界地图数据库，1:300万中国及周边数据库，1∶100万、1∶50万、1∶25万、1∶5万基础地理空间数据库，各种比例尺的海洋数据库和航空图数据库，各个省、自治区、直辖市则建立了更大比例尺的空间数据库。这些空间数据库的建立，为我国社会经济建设的发展作出了重要贡献，但也逐渐暴露出空间数据现势性不高，数据“老化”现象严重等问题，已不能适应和满足我国社会经济建设快速发展的需要。基础地理信息持续更新是确保空间数据现势性和精度的有效手段，目前广泛使用的版本式更新、定期更新存在着更新周期长、现势性不高、数据冗余等问题。增量更新、级联更新是目前该领域研究的热点与难点[15]。

增量更新是指变化（图形或语义变化）一经发生、发现、测定，空间数据库便更新其数据库内容，保存变化信息，而且更新后的数据能够不断传递给用户使用的一种理想的更新方式。增量更新包括地理要素变化的发现与提取、主数据库更新和用户数据库更新三个阶段。研究的主要进展包括：遥感影像与矢量化地图数据的自动配准；基于矢量数据和遥感影像的地理要素变化信息的自动检测和提取；数据库更新中空间冲突的自动检测；基于事件的时空数据库增量更新技术。

张剑清[16]等利用新遥感影像和同一比例尺旧矢量地图中的居民地数据，针对遥感影像上居民地构成的不规则性所表现出来的特点，采用一种基于统计纹理特征分析和区域生长的方法检测居民地扩张变化。潘励、王华[17]提出在新正射影像与旧矢量数据配准的基础上，把已有的居民地范围作为样本区域，利用Law的能量模板和纹理谱进行影像分割，提取新的居民地边界，运用空间分析的方法自动检测出居民地的6种变化形态。张剑清等将水系分为主干河流、湖泊和支流水系网。对主干河流采用“模式分类、区域生长、形态学处理、边缘提取、缓冲区检测”的流程，对湖泊采用“区域生长、形态学处理、多边形面积相减”的处理，对支流水系网采用“金字塔分解和多尺度模板匹配、Ziplock Snakes模型优化、缓冲区检测”的策略来检测水系的变化。周晓光、陈军等[18]提出了一种时空数据自动化（或半自动化）的更新方法——基于事件的时空数据库增量更新方法（Event - based Incremental Updating，E—BIU）。其以地理事件、空间实体变化类型及时空数据库动态操作算子间关系为基础，通过地理空间变化事件来确定单一实体变化类型，然后通过单一实体变化类型与动态操作算子之间的关系来确定更新操作以实现时空数据库更新的自动化(或半自动化)。

级联更新即多比例尺空间数据库联动更新。目前空间数据库采用的是单一比例尺单独存储、单独管理的方式,因此同一地理实体可能存在多个比例尺的不同表达,所以在空间数据库更新过程中会出现数据的不一致性的问题。多比例尺空间数据库联动更新就是在解决某个比例尺下的数据更新问题的同时解决多个比例尺数据之间的联动更新,从而保证数据的正确性和一致性。傅仲良,吴建华[19]提出了基于 CHT_EUR 空间数据库模型的多比例尺空间数据库更新方案。该方案通过空间要素匹配和属性对比,对发生变更的数据进行自动识别,并且能通过基于地理对象构建的关联关系实现多尺度空间数据的联动更新。

3. 地理空间数据同化是提高多源数据整合质量与效率的有效手段

目前由于空间数据获取的时空基准、数据模型、相关标准、方式方法的不同,造成了地理空间数据在基准、尺度、时态、语义、精度等方面存在不一致,使得获取的地理空间数据不能够得到有效利用。在此背景下,地理空间数据同化的概念被提出。地理空间数据同化,主要是指将不同空间基准、不同尺度、不同时态、不同语义等地理空间数据统一到一个标准(基准、尺度、时态、语义)下,得到同一个体系下的地理空间数据[28]。主要包括:不同数学基础地理空间数据同化、不同语义的地理空间数据的同化、不同时态地理空间数据同化、不同尺度地理空间数据同化以及多源统计数据与地理空间数据的融合与同化。

在具体应用方面,安晓亚、孙群等研究了面向空间数据更新的地理空间数据同化的基本思想、概念与方法[20,21]。如文献[20]认为,地理空间数据同化体现了"组合"和"优化"的思想。与单一的某一数据或某一模型相比,同化的结果都能更准确地表达客观世界。既包括数学模型与观测数据之间的组合与优化,又包括数据与数据之间的组合与优化或者数学模型与数学模型之间的组合与优化。地理空间数据同化的本质是将各种数学模型和数据源有效地结合起来,最终使新的数据能够更加准确地表达客观实体。文献[21]还将数据同化中最常见的最优插值方法应用于空间数据几何信息的合并中,通过实验证明,数据同化方法可以不断吸收不同精度的新数据源来提高数据质量,而且数学模型简单,每当有新数据插入,仅仅更新数学模型中的相关参数即可。综上,地理空间数据同化的引入与提出,不但可以提高对多源空间数据整合利用的效率,而且可以提高最终的空间数据质量。

4. 制图综合研究取得了实质性进展

作为地图学与地理信息工程学科最具挑战性和创造性的研究领域,地图制图综合研究历来受到国内外学者的高度关注。我国于 20 个世纪 50～60 年代系统研究制图综合的基本理论、方法及具体应用,70 年代研究用数理统计方法确定制图综合指标,90 年代重点研究制图综合的模型和算法、人机协同与专家系统以及相互关系处理。进入 21 世纪以来,着重研究基于模型、算法和知识的全要素、全过程的自动制图综合,特别是致力于制图综合智能化、基于综合链的自动综合过程控制与质量评估,取得了实质性、突破性进展。经过数十年的研究,实现了由把地图综合作为"主观过程"到把地图综合作为"客观的科学方法"、由制图综合的定性描述到定量描述、由地图模型到基于模型、算法和知识的自动制图综合、由追求制图综合的全自动化到人机协同、由单要素的自动综合试验到把自动综合作为一个整体的过程控制和保质设计的深刻转变，构建了空间数据自动综合的理论、方法与技术体系，取得了一批具有国际先进水平的研究成果，为计算机模拟人在制图综合过程中的思维方式创造了十分有利的条件，比较客观和正确地反映了人和计算机处理地图信息的工作特点，实现最佳人机协同。自动制图综合研究取得的成果，为实现利用大比例尺数字地图数据生产较小比例尺地图、基于大比例尺基础数据库自动派生多尺度空间数据库及其一体化更新、地理信息系统中空间数据的多尺度表达、空间数据仓库的构建等，奠定了坚实的理论、方法和技术基础。

5. 空间数据挖掘与知识发现开始由理论研究走向实用

空间数据挖掘与知识发现(spatial data mining and knowledge discovery，SDMKD)，是指从海量空间数据集中识别或提取出有效的、新颖的、潜在有用的、最终可理解的模式(知识)的非平凡过程。在传统地图应用和分析中，是通过人们的视觉读图和简单的量算获取对地理环境知识和规律的认识，这样在很大程度上受人的知识与经验和量算工具与方法的限制，而 GIS 中的空间分析仍主要以图形操作为主，隐藏在海量空间数据中的许多有用的信息、知识的提取和发现方面的功能仍相对薄弱，因此，SDMKD 是传统地图应用和分析在数字地图环境下的发展，是 GIS 空间分析功能的拓展、延伸和深化，适应了信息化时代地图学着重点由信息获取一端向信息深加工一端飘移的趋势和需要。我国开展 SDMKD 研究只是近 10 年的事，但 20 世纪 80 年代至 90 年代开展的制图数据处理模型方法和空间分析的研究，提出“数据预处理——数字模型的设计与建立——数据处理——地图模型的设计与建立——地图模型的解释与应用”基本模式，可以看做是 SDMKD 研究的初级成果。20 世纪 90 年代末特别是进人 21 世纪以来，SDMKD 研究表现出如下特点：①取得了一批理论成果，其中有代表性的是《空间数据挖掘与应用》。该书就空间数据清理，空间数据挖掘可用的理论方法，图像纹理的空间统计分析理论，云模型、数据场、基于概念格的空间数据挖掘，基于归纳学习和粗集的空间数据挖掘，空间聚类知识挖掘，基于空间统计学的图像挖掘等，进行了深入讨论，同时介绍了空间数据挖掘系统研发情况。②将空间分析、空间数据挖掘与知识发现相结合，拓展了 SDMKD 研究的视角，既发挥了 GIS 的空间数据管理与处理的优势，又丰富了 GIS 的功能。③空间数据挖掘与知识发现研究日趋实用化，取得了一些应用性成果，其中最具有代表性的成果是将空间数据挖掘技术用于区域土地利用与管理的数据整合、分析、评价及优化决策支持。

6. 空间数据安全与数字水印

地理空间数据安全问题涉及国家安全、科技交流、知识产权保护、数据共享等方面，是地理数据相关领域又一研究和发展的问题。目前网络化、数字化时代，地理空间数据在获取、访问、传播、复制等方面更为便捷，导致违法、侵权行为屡禁不止，地理空间数据的安全性问题更加突出。传统的信息安全技术主要是加密技术，但密码一旦被破译，数据就会失控，数据安全就得不到保护。因此，发展新的安全技术弥补传统加密技术的不足十分必要[22]。

数字水印是信息安全领域中发展起来的前沿技术，它将水印信息与载体数据紧密结合并隐藏其中，成为载体数据不可分离的一部分，由此来确定版权拥有者，跟踪侵权行为，认证数字内容真实性，提供关于数字内容的其他附加信息等。数字水印技术广泛应用于数字图像领域，如栅格地图数字水印，近年来，矢量地图数字水印、DEM 水印也有广泛应用。朱长青[23]等，基于矢量地图数据特点，提出一种抗数据压缩的矢量地图数据数字水印算法。即在嵌入水印信息之前对数据进行道格拉斯—普克法压缩，然后在特征点中嵌入水印信息。王志伟[24]等提出一种新的基于坡度分析的 DEM 数字水印算法。杨成松[25]等通过对全盲水印特点的分析，提出将文字按照字符编码方式直接转化为二进制位的水印信息生成方式。基于矢量地理数据的空间定位特性，研究了水印嵌入与提取中坐标映射机制和映射函数构造原则。利用提出的水印生成和坐标映射方法，建立了一种矢量地理空间数据全盲水印算法。

三、地理信息系统技术

1. 空间数据获取与集成

胡鹏(2009)在讨论高程准确性、高程正确性、高程特征保持性和模型概念的基础上，分析了 DEM 机械建模生成中的理论和实践局限，提出了特征建模目标和数字综合途径，论述了 DEM 数字综合原理，并给出了 1∶5 万和 1:1 万两种 DEM 系列综合例图。雷小奇(2009)提出一种基于局部灰度一致性的图像分割方法并结合形状特征进行道路提取的方法。该方法首先对图像进行分割，对分割结果使用形状特征进行道路段的选择，可以获取直线和曲线道路段，克服了许多方法只能提取直线道路段的缺点，然后在确定的道路段上选择种子点进行区域增长，从而实现自动选取种子点并提取道路网的过程，最后结合边缘信息和形态学方法规整化道路网。程亮(2010) 集成高分辨率多视航空影像与 LiDAR 数据，以“轮廓提取-3 维轮廓生成-3 维模型重建”为主要框架，提出一种多视轮廓与 LiDAR 数据集成的 3 维轮廓线生成方法、LiDAR 数据支撑下改进的分割—合并—成型算法，形成一套新的、系统的 3 维建筑物模型重建技术方案。张金区(2010)以中国社会经济统计数据、国家基础地理行政区划矢量数据为例，并结合 ESRI 和 Google 的全球地图与影像服务，采用在线虚拟整合的方法，探讨了面向服务的地学多源数据集成方案及其可视化分析，以期达到快速的知识发现与信息获取。

2. 时空数据组织与管理

赵彬彬(2009)从 GIS 空间表达的角度，较为系统地分析了空间目标位置、语义以及空间目标间关系的层次表达方法，并给出了一个应用实例对层次方法加以分析验证。周芹(2009)提出了适用于客户端模式空间数据库引擎并发控制的空间索引结构——CQR 树，将静态 R 树与四叉树相结合，采用四叉树编码与空间对象绑定的方式管理被编辑过的对象，仅在删除叶子结点包中的对象时对相关索引包加锁，缩短系统响应时间。陈占龙(2009)提出了分布式空间结构化查询语言(DGSQL)，设计了 DGSQL 的查询解释器，给出了分布式空间结构化查询语言分解为空间数据节点的 GSQL 的方法，建立了全局空间查询语句到局部查询语句的映射模型，从而支持空间数据的分布式查询，实现了分布式网络环境下的空间数据的关系运算(相等、并、交、差等)、合成运算(几何长度、缓冲区、相交区域等)等各种空间运算。尹双石(2009)提出一系列矢栅一体化查询函数,基于 PostgreSQL/PostGIS 数据库,实现了支持栅格数据存储与组织的扩展数据类型,并对栅格数据类型与 PostGIS 矢量数据一体化查询函数进行了扩展实现。周侗(2010)提出将四叉树嵌入格网形成一种混合式空间索引结构,以略高的存储代价换取了更高的检索、插入和删除效率,适合于空间集聚分布状态的海量地理数据。程承旗(2009,2010)提出了基于全球剖分模型的全球空间信息剖分编码(GeoDNA)模型,并设计了该编码模型的系统架构,试图实现全球空间信息的全息表达。针对现有诸多全球剖分模型与已有空间数据的存储结构严重不匹配现象,为了更有效地管理、组织和利用海量空间数据,设计基于地图分幅拓展的全球剖分模型。

3. 时空分析与建模

张水舰(2009)以点集拓扑学基本理论为基础,定义了空间线目标的端点、内部、边界等概念,在此基础上提出了一种描述空间线目标间拓扑关系完善的形式化模型 New 9 交模型,提出 5 条取值规则以排除模型描述的拓扑关系中没有意义的类型,并在此基础上总结出了空间线目标间拓扑关系的最小集,定义了 6 种线目标间的基本拓扑关系,证明了此最小集的互斥性与完备性。吴正升(2009)提出了一种集成的时空数据模型:静态和时态的集成,矢量和栅格的集成,拓扑和非拓扑的集成,几何和属性的集成,离散和连续的集成,设计和开发了相应的原型系统,并以图斑数据、车辆轨迹数据以及气象卫星云图为例验证了模型的合理性和可行性。孙海(2009)以数字高程模型(DEM)为基础,结合水流扩散的基本原理,设计出一种新的"环形"淹没算法。算法充分利用栅格 DEM 数据的特点和 GIS 的优势,将二维分析技术和三维演示平台进行结合,针对小区域范围的洪水演进过程,更精细地模拟出洪水淹没的过程。谢忠(2009)借鉴 GIS 中弧段结点模型的思想,建立描述两多边形集合间裁剪问题的图模型,以解决现有算法实现在处理大数据量裁剪时暴露的问题。模型运用图中定义的顶点和边分别表示结点和弧段,使集合间实体的关联性得以增强,结果区域边界的重组过程得到简化,针对海量数据的存取特性,设计并实现该模型的数据组织方式及其构建算法。刘亚文(2009)采用航空影像、点云数据和矢量图进行房屋的三维重建。该方法从矢量图和三维点云数据提供的房屋高度信息中自动获取房屋模型参数的初始值,利用矢量和影像匹配技术、最小二乘平差算法实现平顶房、人字形简单房屋的自动三维重建。张水舰(2009)提出了基于遗传算法(GA)和 GIS 的动态路径诱导算法。针对动态交通网络的特性,设计了特定个体适应值函数和选择、交叉、变异算子。许林(2010)针对路网中移动对象当前位置的索引更新与查询问题,提出一种集路网几何/拓扑、交叉口转向约束以及移动对象位置的索引模型,探讨基于该模型的查询与更新。通过与 IMORS 索引的比较表明该模型提高了索引更新的效率,支持并加强了 K 邻近等基于网络距离的查询。陆锋(2010)针对车载导航、地图网站等应用中路网要素之间交通关系维护的难题,提出一种支持路网要素交通关系自动化的智能过程模型,将路网要素交通关系自动化过程理解为由路网要素间的空间和语义关系、规则集和控制系统组成的产生式系统。李水旺(2010)研究了多源多通道最短路径问题,给出了道路通道的多边形表示以及多边形内的点应满足的条件,并基于 Dijkstra 算法给出了求解多边形通道内最短路径的一个改进算法。郑年波(2010)利用象形符号扩展的 UML 表示法,设计适用于导航的动态多尺度路网数据模型。刘耀林(2009)提出了基于数据场的空间分析方法,建立了基于定级地价数据场叠加分析的城镇土地定级分析模型。王春(2009)针对常规格网 DEM 地形模拟的失真问题,借鉴面向对象技术,提出了"矢量化模拟,栅格化组织"方法,构建了融合地形场特征与对象特征为一体的特征嵌入式数字高程模型——F—DEM(features preserved—DEM)。薛存金(2010) 根据连续渐变地理实体的内在特性,将其分级抽象为过程对象系列,进一步探讨过程对象及过程对象间逻辑关系,并设计其 UML 模型结构及物理存储结构。通过抽象的过程对象隐式地记录地理实体动态变化机制,及自定义的过程对象存储表提供演变机制的函数接口模式,实现连续渐变地理实体的过程化组织、存储与动态分析。张丰(2010)结合面向对象建模技术,建立符合地籍对象时空拓扑演变规律的时空数据更新模型,实现地籍、土地利用和房屋等地籍要素的联动更新。王浩(2010)提出适合于地形数据和影像数据的缓存机制,以提高网络地理信息服务的交互性能。以瓦片为缓存粒度,论述缓存瓦片索引的设计与效率并对缓存索引的性能进行验证。

4. 地理数据可视化

牛方曲(2009)针对矢量数据多尺度显示中的若干常见关键技术问题进行了讨论,并提出相应的解决方案,同时结合具体的研究实例进行了实验,较好地实现了利用离散尺度模拟无级比例尺显示。岳玉娟(2009)建立了自适应地图可视化系统的自适应用户模型、自适应的数据组织和自适应结构,并利用地图瓦片技术和背景与热点集成技术,实现了地图瓦片的自适应数据组织以及用户模型支持下的地图自适应可视化等基本功能。王同合(2009)提出一种基于模板的嵌入式 GIS 地图符号快速绘制算法,先建立基于模板的地图符号库,在地图符号绘制算法中用查表代替三角函数运算,用定点运算代替浮点运算,使地图显示速度显著提高。王春(2009)利用 DEM 自身解译的地形信息,增强 DEM 地形等高线图、地形晕渲图等地形可视化效果,突出不同地形特征与细节,实现可量测性和直观性为一体的 3 维地形表达,提供用户更为直观、准确的地形认知。吉国杰(2009)针对三维地理空间表达和描述,提出了地理空间三维布景的概念及关键技术,包括插件式软件架构、渲染引擎、数据结构与索引、海量数据调度和三维符号化配置等。吕智涵(2011)研究了多维数据混合的数据模型,支持使用网页浏览器进行三维场景游览与全景漫游,提供了一种基于多维数据的 Web GIS 的解决方案。李伟 (2009)解析了听觉多维感知体系,讨论了可听化在地理信息表达中的关键特征,对地理信息可听化的应用现状及前景进行了分类探讨,最后通过降雨预报专题图的可听化表达加以实例说明。王海鹰 (2010)结合城市元胞自动机(CA)方法和虚拟现实(VR)技术,构建一个基于元胞的 3 维虚拟城市。首先建立基于元胞实体数据结构的城市 CA 模型,用以表示 3 维虚拟城市中建筑物的平面分布状态。通过 CA 模型生成一组城市建筑物的时空分布数据。然后利用 DEM 和 DOM 数据生成一个真实的 3 维地形,建立了不同种类的 3 维建筑模型库。最后通过程序调入城市 3 维建筑模型,根据元胞实体属性将模型布设于 3 维地形的相应位置,生成 3 维虚拟城市。

5. 误差与不确定性

杜红悦 (2009)针对不同地貌类型,对比分析了不同插值方法生成 DEM 的误差,总结分析误差的分布规律，探索了提高 DEM 精度的方法。王俊(2009)提出了利用等高线栅格化方法，逐行扫描原始等高线和重构等高线，并以不同数值分别填充原始等高线与重构等高线区域，研究了基于不规则三角网和规则格网重构等高线的 DEM 精度评估，得出了等高线栅格化时采用的格网间距与 DEM 精度关系，评价 DEM 与实际地形吻合的情况。刘春(2009)利用高斯合成曲面模拟不同的栅格 DEM 地形，研究地形复杂因子与平均高程对 DEM 地形描述精度的影响。利用线性回归方法对模拟结果进行统计分析，得到栅格 DEM 地形描述精度与地形复杂因子和平均高程万之间的线性关系。该结果可以根据地形复杂程度推算 DEM 地形描述精度，而且可为 DEM 生产和误差研究提供可靠的理论依据。王耀革(2009)对增加了服从正态分布的随机误差的数学曲面上 DEM 模型的整体误差与地形、内插方法和原始数据的质量之间关系进行研究，得出不同地形、不同的 DEM 表面模型的整体误差不同，不同的 DEM 模型在不同地形时对原始格网数据误差的敏感程度不同。王明富(2011) 为分析图像压缩过程对遥感图像几何质量的影响，提出一种新的基于图像角点检测的图像几何质量评价方法。

6. 分布式与移动计算

王宗跃(2009)提出了一种分布式的大规模 LiDAR 点云并行快速数据读取方法。采用按空间位置均匀格网划分的数据组织形式，研究了在该组织方式下格网大小、数据分布策略对数据获取速度的影响。李文航(2009)提出了在移动设备上实现数字地球的框架模型，针对移动数字地球对网络流量、计算能力和存储能力的限制，框架增设中间件服务器，由其完成从分布式地理数据服务器集群获取数据并渲染虚拟场景的过程，渲染结果以流媒体为载体反馈给移动设备。张咏新 (2009)提出了将 AJAX 的部分数据动态传输技术和 GIS 改进型四叉树空间数据索引技术相结合的 AJAX BT 模式的 WebGIS 解决方案，提高了 WebGIS 性能。张咏新 (2009)将 Spring 框架引入到 WebGIS 应用系统中，提出了利用 Spring IOC 容器以声明的方式将连接 GIS 服务器的连接对象注入其他 GIS 组件之中，并将 GIS 组件注入 Web 组件之中和应用 Spring AOP 技术完成将客户端的屏幕坐标转化为地图坐标的 GIS 数据预处理。张海涛(2010)将 Mobile SVG 用于移动 GIS 系统中空间信息的表达。在分析空间信息和 SVG 标记之间映射关系的基础上，设计了 SVG 表达的空间信息的生成方法以及利用拉模式的解析与渲染方法。成毅 (2010)介绍了空间信息智能服务的概念以及网格与空间信息智能服务的关系，设计了一种由数据服务节点、功能服务节点、管理节点和门户节点组成的网格空间信息智能服务框架，提出了实现基于网格的空间信息智能服务所涉及的空间数据服务生成、数据服务封装、服务注册、服务组合与工作流建模等关键技术。

四、地理信息基础框架建立与更新

地理空间框架是地理信息数据及其采集、加工、交换、服务所涉及的政策、法规、标准、技术、设施、机制和人力资源的总称，由基础地理信息数据体系、目录与交换体系、公共服务体系、政策法规与标准体系和组织运行体系等构成。其中，基础地理信息数据体系包括测绘基准、基础地理信息数据、面向服务的产品数据、管理系统和支撑环境；目录与交换体系包括目录与元数据、专题数据、交换管理系统和支撑环境；公共服务体系包括离线的地图与数据提供、在线服务系统和支撑环境；政策法规与标准体系和组织运行体系是支撑保障。

地理空间框架分为国家、省区、市(县)三级。数字省区和数字市(县)地理空间框架是数字中国地理空间框架的有机组成部分，与数字中国地理空间框架在总体结构、标准体系、网络体系和运行平台等方面是统一的、密不可分的。地理空间框架应实现国家、省区和市(县)三级之间的纵向联通；数字省区和数字市(县)地理空间框架，还应实现与相邻区域的横向联通。地理信息基础框架的核心就是建立和更新国家、省级和地方的基础地理信息数据库，及时提供现势性好、准确度高、内容完备和易用的基础地理信息，为国民经济和社会信息化建设提供统一的空间定位基础和地理信息公共服务平台，是当前及今后较长时期测绘地理信息部门的一个主要任务。

1. 国家基础地理信息数据库建设与更新取得突破性进展

“九五”和“十五”期间，利用新中国成立以来几十年测绘和编绘的地形图进行数字化，我国相继建成了全国 1∶100 万、1∶25 万和 1∶5 万基础地理信息数据库，同时对少数重要要素进行了更新。建成的这些基础地理信息数据库，有效地缓解了国民经济建设和国防建设对基础地理信息数据的迫切需求，产生了巨大的经济社会效益。但由于受到当时我国经济及技术条件的制约，数据库的内容、精度和现势性存在很多不足，离应用需要存在较大的差距，也只能说是完成了“初始建库”。主要表现在：①西部地区有 200 万 km^2 的区域没有 1∶5 万地形图，只有 20 世纪 70 年代测绘的 1∶10 万地形图；②我国其余 760 万 km^2 范围内，大部分 1∶5 万地形图是在 20 世纪 70～90 年代测绘的，现势性普遍不高，虽然在建库时对一些重要要素进行了更新，但整体现势性依然较差。另外，高于 2.5m 分辨率的正射影像数据覆盖不到全国陆地面积的 1/4，时相普遍在 1995—2003 年。

“十一五”期间，国家测绘地理信息局组织实施了国家 1∶5 万基础地理信息数据库更新工程、西部 1∶5 万地形图空白区测绘工程。通过两个工程的实施，完成了 1∶5 万数据库的全面更新与建库，以及西部 1∶5 万地形图空白区测图与建库，实现全国 1∶5 万“一张图”的全面覆盖，包括 1∶5 万地形数据库、数字高程模型数据库、正射影像数据库和 1∶5万地形图制图数据库等。同时，对全国 1∶25 万数据库完成了第二全面更新。

(1)实现我国 80%陆地国土 1∶5 万基础地理数据库全面更新

从 2006 年到 2011 年上半年共 5 年多时间，国家测绘地理信息局组织实施了国家 1∶5万基础地理数据库更新工程，完成了我国 80%陆地面积 1∶5 万基础地理数据库的全面更新，包括 1∶5 万地形要素数据(DLG)、1m 或 2.5m 正射影像数据(DOM)以及 1∶5万数字高程模型(DEM)的更新等；更新版 1∶5 万地形图制图数据生产计划在年内完成。更新后的 1∶5 万数据库，无论是数据内容还是现势性都得到全面的提升。

利用航空或遥感影像数据，更新生产全区范围内 1m 或 2.5m 分辨率高精度 DOM 数据，影像时相全部达到 2005 年后，其中 80%达到 2007 年后。生产 DOM 的像控点，大部分采用野外实测，或从 1∶1 万地形图及车载 GPS 采集的道路数据中获取。经过检测，DOM 数据的定位精度全部达到或优于 1∶5 万地形图要求。

1∶5 万 DLG 数据更新主要采用综合判调更新、1∶1 万数据缩编更新及地形图数字化内业更新等三种方法。对 1∶1 万数据符合更新要求的区域,优先采用缩编更新;有近年新测或更新过的 1∶5 万地形图区域,通过收集现势资料并参照新的 DOM 进行内业更新;其他区域全部采用基于 DOM 数据的内外业综合判调更新。更新后的 1∶5 万 DLG 数据,包含水系、居民地、交通、境界、地貌、土质植被、管线、控制点、各种设施等要素内容,要素分类数量比原来增加 3 倍多,数据层从 14 层增加到 34 层,内容更加丰富和详细,实现从核心数据库到全要素数据库的跃迁,现势性达到 2006—2010 年。

1∶5 万 DEM 数据更新是对已更新的 DLG 等高线数据进行内插生成。1∶1 万数据缩编更新以及采用 1∶5 万地形图数字化内业更新的区域,对 1∶5 万等高线及地貌数据进行了全面更新;在综合判调过程中,对局部地貌发生变化的区域的等高线要素等也进行了修测、调整和更新。更新后的 1∶5 万 DEM 数据质量得以进一步优化完善。

更新版 1∶5 万地形图制图数据的生产,是通过建成的 1∶5 万地形数据库驱动,快速生成与地形数据库一体的制图数据库,实现同步管理和更新,并可以输出印刷。

(2)实现西部 1∶5 万地形图空白区测图与基础地理数据库建库

2006 年至 2011 年上半年 5 年多时间,为满足国家西部开发战略的需要,国家测绘地理信息局组织实施了国家西部 1∶5 万地形图空白区测图工程。针对西部地区特殊的自然地理环境,主要采用大规模卫星遥感立体影像数字化测图,以及大范围稀少控制点卫星影像整体区域网平差,减少野外工作量等技术方法进行测图,同时对采用干涉 SAR 测图技术实现多云雾高山区地形图测图进行了研究探索。完成了西部地区 200 万 km^2 范围内的 1∶5 万地形图测绘及基础地理数据库建库,包括 1∶5 万地形数据库(DLG)、数字高程模型(DEM)、2.5m 分辨率数字正射影像数据库(DOM)、1∶5 万数字栅格图(DRG)以及地表覆盖等专题数据库,制作印刷了 1∶5 万地形图。

(3)完成对全国 1∶25 万数据库第二次全面更新

1998 年建成的全国 1∶25 万基础地理数据库,在 2002 年进行了首次全面更新,当时主要是利用收集的现势资料和 TM 卫星影像进行更新。改革开放以来,我国经济建设一直快速发展,地形地物随之发生了较大的变化,基础地理信息如不及时更新,其现势性难以满足应用需要。为此,在 2008 年又对全国 1∶25 万数据库进行了第二次全面更新。这次更新,利用了 2006 年建成的 1∶5 万核心要素数据库作为信息源,其全国行政地名数据通过实地核查进行了更新,县乡以上的公路采用 GPS 采集更新,其他要素也参照 SPOT 卫星影像数据进行了更新。同时,还另外收集利用了新的卫星影像、SRTM 数据以及水利、交通、国土和勘界等专业资料。更新后的 1∶25 万数据库,现势性大幅提高至 2008 年,补充增加了土质植被要素层,西部地区 DEM 进一步得以精化。全国 1∶25 万数据库在国家宏观规划和决策中发挥了重要作用。

2. 省级基础地理数据库及数字城市建设与更新全面加速

(1)省级 1∶1 万基础地理数据库建设与更新加速推进

“十一五”初期,全国大部分省和自治区 1∶1 万地形图没有实现全面覆盖,地图的现势性大多为 20 个世纪 80～90 年代。1∶1 万基础地理数据的规模化生产与建库刚刚起步,大部分省尚处于设计与生产试验阶段,大规模开展的只有少数几个省。同时受到当前经济、技术条件及信息获取能力的限制,1∶1 万基础地理数据一般是对已有 1∶1 万地形图进行数字化然后建库。采用这种方法:①生产和建立的数据库现势性比较差;②大多采集核心要素,数据内容和属性不够丰富;③各省之间的标准不完全统一,相互之间存在一定的差异。

近几年来,全国各省、市、自治区测绘地理信息部门加快推进1∶1万基础地理信息的覆盖范围。到2010年底,全国已有45%国土面积实现1∶1万地形图或数据库的覆盖。其中,大部分省份全部或基本实现全覆盖,湖北、宁夏、陕西、云南、黑龙江等省覆盖率超过50%,只有西部个别省份覆盖率不足50%。同时,全国省级1∶1万基础地理信息数据库建设与更新全面开展,只有个别省还未开展1∶1万基础数据生产与建库与更新,有近20个省基本建成省级基础地理数据库,主要包括1∶1万DLG、DEM、DOM等"3D"产品,有一些是包括1∶1万DRG在内的"4D"产品。有近10个省完成了第一轮更新。近几年生产和更新的1∶1万基础地理数据,1∶1万DLG数据全部为全要素,DOM数据多为0.5~2.5m多分辨率正射影像,现势性大幅提高,部分省实现2~3年全面更新1次,重点要素1年至半年更新1次。

(2)"数字城市"地理空间框架建设全面开展

在"数字城市"地理空间框架建设方面,自国家测绘地理信息局2006年启动试点工作以来,取得了显著的进展。到目前为止,已有120多个城市开展了数字城市地理空间框架建设,建成了一批城市的基础地理信息数据库与城市地理信息公共服务平台,实现了地理信息与城市其他经济社会、自然资源和人文信息的互联互通与整合集成应用,促进了信息共享和开发利用。还建成了一批城市交通管理、市政服务、地下管网、公安消防、人口管理、旧城改造、土地管理、应急联动等方面的基于地理空间位置的管理信息系统,在促进科学决策、精细管理、高效服务、节能低碳等方面发挥了积极作用,提高了城市的信息化水平和社会管理水平,方便了人民群众的工作生活。

3. 地理信息基础框架建设与服务的一些关键技术突破

(1)基础地理信息数据库规模化更新技术

通过1∶5万数据库更新工程的实施,对基础地理信息数据库更新的产品模式及指标、技术方法、工艺流程、生产组织方式、质量控制、数据库管理与服务等进行了研究和实践,制定和形成了一系列的技术方案与标准规范,研发了相应的生产和管理软件系统,建立了一套适用于规模化更新工程的技术体系,也为今后持续动态更新奠定基础。

(2)基于网格计算的摄影测量与影像处理技术的应用

我国自主研制了多个基于网格计算的摄影测量与影像处理系统,如DPGrid、PixelGrid、GeoWay—CIPS,解决了稀少控制的高精度区域网平差、大范围数字高程模型自动提取以及数字正射影像快速生产技术,同时全面应用数码航摄及IMU/DGPS、LIDAR等航摄新技术,实现对航空或卫星遥感影像获取DEM和DOM数据的自动化处理,大范围高精度正射影像数据库建设与更新的能力明显增强,也为实施地理国情监测奠定良好基础。

(3)缩编更新技术实现工程化应用

研究解决了数字地图综合技术的工程化应用推广的难题,实现了居民地、道路、水系等手工工作量大的地形地物要素的半自动式人机交互综合选取,建立了利用1∶1万数据库缩编更新 1∶5 万数据库的数据整合、要素选取、综合概括、图形编辑等的生产工艺流程，形成了 1∶5 万数据库缩编更新技术标准，具备了规模化缩编更新生产的能力，显著提高了缩编更新 1∶5 万地形数据的生产作业效率。

(4)基于数据库驱动的快速制图技术研究与应用

国家 1∶5 万数据库更新工程研究构建了一整套基于空间数据库驱动的快速制图技术，研制了一套基于 1∶5 万数据库的地形图制图数据生产系统，地图制图效率大幅提高。系统实现地形数据库和制图数据库的紧密关联和集成管理，可对两个数据库进行联动编辑和同步更新，实现了制图要素符号、注记、图外整饰的自动优化配置，可进行灵活的制图编辑及图形关系处理。地名字库和系统适用于地形图出版要求，包含约六万常用字和 3000 多个生僻汉字，以及 5 种字体和 6 种字形，生僻字地名可与普通汉字地名同样输入、显示和制图输出。

五、地理信息应用与服务

1. 地理信息服务网站建立

由国家测绘地理信息局 2011 年 1 月正式上线的“天地图”地理信息公共服务平台网站，是网络地图的亮点。“天地图”是目前中国区域内数据资源最全的地理信息服务网站，集成了全球范围的 1∶100 万矢量地形数据、500m 分辨率卫星遥感影像，全国范围的 1∶25 万公众版地图数据、导航电子地图数据、15m 分辨率卫星遥感影像、2.5m 分辨率卫星遥感影像，全国 300 多个地级以上城市的 0.6m 分辨率卫星遥感影像，总数据量约 30TB。具备地理信息数据二维、三维浏览，地名搜索定位，距离和面积量算，兴趣点标注，屏幕截图打印等功能。“天地图”作为国家地理信息公共服务平台建设取得的重要成果，从根本上改变中国传统地理信息服务方式，标志着中国地理信息公共服务迈出了实质性的一步。并致力于打造成为全球覆盖、内容翔实、广受信赖、应用方便、服务快捷、拥有自主产权的互联网地图服务中国品牌。在民众生活方面，上海市的丁丁网把位置技术和城市信息搜索技术紧密结合起来，提供给用户一个精准高效的本地生活信息搜索服务。

2. 物联网与 GIS

基于 GIS 技术的物联网应用范围很广，当前热点领域主要包括环境监测、公共安全，物流配送、交通运输、工业只能、平安家居等。糖果物流配送系统通过每位配送员身上的传感器记录他们的送货路线，为企业分析最佳营销方案提供技术支持。

嘀咕网是基于地理位置的社交交互平台，它的特色是获取用户的地理位置，并频繁地与众多国际国内大品牌举办市场活动以及与大量的商家达成合作提供专属的优惠，以此服务这些大品牌周边的用户。这样的模式吸引了很多年轻人访问网站并进行消费，嘀咕网的模式成为了国内各 LBS 争相模仿的对象。

3. 云 GIS

云计算架构的 GIS 平台服务解决方案是指在云环境基础设施的基础上云 GIS 平台所提供的一系列服务。主要包括几个方面：提供可视化的建模服务，面向多专题多粒度的功能集成服务和异构数据与功能管理服务，为开发人员提供一个构建特定 GIS 应用的集成开发环境和运行环境。云 GIS 平台提供了丰富的云 GIS 中间件资源，开发人员利用中间件资源结合云 GIS 平台提供的服务构建定制化的 GIS 应用。

六、地图和地图集制作与出版

地图作为人类认知生存环境的重要工具，也是科技文化成果表达、记载、传播、积累和创新的主要手段之一，其作用和价值越来越得到政府部门和社会各界的重视，随着地图应用和服务的广度和深度不断拓展，地图和地图集作品的数量和质量也在不断扩大和提高，地图市场进一步繁荣。

专题地图集的编制出版，代表性的作品有：《中国高等教育发展地图集》系统描述了我国高等教育的历史与现状，既有对我国高等教育结构、规模、效益等方面的总体介绍，也有对我国不同区域及高等教育内部各个层面状况的细致描述，还涵盖了高等教育的国际比较。《南北极地图集》综合反映了中国南北极测绘的历史与科学考察研究成果，命名了 300 多条中国南极地名，彻底改变了南极地区没有中国命名地名的历史。《中国性别平等与妇女发展地图集》全面系统地反映了中国性别平等与妇女在参政、就业、教育、婚姻家庭、生育健康、法律等方面的状况，体现了中国妇女在国家政治、经济、文化和社会等领域的地位与作用，显示了中国妇女在参与国家和社会事务管理程度、就业比重和就业层次、受教育水平、家庭地位等方面的时空分布与动态变化，以及中国妇女在就业、健康、疾病等方面存在的地区差异。《中华人民共和国人口与环境变迁地图集》对我国面临的人口和环境的两大挑战进行了全面系统的分析，特别是总结和反映了新中国成立和改革开放以来，我国人口与环境的变迁及其时空特征，分析了其演变过程和规律，揭示了未来发展趋势和相应对策。《中国自然灾害风险地图集》对影响中国的地震灾害、台风灾害、水灾、旱灾、滑坡与泥石流灾害、风沙灾害、风暴潮灾害、雪灾、雹（含风雹与冰雹）灾、霜冻灾害、森林火灾、草原火灾等灾害风险进行了评价，着重展示了这些灾害风险的区域分布特征及规律、各省区市综合自然灾害风险的空间差异。同时，还得出了区域主要自然灾害风险等级、相对风险等级，以及综合自然灾害风险等级，研究精确到县一级。这些地图集都吸取了各部门长期积累的资料与数据，反映了各学科和各部门的最新研究成果。此外，《中国教育地图集》、《2010 年中国自然灾害地图集》、《长江流域生物多样性格局与保护图集》、《汶川地震灾害地图集》（英文版）、《江苏省资源环境与发展地图集》、《江苏省行政区划地图集》、《湖北省行政区划地图集》《中国耕地质量等别图》等都各有特色。这两年也是文物地图集出版的高峰，出版了重庆、四川、浙江、宁夏、西藏、湖北 6 个分册，至此中国文物地图集已基本出齐。《浙江古旧地图集》（上下卷）收录了从南宋到民国期间的古旧地图共 800 余幅，《北京古地图集》从数万种古地图中精心筛选并收录 113 幅，古地图集的整理汇编出版，对传播地图文化，研究历史变迁具有重要价值。

省图集（包括自治区、直辖市）的编制出版依然保持热潮，2009 年 7 月～2011 年 6 月，出版了《吉林省地图集》、《山东省地图集》、《上海市地图集（世博会专版）》、《陕西省地图集》、《安徽省地图集》等代表性作品。这些地图集都为大型综合地图集，图集编制遵循思想性、科学性和艺术性的同时，更加强调实用性，内容选题上更加突出区域特色和优势，图集设计更富有时代感，图集编制综合运用了地理信息系统、数据库、遥感等技术。如《上海市地图集（世博会专版）》，运用现代的三维制图技术突出地表现了中心城区30层以上超高层建筑和标志性建筑、中高层建筑等的建筑物轮廓，使城区地图的图面效果更加生动、直观。除了省图集外，综合性的地级市地图集正在兴起，如已出版的《绍兴市地图集》，正在编制的《宁波市地图集》等。《杭州经济技术开发区图志》详细记载了开发区发展的历程和取得的成就，开创了全国开发区编纂图志的先河。城市影像地图广为应用，而且正成为当前城市地图集的主流表现形式，《南京市影像地图集》、《广州市影像地图集》、《珠海市影像地图集》、《福州市影像地图集》、《泉州市影像地图集》等具有代表性。

满足公众需求，服务百姓生活的普及性地图，包括政区地图、交通地图、旅游地图、教学地图、工艺品地图、导航电子地图、网络地图和手机地图等等，呈现品种多、数量大、覆盖广、销势旺的繁荣景象，地图已经深入到社会的各个层面，并正朝着知识化、多元化、个性化、信息化的方向发展。据统计，2010年全国出版各类地图产品达2000多种，近3亿册幅。大型的活动离不开地图服务，2010年上海世博会、2010年广州亚运会、2011年西安世界园艺博览会，编制出版了一系列面向社会大众的交通、旅游地图及内容信息详细的网络地图，受到了百姓空前的欢迎。2009年11月在智利首都圣地亚哥举行的第24届国际制图大会参展地图作品评奖中，中国地图出版社选送的作品《北京奥运场馆旅游交通图》系列地图，荣获“城市类地图”一等奖，也是我国在此次展览上唯一获奖的地图作品。系列地图包括场馆篇、环境篇、科技篇、人文篇、交通篇、成果篇等共6篇7幅作品，设计上融合了绿色奥运、科技奥运、人文奥运的理念。评奖委员会称这套地图作品“把地图的精确性与鸟瞰图的直观性相结合，极具视觉感受力，回答了奥运旅游者所需的全部地理信息”。

近两年，全国各地的测绘单位还掀起了为各级领导机关编制工作用图的热潮。中国地图出版社历时1年多，于2011年初完成了348幅覆盖全国的省、地级行政区域地图，作为中央领导同志的工作用图，在国情省情了解、地方视察、突发事件处理、宏观管理和决策等方面起到重要作用。浙江、河南、福建、四川、陕西、新疆、山东等省区都编制了一系列详细实用的工作用图。同时，各级测绘部门为抢险救灾快速编制提供了大量应急保障地图，有力地发挥了地图的保障服务作用，扩大了地图工作的社会影响。为庆祝中国共产党成立90周年，全国共有30多家单位开展了红色地图编制和服务工作，包括互联网红色地图系统、红色专题地图和地图集，如“红色天地”系统、《湖南红色地图集》《党中央去延安红色地图集》《山西红色地图》。以地图为载体，追寻中国共产党建党90年来所取得的丰功伟绩和光辉历程。

地图和地图集的编制出版，从产品形式看，目前仍处于一个由纸质地图、电子地图和网络地图共存的时代。但随着网络地图广泛普及和应用，通过网络实现实时、快速地图服务成为地图的主要方向，并将由简单的地理要素和空间信息查询，向综合信息知识服务系统发展。从第24届国际制图大会地图展览和每年举行的世界规模最大的法兰克福国际图书博览会看，世界各国对各种印刷版地图和地图集的编制出版依然保持极大的兴趣。在地图集编制方面，大型世界地图集（8开及以上）的编制，我国与发达国家仍有较大差距。大型世界地图集编制出版能够体现一个国家对国际事务、全球资源环境变化的关注和参与程度，并在一定程度上反映了该国的地图编制和出版的综合水平和整体实力。我国对于大型世界地图集的编制一直还是空白。五卷本国家大地图集的编制，我国从20世纪80年代开始，并陆续公开出版，不仅为我国经济建设和社会发展的统筹规划和宏观决策提供了重要的科学依据，还为科研、教学提供了翔实的图件和资料。对加强国际学术交流、增进各国对中国的了解、提高我国的国际声望均发挥了重要作用，而且带动了我国省区地图集和专题地图集的编制出版，堪称中国现代地图学的一个里程碑。但至今编制出版已过去10多年，无论是内容上还是形式上，重编国家大地图集，同时出版发布印刷版、电子版和网络版三种形式的国家大地图集显得十分必要。在满足公众需求的地图产品方面，与发达国家相比，无论是品种的多样性和普及性、内容的详细性和实用性，还是表现的艺术性和美观性等方面均存在一定差距。总之，为国民经济、社会发展提供可靠、适用、及时的地图保障，为百姓提供符合当代潮流的地图文化产品，是地图工作者共同追求的目标。

七、移动地图与互联网地图

近两年来，国外在本领域的研究主要集中在在线地图的公众参与与服务模式、地图可视化的自适应组织[26]、新型的地图数据模型[27]、地图数据的在线传输技术以及LBS的地图服务应用[28-31]等方面。在我国，近两年也是移动地图与互联网地图领域蓬勃发展的时期。从总体上看，我国该领域的研究成果在技术深度和应用广度上均距西方发达国家有一定差距，但在地图数据建模、可视化表达技术、导航电子地图应用等方面正逐步赶上国际研究水平，产业化也处在迅速发展阶段。

1. 移动地图与网络地图可视化

网络地图符号是网络地图表达的重要载体，虽然受到传统地图符号设计理论的影响，但由于网络环境、软硬件、交互方式等方面的变化，因而两者之间符号形式也存在显著的差异。正是基于此，近两年来国内已开展了网络地图符号的视觉变量、分类、构成等方面的研究[32]，提出了基于固定符号、属性数据驱动符号和模型驱动符号的概念模型与描述体系[33]，探讨了网络动态地图符号的两种形式，包括数据驱动的和基于动画技术的动态符号，其中文献[34]详细阐述了动画类动态符号的概念、构成及其设计、表达原则。同时，考虑栅格地图（背景）与矢量地图（前景）并存的情况，在可视化表达中分别采用了不同的显示方法进行叠加处理[35,36]。

随着Web 2.0技术的发展，国内主流的互联网地图形式已从传统的阅读型地图转变为可支持大量用户自由存取的交互型地图，用户同时作为地图信息的接受者与提供者，这种UGC模式要求具备灵活、高效的交互工具与个性化、自适应的网络地图表达，国内在这一方面已取得了较好的研究进展，如用户自主选择要素、注记自动标记、自定义符号以及根据屏幕大小自动调整窗口布局等，多数成果已在地图网站中得到了实践应用，但是针对非专业用户提供的数据如何保证地图的质量仍然是一个突出的问题[37]。

移动电子地图表达的个性化需求要求实现地图的自适应可视化，包括地图自适应设计、定位、操作与尺度变换等,可使得 LBS 的应用从用户驱动模式向服务驱动模式转化[38]。其中,文献[39]从用户、移动设备及应用环境等多个方面出发,提出了通过构建用户兴趣模型及对应的地图简化、表达方法,以实现 LBS 自适应地图设计;文献[40]提出一种基于 Voronoi 邻近的移动地图自适应裁剪模型,以实现移动地图的信息自适应均衡;文献[41]分析了心象地图的不完整性、变形性、差异性和动态交互性等特征,探讨了尽可能接近用户心象地图的导航电子地图设计原则及方法,突出地图特征信息与自适应性。

此外,针对不同嵌入式开发环境与技术的移动地图设计与表达[42-44]、移动电子地图的 3D 可视化表达[45-48]等均得到了进一步的研究与应用。

2. 导航电子地图设计与应用

导航电子地图是 GIS 市场应用最为成功的领域之一。随着四维图新、高德分别在境内外成功上市,2010 年中国导航电子地图行业再次获得资本市场的大规模投资,这预示着国内外资本持续看好中国的导航地图市场[49]。其重要的原因是导航系统正在从传统的车载导航服务向大众化应用发展,这使导航地图产生了新的数据与功能需求:①提供门址、车道、坡度、路障、公交换乘等信息的精细导航;②提供红绿灯、路况、人流量等信息的实时动态导航;③提供包含更丰富、更详细 POI 服务内容的综合信息服务;④提供更逼真的三维实景导航等[50-52]。2009 年四维图新率先宣布开启导航地图行人时代,已初步推出了国内若干城市的行人导航地图数据,包含了更多行人设施和公共交通的信息[53]。近年来,国内本领域一直围绕如何在现有的移动设备和无线网络等条件下建立更为高效、灵活的导航地图数据更新、表达及应用服务展开广泛的研究,已取得一系列应用研究成果。

导航服务的实时性对于导航地图数据的快速更新提出了极为迫切的要求。目前这一方向的研究主要集中在导航地图数据的增量更新机制与方法上,国内已探讨了基于导航地图数据的静态增量更新与实时交通信息的动态增量更新模型[54],提出了针对交通信息一致性更新的多层路网统一编码方法及其动态分层路网存储模型[55],开展了基于无线定位的交通信息采集与地图匹配[56]、用户参与的地图数据增量更新[57]和基于不同版本变化探测的导航数据增量更新[58]等方面的研究,为导航地图数据的有效应用奠定了基础。

在导航电子地图表达方面,近年来研究的主要目标是将交通、位置等动态信息与导航地图信息结合起来,利用动态多尺度路网模型和线性参考、动态分段技术等,建立两者之间的多尺度融合表达[59,60]。同时,在有限的移动平台下,对于导航电子地图快速显示[61]、2.5 维或 3 维可视化表达[61-64]等技术的研究同样取得了较好的进展。

道路网的复杂性使得导航路径规划变得困难,解决的前提是必须建立与之适应的道路网络模型,这是该领域始终关注的一个重要研究内容。近两年来的研究主要集中在满足发展的应用需要和提高运算质量、效率,建立和完善新的路网模型及其路径规划算法上,如探讨了一系列考虑路口结构的路网模型[65-67],探讨了路网多文件分块分层存储的方法及其快速检索机制[68],研究了将路网拓扑数据与路网几何数据分离的多尺度数据模型[69]。

在导航电子地图应用方面,国内已开展了路径分析与优化、动态目标查询、定位地图匹配和实时导航服务等功能与算法的研究[70-75]。

3. 在线地图服务理论与技术

已有的研究表明，与传统地图不同，网络地图的信息传输模型是一个循环流动的开放系统，即网络提供了制图者与用图者交换角色的机会[76]。随着地理信息开发技术的日趋成熟，面向公众应用与互动的功能不断扩展，互联网地图正逐步跨入 Web 2.0 时代，由提供单向的地图浏览服务发展成为大众参与和共建的地图共享服务平台[77,78]。国外具有代表性的产品是 Google Earth，它通过用户标注地图（UGM）和个人移动定位（LBS）功能提供了用户生成内容（UGC）的服务[79]，极大地扩充了在线地图的信息来源。如何妥善解决在线地图的信息共享与信息安全的协调性问题是目前正在开展的重要研究内容之一[80-82]，其中基于矢量和栅格地图的数字水印技术是实现地图版权保护的主要策略[83,84]。目前在国内，考虑到地理信息的保密和国民经济各应用部分的不同需要，现在的地理信息服务分为面向国家政府部门的内网服务以及面向公众应用的外网服务。

在线地图的用户并发访问数量多、实时性要求高，在线服务的智能化处理技术与响应效率直接关系到地图服务质量[85]。近年来的研究：①针对网络环境下地图数据的存储、组织与传输模式，如面向 WMS 的地图瓦片缓存机制[86,87]和地图数据渐进式传输机制[88]；②设计和建立灵活、高效的网络地图服务架构，目前主要有基于 SOAP 和基于 REST 风格的两种网络地图服务系统，其中后者已是发展的主流趋势[89]；③建立在线地图的服务协同机制和智能化处理方法，包括采用服务协同计算方法[90]、Web 地图服务搜索器[91]、基于 Agent 技术和用户事件模型的网络地图快速服务[92,93]和栅格化空间查询与空间分析方法[94]等。

移动在线地图的重要服务功能是提供实时的位置查询、地图表达、路径规划与导航应用等，其中关键是解决地图服务的快捷性、大容量分布式数据的处理与访问、不同地图服务的集成与协作等问题。文献[91-95]分别基于 Mobile SVG 环境和网格技术探讨了移动地图服务的实现方法。

4. 面向其他行业的应用拓展

近年来随着电子地图应用的不断推广，特别是我国“天地图”网站的正式开通，越来越多的行业、部门利用互联网地图、移动地图开展行业信息发布、办公信息化和空间分析决策工作，其中主要集中在交通、资源管理[96-99]、灾害防治[100]、公共安全[101,102]、设施管理[103]、规划[104]等方面。此外针对机器人的移动地图应用技术拓展了其计算机视觉及其空间环境感知、分析的能力，得到了较为广泛的应用[105,106]。但是总体上看，目前的行业应用从电子地图的功能来分析仍然是浅层次、功能相对单一的，需要进一步将电子地图与专题信息紧密结合，产生更加丰富的表达形式与服务功能。

八、展望

随着我国地图学与地理信息技术的发展，理论不断深入，技术越来越成熟，应用更加广泛。“十二五”期间以及后续的一段时期内，我国将在当前地理空间信息基础框架建设与更新工作的基础上，进一步丰富各类地理信息资源内容，提高基础地理信息数据的现势性，提高大比例尺基础地理信息资源的覆盖范围，提升我国地理信息数据库动态更新的技术水平，推动地理信息资源建设和集成整合，形成全国测绘地理信息部门内部纵向互联互通、协同服务的基础地理信息资源体系，实现全国范围内的基础地理信息资源标准统一、互联共享和协同服务，力争到 2015 年，建成数字中国地理空间框架和信息化测绘体系，实现基础地理信息在线服务，地理国情监测能力基本形成。

地理空间基础框架、移动位置服务、物联网 GIS 和云 GIS 将利用海量的地理信息为政府、企业、社会提供全方位的服务。在传统的电子地图时代，数据提供者与用户有明显的界线，在新地理信息时代，地理信息的更新与维护既可以是数据提供者也可以是终端用户。地理信息技术的发展，将会使更多的人参与到地理信息的建设中来，也只有这样，GIS 的发展道路才会更加光明。此外面向服务架构的地理信息应用，将拉动整个地理信息产业链条爆炸式增长，促进地理信息的共享，产生巨大的经济和社会效益，人类将会分享新形势下地理信息应用于服务所带来的巨大财富。

2010 年 5 月，国家测绘地理信息局修订印发《互联网地图服务专业标准》，正式建立互联网地图服务市场准入制度，表明我国在线地图服务的多元化与规范化建设已经起步，但如何整合网上地图服务资源，发展移动地图的实时应用特征，提供人性化、智能化的空间信息分析与表达服务，是本领域急需解决的关键任务。

参考文献

[1] 王家耀. 地图制图学与地理信息工程学科发展趋势. 测绘学报，2010(4).

[2] 刘高焕. 从地理信息系统到地球系统模拟. 地理信息世界，2009(5).

[3] 齐清文，姜莉莉，张岸，等. 地理信息科学方法论的理论体系研究. 测绘科学，2010(4).

[4] 崔铁军，郭黎，张斌. 地理信息科学基础理论的思考. 测绘科学技术学报，2010(6).

[5] 杜清运. 地理信息科学的哲学主线. 上海：中国地理信息系统协会理论与方法专业委员会 2010 年学术研讨会，2010.

[6] 郭仁忠，张燕平，杜清运，等. 数字地理空间框架的科学内涵和发展特征. 地理信息世界，2010(5).

[7] 李德仁，龚健雅，邵振峰. 从数字地球到智慧地球. 武汉大学学报：信息科学版，2010(2).

[8] 蔡畅，崔铁军，孙萍. 3 维地图及其设计：对地图学理论的贡献. 地理信息世界，2010(1).

[9] 江南，聂斌，曹亚妮，等. 动画地图中感知变量初探. 地理信息世界，2009(4).

[10] 刘芳，王光霞，钱海忠，等. 虚拟地理环境对空间认知方式的影响. 测绘科学，2009(4).

[11] 刘芳，姚东泳，侯璇，等. 在线地图的空间认知研究. 测绘科学，2009(5).

[12] 高博，万方杰，宋国民，等. 基于位置服务的空间信息传输模型. 测绘科学技术学报，2009(1).

[13] 李伟，陈毓芬. 地理信息的可听化表达研究. 测绘科学技术学报，2009(5).

[14] 张金禄，王英杰，余卓渊，等. 自适应地图符号模型与原型系统的实现. 地球信息科学学报，2009(4)。

[15] 陈军，刘万增，等. GIS 数据库更新模型与方法研究进展[J]. 地理信息世界，2008，3：12 - 16.

[16] 张剑清，佘琼，潘励. 基于 LBP/C 纹理的遥感影像居民地变化检测[J]. 武汉大学学报：信息科学版，2008，33(1)：7 - 11.

[17] 潘励，王华. 利用拓扑关系模型自动检测居民地的变化类型[J]. 武汉大学学报：信息科学版，2009，

34(3):301 - 303.

[18] 周晓光,陈军,等.基于事件的时空数据库增量更新[J].中国图形图像学报,2006,11(10):1431 - 1438.

[19] 傅仲良,吴建华.多比例尺空间数据库更新技术研究[J].武汉大学学报:信息科学版,2007, 32(12):1115 - 1118.

[20] 安晓亚,孙群,肖强,等. 面向地理空间数据更新的数据同化[J].测绘科学技术学报,2010,27(2):153 - 156.

[21] 安晓亚,孙群,张小朋,等. 多源地理空间数据同化的主动更新与应用分析[J].地球信息科学学报,2010,12(4):541 - 548.

[22] 朱长青,杨成松,任娜.论数字水印技术在地理空间数据安全中的应用[J]. 测绘通报,2010,10:1 - 3.

[23] 朱长青,杨成松,李中原.一种抗数据压缩的矢量地图数据数字水印算法[J].测绘科学技术学报,2006,23(4):281 - 283..

[24] 王志伟,朱长青,杨成松.一种基于坡度分析的 DEM 数字水印算法[J].地理与地理信息科学,2009,25(1):91 - 94.

[25] 杨成松,朱长青,陶大欣. 基于坐标映射的矢量地理数据全盲水印算法[J].中国图像图形学报,2010,15(4):684 - 688.

[26] van Tonder B, Wesson J. Design and Evaluation of an Adaptive Mobile Map - Based Visualisation System [J]. Human - Computer Interaction - INTERACT 2009. 2009: 839 - 852.

[27] Raubal M, Panov I. A formal model for mobile map adaptation [J]. Location Based Services and TeleCartography II. 2009: 11 - 34.

[28] Oulasvirta A, Estlander S, Nurminen A. Embodied Interaction with a 3D versus 2D Mobile Map [J]. Personal and Ubiquitous Computing. 2009, 13(4): 303 - 320.

[29] Kobayashi D, Asami Y, Yamamoto S. Study on Haptic Interaction with Digital Map on Mobile Device [J]. Human Interface and the Management of Information. Interacting with Information. 2011: 443 - 449.

[30] Pirotti F, Guarnieri A, Vettore A. Collaborative Web - GIS Design: A Case Study for Road Risk Analysis and Monitoring [J]. Transactions in GIS. 2011, 15(2): 213 - 226.

[31] Peterson M. Research Challenges in Internet Cartography[J]. Information Design Journal. 2009, 17(2): 135 - 140.

[32] 刘芳,王光霞,刘小春. 网络地图符号的分析与研究[J]. 测绘通报, 2010(10): 27 - 30.

[33] 苏艳军,王英杰,罗斌. 新型网络地图符号概念模型及其描述体系[J]. 地球信息科学学报, 2009(6): 839 - 844.

[34] 邓淑丹,江文浦. 网络动画类动态符号的研究. 测绘科学, 2010(1): 136 - 138.

[35] 肖寒冰,方路平. 一种 webGIS 数据可视化方法[J]. 计算机系统应用, 2010(12): 81 - 85.

[36] 刘海燕,庞小平,黄洪纤. 在线专题地图集内容与符号的尺度变换[J]. 地理空间信息, 2010(1): 139 - 141.

[37] 刘芳,王光霞,辛欣. 基于 Web2.0 的网络地图设计研究. 测绘科学, 2010(S1): 115 - 116,65.

[38] 韩俊,夏青,刘静祯,等. 电子地图的自适应显示研究. 测绘与空间地理信息, 2010(5): 202 - 205,210.

[39] 王黎明,夏清国,张永峰,等. 基于个性化移动位置服务中自适应地图的研究[J]. 计算机工程与科学, 2009(2): 131 - 134.

[40] 陈军,闫超德,赵仁亮,等. 基于 Voronoi 邻近的移动地图自适应裁剪模型[J]. 测绘学报, 2009

(2): 152 - 155.
[41] 黄维,杨武年,徐强. 顾及心像地图特征的导航电子地图设计[J]. 测绘科学, 2009(S1): 132 - 133.
[42] 杨帆. 基于 GSM 和 Google Map 的定位与地图标注关键技术研究[J]. 陕西科技大学学报:自然科学版, 2011(2): 122 - 125.
[43] 查灵,邬群勇,王钦敏,等. 基于 cGML 和 Mobile SVG 的手机地图可视化研究[J]. 测绘信息与工程, 2010(5): 6 - 7.
[44] 陈建斌,朱宝山,姬渊,等. 嵌入式环境下跨平台地图显示技术[J]. 测绘科学, 2009(2): 170 - 171.
[45] 郭峰林,胡鹏,白轶多,等. 移动电子地图中伪 3D 可视化设计[J]. 武汉大学学报:信息科学版, 2010(1): 79 - 82.
[46] 张志强. 一种新型移动 3D 地图仿真系统的设计[J]. 安徽农业科学, 2010(36): 21083 - 21084.
[47] 康利刚. 基于 OpenGL ES 的地形三维显示技术研究[J]. 现代计算机(专业版). 2010(4): 188 - 191.
[48] 甘岚,李金标. OpenGL ES 及 Qt/E 在嵌入式系统中的研究与应用[J]. 微计算机信息. 2009(35): 68 - 70.
[49] 王志钢. 中国导航电子地图行业的发展现状和前景. 数字通信世界, 2011(2): 40 - 43.
[50] 董勇,靳颖. 中国导航电子地图产业的发展[J]. 中国航天, 2009(12): 10 - 12.
[51] 李宏利. 导航电子地图的发展趋势[J]. 音响改装技术, 2009(10): 20.
[52] 陈斌. 电子地图在 GPS 导航中的应用及发展趋势[J]. 科协论坛, 2010(12 下半月): 48 - 49.
[53] 刘学文. 四维图新开启导航地图行人时代[J]. 交通世界(运输. 车辆), 2009(8): 130 - 131.
[54] 刘妍,韩秀峰. 导航电子地图增量更新数据模型研究[J]. 吉林建筑工程学院学报, 2010(4): 60 - 62.
[55] 李楷,钟耳顺. 面向车载导航地图的动态交通信息存储模型[J]. 计算机工程, 2009(7): 245 - 246.
[56] 郭丽梅,罗大庸. 无线定位中的地图匹配技术研究[J]. 计算机工程与应用, 2009(18): 25 - 27.
[57] 李玉,李小涵,王可立. 导航电子地图数据增量更新模式探讨[J]. 地矿测绘, 2009(3): 4 - 6.
[58] 李连营,李清泉,赵卫锋,等. 导航电子地图增量更新方法研究[J]. 中国图像图形学报, 2009(7): 1238 - 1244.
[59] 郑年波,陆锋,李清泉. 面向导航的动态多尺度路网数据模型[J]. 测绘学报, 2010(4): 428 - 434.
[60] 宋莺,李清泉. 实时交通信息与移动导航电子地图融合表达[J]. 武汉大学学报:信息科学版, 2010(9): 1108 - 1111.
[61] 宋莺,徐伟. 面向动态信息的移动导航电子地图表达应用[J]. 武汉理工大学学报, 2009(18): 95 - 98.
[62] 高扬,杨志强,乌萌. 导航数字地图的快速显示技术研究. 测绘科学, 2011(3): 1 - 7.
[63] 文江,武玉国,隋春玲. 城市导航中的 3 维数字地形建模方法. 测绘科学技术学报, 2010(6): 433 - 437.
[64] 文白,Edmund. 全新体验:"道道通"V5. 2 再掀 3D 导航潮[J]. 音响改装技术, 2011 (5): 205 - 206.
[65] 张涛,杨殿阁,李挺,等. 导航电子地图中路口的交通矩阵与路束模型[J]. 武汉理工大学学报:交通科学与工程版, 2009(5): 822 - 825.
[66] 李挺,杨殿阁,耿华,等. 车辆导航数字地图的蛛式路网模型[J]. 武汉理工大学学报:交通科学与工程版, 2010(3): 439 - 442.
[67] 李宏利,张森,盛秀杰,等. 导航电子地图中的路口聚合模型与方法[J]. 地理信息世界, 2009(5): 56 - 63.

[68] 沈永增,王燕,郑晔. 基于 ARM - Linux 导航电子地图数据模型[J]. 浙江工业大学学报, 2010(2): 186 - 191.
[69] 郑年波,陆锋. 导航路网数据改进模型及其组织方法[J]. 中国公路学报, 2011(2): 96 - 102.
[70] 李春光,吴莹. 基于 PDA 的个人移动导航系统[J]. 黑龙江科技信息, 2011(3): 63 - 295.
[71] 冯亚丽,姚伟,袁满,等. 基于 Mobile SVG 矢量地图的移动定位查询[J]. 哈尔滨商业大学学报:自然科学版, 2009(2): 182 - 186.
[72] 龚敏,方康玲,万鸣,等. 基于 EVC 的嵌入式导航电子地图设计[J]. 计算机应用, 2009(10): 2869 - 2870.
[73] 邓中亮,崔艳雯. 基于 ArcGIS Server 的移动客户端路径导航系统[J]. 软件, 2011(2): 39 - 42.
[74] 董金明,曹菡. 基于 PDA 的动态路径寻优算法的设计与实现[J]. 郑州轻工业学院学报:自然科学版, 2009(3): 93 - 95.
[75] 刘友文. 基于道路网络特征的车载导航预测匹配模型[J]. 江南大学学报:自然科学版, 2010(6): 第 655 - 657 页.
[76] 刘芳,游雄,於建峰,等. 网络地图的信息传输模型研究[J]. 测绘通报, 2009(10): 15 - 17.
[77] 崔洪波,周泉,孙玉亮. 互联网电子地图服务现状与调查分析[J]. 测绘与空间地理信息, 2009(5): 65 - 67.
[78] 王晓军. 参与式地理信息系统研究综述[J]. 中国生态农业学报, 2010(5): 1138 - 1144.
[79] 月光博客. 中国互联网地图发展前景分析, 2010. 05, http://www.williamlong.info/archives/2188.html.
[80] 毛忠民. 互联网时代的在线地图公共服务探讨[J]. 测绘与空间地理信息, 2010(4): 58 - 60.
[81] 韩权卫. 关于建立国家互联网地图和网络地理信息服务监管平台的构想. 测绘与空间地理信息, 2009(6): 70 - 73.
[82] 雷京华. 公开地图的信息开放与安全问题探讨[J]. 测绘通报, 2010(10): 47 - 49,65
[83] 符浩军,朱长青,缪剑. 基于小波变换的数字栅格地图复合式水印算法[J]. 测绘学报, 2011(3): 397 - 400.
[84] 孙建国,张国印,姚爱红. 一种矢量地图无损数字水印技术[J]. 电子学报, 2010(12): 2786 - 2790.
[85] 张雪英,申琪君,龙毅. 网络地图评价指标体系及其应用[J]. 地球信息科学学报, 2009(3): 355 - 362.
[86] 阳华,刘振宇,许文明. GeoServer 瓦片缓存机制研究[J]. 网络安全技术与应用, 2011(4): 63 - 65.
[87] 李振华,刘鹏,王真等. WMS 服务的缓存策略研究[J]. 计算机与现代化, 2009(5): 5 - 8.
[88] 艾廷华. 网络地图渐进式传输中的粒度控制与顺序控制[J]. 中国图像图形学报, 2009(6): 999 - 1006.
[89] 徐占华,夏君. 基于 SOA 的网络地图服务系统设计. 测绘技术装备, 2010(4): 63 - 64, 56.
[90] 李军,王健,王志强,等. 基于服务协同思想的地理制图服务研究与实现[J]. 农业网络信息, 2009(9): 33 - 38.
[91] 邬群勇,王钦敏,王焕炜. 一种 Web 地图服务搜索器的设计. 微计算机应用, 2009(2): 35 - 39.
[92] 王强,王家耀,郭建忠. 基于 Agent 的网络地图服务聚合模型[J]. 计算机工程, 2010(4): 281 - 282.
[93] 亢孟军,杜清运,翁敏. 利用用户事件模型的网络地图服务策略[J]. 武汉大学学报:信息科学版, 2011(5): 560 - 563.
[94] 程振林,董慧,张晓力. 网络地图服务中空间查询与分析的栅格化实现. 地理信息世界, 2011(1): 6 - 10,15.

[95] 许锋波，牛丹梅．基于 Mobile SVG 的移动通信地图服务．电脑与电信，2010(11)：59－61．
[96] 吴长彬，孙在宏，吉波．基于 3G 和嵌入式 GIS 的土地移动执法监察系统．测绘通报，2011(3)：63－65，81．
[97] 刘红，张斌．XML 格式林业矢量专题图网络传输的研究．湖南工业职业技术学院学报，2009(1)：9－11．
[98] 侯春华，李富平，汪金花．基于 SuperMap Objects 的尾矿资源管理系统设计实现．有色金属(矿山部分)，2010(6)：33－38．
[99] 赵汀，赵逊，田娇荣．地质遗迹数据库及网络电子地图系统建设——以庐山地质公园数据库和河北省地质遗迹 WEBGIS 系统为例．地球学报，2010(4)：600－604．
[100] 王坤杰．GIS 技术在 PDA 防汛系统中的运用．水利水文自动化，2009(2)：28－31．
[101] 齐琳，沈婕，张宏，等．面向警务 GIS 的地图优化表达方法研究——以南京市警务 GIS 为例[J]．南京师大学报：自然科学版．2011，34(1)：114－118．
[102] 白小双，江南，张薇．基于 Super Map 的国界网络电子地图设计与实现．测绘科学，2009(3)：206－208．
[103] 解智强，高忠，王贵武．一种适合地下管线信息表达的通用电子地图设计．现代测绘，2010(5)：55－57．
[104] 张炜．巧用电子地图辅助公路设计．交通世界(运输．车辆)，2011(4)：138－139．
[105] 杨锦园，黄心汉，李鹏．基于 DSmT 的移动机器人地图构建及传感器管理．计算机科学，2010(4)：227－230．
[106] 张振喜，焦国太．移动机器人二维电子地图绘制技术研究．机电技术，2010(4)：24－26．

撰稿人：孙　群　杜清运　吴　升　王东华
张新长　徐根才　龙　毅　周　炤

现代工程测量发展研究

工程测量涉及内容非常广泛，从普通的测图控制网测量到城市 CORS 的建立、从大比例尺地形图测量到大型精密工程的施工放样、从普通的线划图生产到城市的三维建模等，应该说工程测量从数据采集的设备、数据加工的理论和方法以及成果的表示形式等都有了新的进展。本文就工程控制测量、移动测量与地面激光扫描技术、城市三维建模技术、轻型飞机大比例尺地形测绘、高铁与城市轨道交通工程等几个方面进行综述。

一、工程控制测量

传统的工程控制网采用逐级布网，经常要在国家控制网或城市控制网下联测工程首级控制网，然后再布设工程施工控制网，这样形成多级控制，造成误差积累，并且建网时间长，作业成本高。

随着城市 CORS、省级 CORS 的建立和完善，改变了传统的分级布网的模式，可直接在 CORS 系统下，根据精度和点位的需要，选定合适的测量方法（如静态测量或 RTK 测量），直接布设满足工程要求的控制点。也就是说，CORS 技术的出现，打破了传统分级布网的模式，实现按需布点。

近几年来，大地水准面精化的理论和方法取得新的进展，在城市范围内能实现 1cm 精度的大地水准面精化模型，这样就改变了传统利用水准测量/三角高程测量确定待定点高程的方法。使得在进行 GPS 测量时，能同时得到平面的二维坐标和水准高程。

在大型工程施工阶段，对施工控制网的布设，充分考虑大型工程运营阶段变形监测的需要，达到一网（一点）多用的目的。最为典型的是高速铁路勘测控制网、施工控制网、运营维护控制网三网合一。

二、移动测量与地面激光扫描技术发展及应用

（一）移动测量技术

移动测量技术是指在移动载体平台上集成多种传感器，通过定位、定姿和成像等传感器在移动状态下自动采集各种定位定姿数据、影像数据和激光扫描数据，通过统一的地理参考和摄影测量解析处理，实现无控制的空间地理信息采集与建库。基于移动测量技术的应用成果称为移动测量系统，或移动测图系统。

目前移动测量系统主要指基于机动车辆的移动道路测量系统，同时也包括不太常见的铁路机车及人工便携式的移动测图系统。其中，移动道路测量系统通过机动车上装配的 GPS、INS、数码相机、数码摄像机和激光雷达等设备，在车辆高速行进之中，快速采集道路及道路两旁地物的空间位置数据，特别适合于公路、铁路和电力线等带状地区的基础

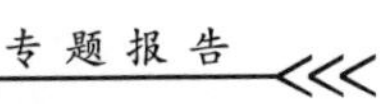

信息获取,在电子地图的制作与修测、城市三维建模等领域具有独特的优势。

1. 国内外移动测量技术发展状况

随着地理空间信息服务产业的快速发展,地理空间数据的需求也越来越旺盛。地理空间数据的生产,成为世界经济增长的一大热点。作为一种全新的地理空间数据采集方式,世界上最大的两家导航数据生产商 NavTech 和 Tele Atlas 均将移动测量系统作为其数据采集与更新的主要手段,并将移动测量技术视为公司的核心技术。可见,移动测量技术已经成为地理空间数据采集的最好解决方案,将在地理空间数据采集与更新中发挥越来越大的作用。

我国在移动测图领域的研究起步较早,现已在多传感器集成、系统误差检校、直接地理参考技术、交通地理信息系统等方面取得突破性的进展,并已有 LD2000 型系统移动道路测量系统等实用产品研制成功,其系统硬件、软件已出口韩国、意大利、伊朗等多个国家。其中最具代表性的有李德仁院士主持、立得空间信息技术有限公司研制的 LD2000—RM 移动道路测量系统和刘先林院长主持、首都师范大学研制的 SSW 车载测图系统。

我国的移动道路测量系统是在机动车上装配 GPS(全球定位系统)、CCD(视频系统)、INS(惯性导航系统)或航位推算系统等先进的传感器和设备,在车辆的高速行进之中,快速采集道路及道路两旁地物的空间位置数据和属性数据,如:道路中心线或边线位置坐标、目标地物的位置坐标、路(车道)宽、桥(隧道)高、交通标志、道路设施等。数据同步存储在车载计算机系统中,经事后编辑处理,形成各种有用的专题数据成果,如导航电子地图等等。另外,移动道路测量系统本身所具备的汽车导航等功能还可以用于道路状况、道路设施、电力设施等的实时监控,以迅速发现变化,实现对原图的及时修测。

经过多年的发展和应用,移动道路测量系统已分别在基础测绘、电子地图测制与修测、公路 GIS 与公路路产管理、电力 GIS 数据采集与可视化管理、铁路 GIS 与铁路资产管理系统和公安 GIS 等行业和领域中得到广泛应用,先后成功应用于黑龙江测绘局基于移动道路测量系统的数字道路采集生产实验、武汉市汉阳沌口经济技术开发区电子地图测制、韩国高速公路公司道路设施调查维护、湖北楚天高速公路全程测绘、青藏铁路(格尔木—拉萨段)铁路设施以及相关地物采集与建库等项目。

2. 移动测量关键技术发展

移动测量系统是一种多传感器集成的数字成图系统,一般由移动载体(车辆)、多传感器、车载计算机以及数据采集软件构成。移动测量系统的发展与应用主要依赖于以下关键技术的发展。

(1)多传感器集成技术

移动测量技术利用多种空间数据采集手段,将各种空间数据采集传感器进行集成,进行全面高精度空间数据采集,为地理信息系统和三维空间数据的采集提供全面、可靠、高效的方式。尽管多传感器系统与单个传感器系统相比有许多的优点但是多个传感器的引入使整个系统处理过程复杂化,同时也因此产生一系列新的问题,如多传感器描述的一致性问题、多传感器协调工作等问题。多传感器集成的关键是解决了多传感器选择和多传感器的控制。

（2）系统误差检校技术

移动测量技术集成多个传感器，因此多传感器集成系统的整体检校技术是保证系统误差的重要条件。多传感器集成系统的检校技术包括相对标定和绝对标定，其中：相对标定是指各传感器内在参数的求解，以便获得该传感器或传感器组具有相对于自身安装中心的相对测量能力。相对标定还包括多影像传感器、GPS/INS、倾斜仪子系统之间的标定。一般在室内比较高精度的控制场内完成移动测量系统的相对标定。绝对标定是指各传感器与绝对位置姿态传感器之间的相对关系求解。主要通过车载立体摄影测量子系统对室外标志点的成像测量所得的相对坐标系中的坐标、GPS/INS 记录的大地坐标位置和姿态信息以及室外标志点的大地坐标解算出求解参数。

（3）直接地理参考技术

对于多传感器集成空间数据采集系统而言最重要的是直接地理坐标参考。直接地理坐标指不使用地面控制点和摄影测量三角测量的方法来确定测量传感器的坐标，使得移动测量系统成为一种独立的测成图系统。

3. 移动测量技术发展展望

随着工业数码相机、地面激光雷达等新型传感器数据获取能力的提高与应用领域的不断扩展，以及新型移动测量平台的逐渐成熟，多种传感器之间的集成与数据融合，地理信息的快速获取和更新将成为移动测量技术发展的重要趋势，具体表现在以下几个方面。

（1）新型传感器的广泛应用

新型的机载激光雷达系统通常集成了中等幅面的数码相机，可同时获取点云数据与影像数据，并具有外业成本低、内业处理简单等优点，将成为移动测量系统数据获取的重要手段。

（2）多传感器的有效集成

同时采用多种传感器进行观测，可有效提高测量结果的精度和可靠性，现已被广泛地应用于摄影测量的数据获取。但目前多传感器集成的潜力还远未被挖掘，数据集成算法的优化将成为多传感器集成技术的关键。其中激光点云数据与光学影像之间的融合技术将成为未来几年的重要研究方向。

（3）移动测量软件平台的并行化与智能化

随着新型影像传感器分辨率的提升和地面激光雷达扫描密度的增加，获取的数据量可成倍增加。另外，随着测量周期的缩短以及应急响应的需求，要求数据处理必须能在短时间内完成，给移动测量软件平台的数据处理能力带来了新的挑战。这将推动移动测量软件平台向并行化架构方向发展，并在软件开发中采用更为合理的并行计算模式。

（二）地面激光扫描技术

地面激光扫描技术是一种从复杂实体或实景中重建目标全景三维数据及模型的技术。激光扫描技术突破了传统的单点测量方式，具有速度快、非接触、高密度、自动化等特性，是继 GPS 后测绘领域又一次重大技术革新。

激光扫描技术标志性的设备——激光扫描仪是从主动式非接触激光测距仪发展而来。非接触激光测距的方式主要有基于三角原理的单点式、直线式、结构光式测距和基于飞行时间法的脉冲式、相位式。地面激光扫描仪（terrestrial laser scanner，TLS）是采用主动式非接触激光测距，通过扫描镜及伺服马达实现三维扫描，高速度、高密度、高精度地获取目标表面三维点坐标及纹理的信息采集系统。它具有原理简单、操作方便及便于携带等优点，广泛应用于文物保护、地形测绘、矿山测量、变形监测、逆向工程以及虚拟现实等多个领域。

在过去的30多年里，随着电子元器件和光电技术的发展，三维激光扫描技术已经成功地从20世纪80年代的实验阶段和90年代的验证阶段跨入成熟的应用阶段。随着三维激光扫描仪在测绘中的应用与推广，一些测绘中的先进技术逐渐集成到扫描仪上，如新型的地面三维扫描仪包含电子气泡、倾斜补偿器、电子对中、多传感器融合(相机、GPS)，使其成为继经纬仪系统、摄影测量系统及GPS后又一重要的三维信息获取手段。目前已有多个厂商提供地面三维激光扫描仪。典型的有奥地利Riegl公司的LMS—Z620、VZ—400和VZ—1000等，瑞士Leica公司的ScanStation2、ScanStation C10、HDS6200等，美国Trimble公司的GS101、GS200和GX等、加拿大Optech公司的ILRIS系列、日本Topcon公司的GLS1000、美国Faro公司的PHOTON20和PHOTON80及Metris公司的工业计量型激光扫描仪MV224和MV260等。

激光扫描仪的数据处理流程包括多站拼接、滤波与光顺、点云简化、三维建模、纹理映射等。

1. 多站拼接

扫描获得的点云坐标是定义在仪器坐标系下的，不同测站的数据存在坐标的统一问题，即需要将同一对象的不同测站数据合并到统一的坐标系下，这个过程称为多站拼接。常用的多站拼接方法有ICP法、特征法、人工标志法等。

2. 滤波与光顺

在点云的实际测量过程中受到各种人为或环境因素的影响，使得测量结果包含噪声。根据噪声的性质将噪声分为两类：浮游点和随机误差。浮游点指无关点、不感兴趣的点，如地形扫描时，有效点为地面点，而树木、房屋等地物的扫描点是不需要的，称为浮游点，需要在建模前将其剔除。随机误差指由测量条件中各种随机因素的偶然性影响而产生的误差，会使光滑表面的采样结果高低起伏，不够平滑。针对两类不同的噪声，存在两种不同的数据处理方法：第一类噪声的剔除称为滤波，处理结果为将浮游点删除；第二类噪声的降低或消除称为光顺，处理结果为对噪声点的位置进行调整，使模型变得光滑顺眼。

3. 点云简化

扫描得到的点云数据是海量的，庞大的点云数据对后续处理以及存储、显示、传送等操作带来不便，处理时占用大量计算机资源并花费大量时间。如果直接对点云进行造型处理，大量的数据进行存储和处理也成了不可突破的瓶颈，从数据点生成模型表面要花很长一段时间，整个过程也会变得难以控制。在实际的逆向操作中，不是所有点都可以用于曲线曲面重构的，过多的点云数据反而可能会影响曲面的光顺性。所以对测量的海量数据进行数据简化是十分必要的。对点云数据简化的前提是要保证加工过程的精度。

4. 三维建模

不同类别的对象在细节表现方面有不同的需求，因此在建模时会根据对象复杂程度采用两种策略。对于具有规则几何结构的实体重建，通常只需应用基本的几何结构，如矩形、圆形、圆柱、立方体等常规的几何形状来构建实体模型，方法简单直观且容易实现。对于空间几何形状比较复杂的对象，其离散点云数据没有特定的空间分布规律，重建工作只能基于点与点之间的邻接关系和局部的表面分段匹配来实现。针对不同的应用和不同特征的点云数据，实现重建的自动化算法有很多，如 NURBS 曲面方法、空间 Delauany 三角剖分。

5. 纹理映射

纹理映射是解决物体表面细节的一种显示技术。一般来说物体表面细节分为两种：一种是表面的各种非立体的彩色图案，称为色彩纹理；一种是表面上各种凹凸不平的形状，称为几何纹理。几何纹理一般可以采用纹理映射技术映射到物体表面，颜色纹理可采用纹理映射技术映射到物体表面上。这种技术可将任意的平面图形或图像覆盖到物体表面上，在物体表面形成真实的色彩花纹。图像可以是各种方式获得的图像，如扫描方式输入的照片，手画图案和数学方法定义得函数等。纹理图案可以是一维、二维，也可以是三维。扫描仪首先获取目标的几何信息，然后将相机获取的二维图像通过纹理映射的方式和几何信息进行融合，从而可以获取具有真实色彩纹理的模型。对点云模型进行纹理映射本质上说就是要建立点云模型中点的空间坐标和纹理坐标的对应关系，之后就可以将纹理上的属性映射到模型中的点上。

三维激光扫描技术可以深入到任何复杂的现场环境及空间中进行扫描操作，并直接将各种大型的、复杂的、不规则、标准或非标准等实体或实景的三维数据完整地采集到电脑中，进而快速重构目标的三维模型及线、面、体、空间等各种制图数据，同时，它所采集的三维激光点云数据还可进行各种后处理工作。它的用途广泛，典型的用途包括文物保护（如兵马俑 2 号俑坑发掘，图 1）、矿山测量（图 2）、变形监测（如桥梁监测，图 3）、基础设施建设测量（图 4、图 5）等。

图 1　兵马俑 2 号俑坑发掘

图 2　矿山测量

图 3 桥梁监测

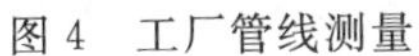

图 4 工厂管线测量

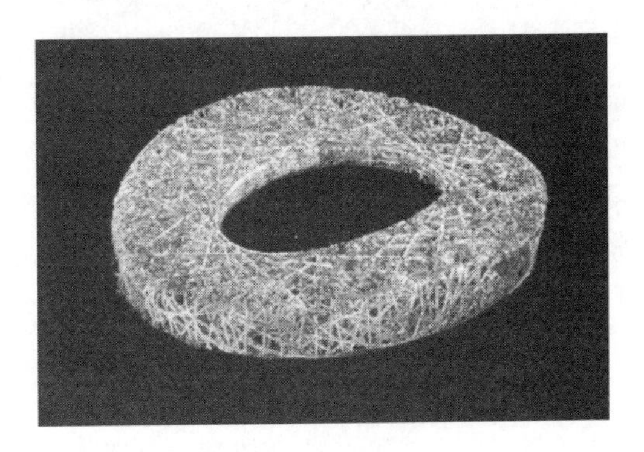

图 5 钢结构测量

三维激光扫描技术可以快速、大量的采集空间点位信息，为快速建立物体的三维影像模型提供了一种全新的技术手段，特别适合具有复杂形状的对象的测量。今后三维激光扫描仪的研究和进一步应用主要体现在以下几个方面：

1)进一步提高精度，解决精密工程测量问题和工业测量问题；

2)与其他传感器集成，如与摄影测量系统的集成，与动态测量车的集成，利用其优点，扩展应用领域，提高工作效率；

3)进一步研究 3 维激光扫描仪从静态测量到动态测量的各项指标；

4)数据处理软件的已有功能的完善与新功能的进一步开发；

5)降低设备使用成本。

三、城市三维建模技术发展及应用

最近几年来，城市三维建模技术有了长足的发展，相应的标准化工作取得积极成效，三维模型的应用需求也日益旺盛。城市三维建模技术及其应用已经成为工程测量学科发展的重要成就之一。

快速、高效地获取并更新维护城市三维模型数据是当前三维建模技术研究的热点。按数据采集方式和建模手段，城市三维建模技术可分为以下几类。

(1)基于 CAD 的建模技术

在制作城市精细模型方面，以 3Ds Max 为代表的基于 CAD 的建模技术具有较大优势，它可以大比例尺地形图CAD数据为基础进行三维模型制作，模型纹理图片用数码相机拍照，在经过照片纠正处理后进行模型贴图。基于CAD的建模方法可主要用于城市建筑和景观等模型的制作。利用该技术可以建立非常逼真的、高精度的三维建筑模型，尽管存在成本高、效率低等问题，但在一段时间内它仍将是三维建筑模型构建的主要技术手段。

(2)激光扫描建模技术

激光扫描三维建模技术主要有两种：一是机载激光扫描技术(LiDAR)。该技术可快速获取数字地面模型(DTM)、数字表面模型(DSM)，并可用于地形测图。配以高精度数码相机，可同时完成地表纹理的采集，是数字城市三维建模高效的数据获取方式。目前，该技术研究的重点集中在如何提高自动化建模程度方面。该技术是一种非常有发展前景的高效的城市三维建模技术，有可能成为未来三维城市数据生产的主流技术。二是地面激光扫描三维建模技术。该技术通过对单个空间对象进行激光扫描形成三维点云和纹理采集，再通过后期处理形成三维模型。其优点是可快速获取单体几何信息，建模成果精度非常高，特别适合不规则空间物体建模。广州市“数字详规”项目中利用激光扫描技术完成了包括五羊雕塑、利通广场等复杂场景的三维建模，取得了较好的效果。

(3)基于摄影测量的城市三维建模技术

该技术主要有两类：①基于机载摄影测量系统。它是通过立体像对来实现测区三维景观的真实重现，其优点是可快速重建测区范围内所有建筑三维模型、地形地貌三维景观；②基于近景摄影测量三维建模技术。该技术从三维信息获取的速度、可靠性及灵活性上来说，能够满足绝大多数的实际需求。但是，其效果在很大程度上依赖于三维建模算法的设计，而且算法大都比较复杂，需要较多的计算资源。

(4)移动测量系统

采用移动测量系统搭配高分辨率LiDAR以及数码相机可沿道路进行三维数据采集。该系统采集数据效率高，数据精度好，数据成果全面。

(5)照片建模

近几年，许多国内外研究机构在进行三维信息获取时，在系统中使用了包括转台、数码相机在内的普通设备，以期在实验条件下灵活、快速、精确、廉价地得到空间物体的三维模型。在这些系统中，数码相机或者摄像机都是固定的，通过旋转转台，得到待建模型对象的图像序列或视频。基于图像的三维建模方法可以根据处理信息的类型对其进行分类：一是基于侧影轮廓的建模方法，二是利用阴影信息来得到模型，三是使用场景的颜色信息。

(6)三维组件式自动建模技术

三维组件式自动建模技术一般应用于模型精度要求不高的环境，如城市盒子模型、地下管线、交通设施、市政设施，这些模型往往具有一定的相似性或可描述性。该方式主要是通过自动化的计算机算法来实现快速建模、可节约大量的人工建模成本和时间成本，对系统硬件要求也相对较低。

目前，国内许多城市已经开展较大规模的城市三维模型建设。在建设过程中，标准化工作受到高度重视。武汉、重庆、广州等城市相继制定了城市三维建模技术规范。住房和城乡建设部于2010年11月发布了由武汉市国土资源和规划局主编的行业标准《城市三维建模技术规范》CJJ/T 157－2010，自2011年10月起实施。该规范将城市三维模型分为地形模型、建筑模型、交通设施模型、管线模型、植被模型以及其他模型6种模型，对每一模型分为四个不同的细节层次。规范对三维模型的细节层次、几何精度、纹理、属性信息、质量要求等做了明确规定。该规范的制定和实施，可统一城市三维建模的技术要求，及时、准确地为城市规划、建设、运营、管理以及数字城市建设提供城市三维建模技术支持、数据共享和应用服务。

在三维数字城市建设的过程中，模型数据生产是多种建模技术的综合应用的集成。对于建设数字城市来讲，建模工作主要指在基于二维测绘产品（城市大比例尺地形图、数字高程模型数据以及航天航空影像）的数据基础上、结合现代三维建模软件建立城市三维模型，这种三维建模方式是当前三维数字城市建设中应用比较普遍的一种建模技术方法。其中，三维地形地貌的建模可在现有数据的基础上采用技术手段进行自动建模，如ESRI ArcGlobe高程、影像数据导入建立实时地形地貌模型、Skyline TerraBuilder利用DEM、DOM数据建立三维地形地貌数据库；对于城市中大多数空间对象，如各类建筑、城市小品，多采用计算机建模软件（3DS　Max、MultiGen Creator）进行三维建模；针对个别有高精度要求的空间对象，如古建筑群、著名雕塑，则采用外业全站仪测量或激光扫描方式进行全要素建模，该建模方式可达到逼真的建模效果以及较高的测量精度，但是其内业工作量庞大。

以广州市“数字详规”项目为例。该项目通过ADS40航飞采集广州全市域范围地形地貌数据，通过内业生产DEM和DOM数据，然后通过Skyline TerraBuilder建立广州市三维地形地貌景观数据库；基于1∶500、1:2000地形图，采用交互式CAD方式构建了多精度现状三维模型，其中建筑纹理通过外业数码照片拍摄的方式采集，建筑物高度按照模型精度要求分别通过地形图中建筑物的层数估算、激光测距仪、ADS40立体像对内业测高等三种方式获取；对于重点文物保护单位，则采用激光扫描仪采集数据进行精确建模。而对于地下管线数据则采用程序自动生成管线模型。历时四年，完成了全市域的地形地貌模型和建筑体块模型、外环路以内接近三百平方公里的城市详细模型以及重点文物单位的高精度模型。

多种三维建模技术的综合运用充分利用现有城市基础测绘成果，保证了三维模型的平面精度和高程精度，适应规划业务需求。当然，相对于二维数字城市的数据生产而言，其人力、时间成本依然相对较高，同时，由于城市化进程的加快，三维模型数据的更新也是数字城市建设的一个比较关注的问题。

随着新的模型数据获取设备不断发展，高精度数码相机、激光雷达等新型三维数据获取设备的能力提高，配套的后台软件算法不断进步，基于这些新设备的建模技术将是未来建模技术的发展方向。具体表现在：快速三维模型数据获取的设备将更加多样化；三维建模自动化程度将越来越高；机载LiDAR和倾斜数字摄影测量的组合有望成为三维建模一站式解决方案；多种建模方法的集成应用更加普遍。未来几年，城市三维建模将是多种建模技术的最优组合，以最高的效率，最好的精度以及最低的成本来建设三维数字城市。

四、轻型飞机大比例尺地形测绘

轻小型低空遥感平台的发展历史较短，但由于具有机动灵活、经济便捷等优势，在近年来受到摄影测量与遥感等领域的广泛关注，并得到了飞速发展。低空遥感平台能够方便地实现低空数码影像获取，可以满足大比例尺测图、高精度的城市三维建模以及各种工程应用的需要。由于作业成本较低，机动灵活、不受云层影响，而且受空中管制影响较小，有望成为现有常规的航天、航空遥感手段的有效补充。

当前可采用的轻小型低空遥感平台又可具体分为无人驾驶固定翼型飞机、有人驾驶小型飞机、直升机和无人飞艇等。目前国内已有中国测绘科学研究院、武汉大学等多家研究机构，对采用无人驾驶固定翼型飞机和无人飞艇进行地形测图展开研究，现已取得一定的研究成果。当前的研究重点主要集中于对采用无人飞行器平台进行摄影测量的可行性和适应性进行论证，并在生产效率、生产成本、质量与安全等方面对无人飞行器与传统遥感平台进行比较和分析。其中所涉及的关键技术主要包括：低空遥感平台多传感器集成技术；自动化、智能化的飞行计划及飞行控制技术；轻小型遥感平台的姿态稳定技术；不同重叠度、多角度、多航带影像的摄影测量处理技术等。

2007 年，重庆市利用动力三角翼对合川沙溪进行低空摄影，获取地面分辨率 5cm 的数码影像，制作了约 20km^2 的 1∶500 地形图成果。随机抽取 10 幅线划图成果，采用野外实测方法进行精度检测。测区大部分为山地地形，小部分区域为丘陵地和高山地，最大高差约 200m，检测结果统计：平面位置中误差 0.18m，高程中误差 0.16m，符合 1∶500 地形图规范规定的误差限差要求，满足了工程建设的需要。但在有遮挡、阴影等地方容易出现粗差；建成区高程注记点容易超限，生产中需要以常规测量为辅助手段进行修补测，有针对性的提高特殊区域的测量精度。2009 年，重庆利用动力三角翼对三峡库区云阳县的鸡扒子滑坡进行地质灾害监测。通过制作高精度 DLG、DEM、DOM 及地形三维产品成果，分析提取滑坡的变化情况，从而获得滑坡、危岩整体发展变化趋势，监测滑坡危岩体在治理过程中的稳定性，达到检验防治工程效果的目的。经精度检测，该技术适用于变形量较大的滑坡和山地区域其他地质灾害的调查和监测。

我国利用固定翼轻型无人机航摄系统首次成功获取西藏、新疆、青海、四川、云南 5 省 34 县高分辨率航空影像并制作成图，从而结束了这 34 个西部测绘极其困难地区无高分辨率航空影像的历史。在影像处理中，采用了基于集群网络化的影像分步并行处理技术处理小像幅、多像对、短基线的航空影像，解决了无人机航摄小像幅多像对大旋偏角的处理难题。三维景观浏览系统采用大场景三维可视化技术，可快速浏览影像。

重庆利用固定翼无人飞机，于 2010 年 8 月完成垫江县约 100km^2 的低空遥感摄影，地面分辨率 20cm，生产制作了 1:2000 DLG、DEM、DOM 及三维仿真地形和模型数据成果，为垫江县数字城市建设提供了基础数据支撑。经野外设站检测，平面位置中误差 0.55m；高程中误差 0.92m（山地地形），满足 1∶2000 地形图规范规定精度限差要求。随后，又陆续完成丰都高家镇、悦来会展中心、广阳岛、白市驿高新拓展区、北碚澄江等地的低空遥感影像获取，地面分辨率最小 8cm、最大 20cm，制作了约 300km^2 的 1∶2000

DLG、DEM、DOM 及三维地形等产品成果，经野外设站检测，精度满足 1∶2000 地形图规范规定精度限差要求。

作为卫星遥感和常规航空摄影的有效补充手段，低空遥感系统有其他遥感技术不可替代的优点。可低空飞行，影像分辨率高，受云层的影响较小，可在一定阴云天气下进行低空航测；无机场起降，飞行机动灵活；维护、操作简单，成本低；可同时获取建筑物多侧面影像；响应迅速，成图周期短。但无人机飞行的安全性仍然是限值其大规模使用的瓶颈问题。

相对于常规工程测量，低空遥感可以前往人员无法或不能到达的目标区域；改变了传统的作业模式，将大量野外工作搬到了室内，实现了生产全过程数字化，提高了生产效率，减轻了劳动强度；其产品形式多样，除可生产 DLG 外，还可同时生产高分辨率（厘米级）正射影像图和数字高程模型，以及其他后续产品，满足多方面的工程需要。

目前，低空遥感已广泛应用于城市规划、线路测量、突发事件和灾害监测、资源和环境监测、小范围大比例尺地形图测量以及地形图快速动态更新等领域，并不断地向新领域拓展。

五、高铁与城市轨道交通工程测量

（一）高速铁路施工测量

1. 发展现状

允许速度至少达到 250km/h 的专线铁路或允许速度达到 200km/h 的既有线铁路称为高速铁路。世界上高速铁路的建设早在 20 世纪 60 年代已经开始，目前世界上速度最快的列车试验速度达到 515.3km/h（法国 TGV 列车）。国内外铁路部门的实践经验证明，轨道的平顺性是制约列车行车安全和行车速度的重要因素之一，高速铁路的最突出特点是轨道的高平顺性。要达到轨道的高平顺性，就要改变铁路轨道的结构——采用无碴轨道来替代传统散体道砟颗粒道床的轨道结构形式。而无碴轨道与有碴轨道的最大区别在于无碴轨道铺轨的定位精度要求高，轨道板一旦浇筑，轨道的可调量极小。在建设方法、施工工艺方面提出了与以往铁路工程很多不同的要求，对高铁的测量工作也提出了许多新的课题。

高速铁路旅客列车行驶速度快（250～350km/h），为了达到在高速行驶条件下保证旅客列车的安全性和舒适性，要求高速铁路必须具有非常高的平顺性和精确的几何线性参数，精度要保持在毫米级的范围以内。传统的铁路测量方法和精度已不能满足高速铁路建设的要求。要实现高速铁路轨道的平顺性，必须建立一套与之相适应的精密工程测量体系和技术标准。

随着高速铁路建设大规模地展开，在《客运专线无砟轨道铁路工程测量暂行规定》的基础上，结合我国高速铁路建设特点和现代测绘技术的发展，开展了《高速铁路 CPIII 测量标准及软件研制》和《基于自由测站的高速铁路 CPIII 高程网测量及其标准的研究》，对京津、武广、郑西、京沪、哈大、合宁、合武、石太等高速铁路工程测量经验进行系统的总结，按照原始创新、集成创新和引进消化吸收再创新的原则，对《客运专线无砟轨道铁路工程测量暂行规定》进一步完善，于 2009 年编制完成《高速铁路工程测量规范》，形成具有自主知识产权的我国高速铁路工程测量技术标准。我国高速铁路精密测量体系主要有以下4个特点。

(1)"三网合一"的测量体系

高速铁路工程测量的平面、高程控制网，按施测阶段、施测目的及功能不同分为：勘测控制网、施工控制网、运营维护控制网。我们把高速无砟轨道铁路工程测量的这三个阶段的测量控制网，简称"三网"。①勘测控制网包括：CPI控制网、CPII控制网、二等水准基点控制网；②施工控制网包括：CPI控制网、CPII控制网、水准基点控制网、CPIII控制网；③运营维护控制网包括：CPII控制网、水准基点控制网、CPIII控制网、加密维护基标。

为保证三阶段的测量控制网满足高速铁路勘测、施工、运营维护3个阶段测量的要求，在设计、施工和运营阶段构建和保持高速铁路轨道空间几何形位的一致性，满足高速铁路工程建设和运营管理的需要，3个阶段的平面、高程控制测量必须采用统一的基准。即勘测控制网、施工控制网、运营维护控制网均采用CPI为基础平面控制网，以二等水准基点网为基础高程控制网。这简称为"三网合一"。

(2)建立框架控制网CP0

高速铁路建立框架控制网CP0，是在总结京津城际铁路，郑西、武广、哈大、京沪、石武高速铁路平面控制测量实践经验基础上提出的。由于高速铁路线路长、地区跨越幅度大且平面控制网沿高速铁路呈带状布设。为了控制带状控制网的横向摆动，沿线必须每隔一定间距联测高等级的平面控制点，但是由于沿线国家高级控制点之间的兼容性差，基础平面控制网CPI经国家点约束后使高精度的CPI控制网发生扭曲，大大降低了CPI控制点间的相对精度，个别地段经国家点约束后的CPI控制点间甚至不能满足规范要求的CPI控制点相对中误差<1/180000。在测量中不得不采用一个点和一个方向的约束方式进行CPI控制网平差，但这种平差方式给CPI控制网复测带来不便。为此，在京津城际铁路、哈大、京沪、石武高速铁路平面控制测量首先采用GPS精密定位测量方法建立高精度的框架控制网CP0，作为高速铁路平面控制测量的起算基准，不仅提高了CPI控制网的精度，也为平面控制网复测提供了基准。

(3)高速铁路平面控制网的分级布网

高速铁路工程测量平面控制网应在框架控制网(CP0)基础上分三级布设，第一级为基础平面控制网(CPⅠ)，主要为勘测、施工、运营维护提供坐标基准；第二级为线路平面控制网(CPⅡ)，主要为勘测和施工提供控制基准；第三级为轨道控制网(CPⅢ)，主要为轨道铺设和运营维护提供控制基准。三级平面控制网之间的相互关系如图7所示。

(4)CPⅢ自由测站边角交会网测量

CPⅢ为轨道控制网，是铺轨加密基标和轨道精调的基准，为了保证铺轨加密基标和轨道精调测量的精度，其点位间距以60m为宜。CPⅢ控制网应采用自由测站边角交会网进行构网测量，以CPⅠ或CPⅡ作为基准进行固定数据约束平差。CPⅢ自由测站边角交会网如图8所示，自由测站间距为120m左右，每个CPⅢ控制点有3个自由测站点的距离、方向交会。

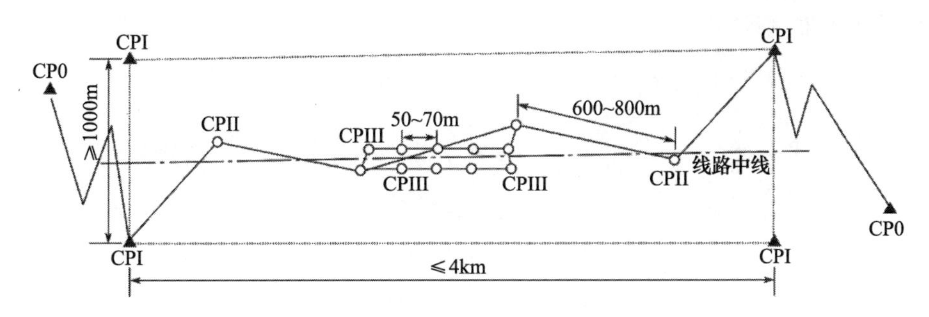

图 7　高速铁路三级平面控制网示意

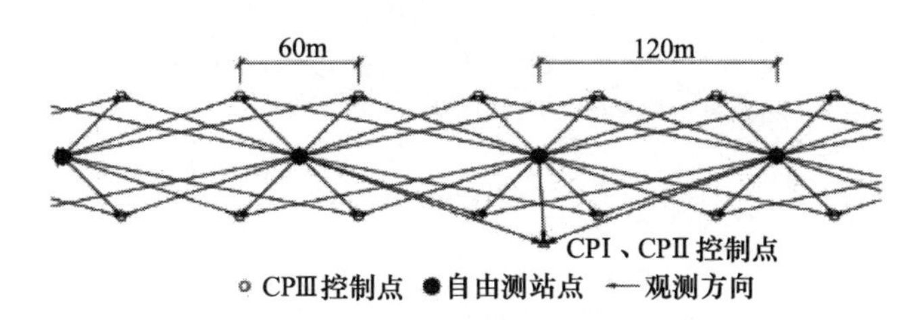

图 8　CPⅢ平面网观测网形示意

2. 与国外的对比分析

国外高铁建设及测量现状。1964 年日本建成东海道高速铁路新干线，当时运营速度就达到 210km/h，一举解决了包括东京等大城市在内的经济最发达地区的陆上运输问题，经济和社会效益举世瞩目。之后，一些西方国家又在高速铁路技术上取得了新的突破，现在法国、日本、德国、西班牙和意大利高速列车正常运营期间的最高时速分别达到了 300km、300km、280km、270km 和 250km，如果作进一步改善，运行时速可以达到 350～400km。迄今世界上最高时速在 200km 以上的铁路总长度已超过 1 万 km，欧洲、亚洲、美洲等一些国家和地区继续在主要运输通道上建设高速铁路网。

测量是高铁建设的先行性、基础性工作，贯穿高铁建设的始终，是关系高铁建设成败的关键问题之一，各国家在高铁建设中都极为重视。

1）与以往铁路建设相比较，测量工作由以往主要围绕线下工程展开改为围绕轨道铺设展开，轨道按照设计位置严密定位。为适应铁路高速行车对平顺性、舒适性的要求，铁路轨道必须具有很高的铺设精度。对于无碴轨道，无论采用哪种轨道形式，轨道施工完成后均基本不再具备调整的可能性，由于施工误差、线路运营以及线下基础沉降所引起的轨道变形只能依靠扣件进行微量的调整。德国高铁扣件技术条件中规定扣件的轨距调整量为±10mm，高低调整量为-4mm～+26mm，因此用于施工误差的调整量非常小，必须提高无碴轨道施工放样的精度要求。

2）德国高速铁路控制网分为 PS0、PS1、PS2 和 PS4 四级，德国国家控制网点的间隔为 30～50km，高铁首级控制网 PS0 点间隔为 4km 左右，远离施工区，平面由静态 GPS 测量，高程由水准测得。PS1 为 PS0 基础上的加密点，PS2 为平面控制基准点，可作为铺轨基础控制网和线下工程等使用，PS3 为高程控制点，只设立在大楼或建筑物处，PS4 为铺轨专用控制网，网形如图 9(a)和图 9(b)。PS4 两种网形平面测量均采用全站仪测量，高程测量采用水准测量方法。

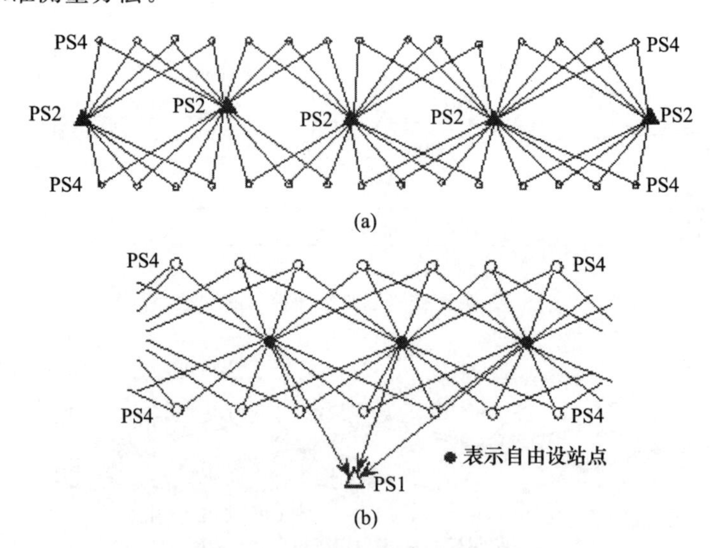

图 9　德国高铁 PS4 控制网示意图

3)当前德国、法国、日本等国家对高铁投影精度要求均较一般工程高,要求长度变形不超过 1/10 万。而当前世界很多国家采用的高斯投影按照投影长度变形不超过 1/10 万的要求,每个投影带建立的独立坐标系东西方向最多可控制长度范围不超过 56km,沿途若有坡度变化可控制范围更小,这样沿同一铁路线需要建立多个独立坐标系,而相邻坐标系间的不统一是高铁建设中一个极为麻烦的问题。

4)轨道板安装:无碴轨道板一旦安装,就没有了可调性,轨道的调整量这时就非常有限,因此对轨道板安装的精度要求很高,轨道板的安装目前常用的方法是全站仪配合专用测量标架按照设计位置进行绝对定位。工作原理是:首先通过已经完成定位定向的全站仪测量安装在轨道板上的专用测量标架上的棱镜,全站仪将测量数据通过无线电传给工控机,工控机计算出轨道板实际坐标,并与轨道板设计坐标进行比较,给出调整量供作业人员调整轨道板,调整后重新测量,反复操作直至轨道板调整符和限差要求时用专用砂浆固定轨道板。

5)轨道检测:轨道检测通常采用全站仪配合专用轨道检测车,工作原理如图 10 所示,轨检车需人力推动,轨检车内装有高精度传感器,用于测量轨距和轨道超高,在测量过程中全站仪和轨检车适时将测量数据传给掌上电脑,掌上电脑计算出轨道实际参数并于设计参数比较,给出轨道调整方案,指挥工作人员调整轨道。

3. 发展展望

1)在控制网布设方面,因各个国家控制网点布设密度、精度不同,不能完全效仿国外布设高铁控制网。在无碴轨道的勘测、施工、竣工和运营管理的各个环节,需要建立统一的空间数据基础,以便有利于今后运营维护以及测量数据的标准化和规范化。

2)在平面投影方面,参考德国高铁对投影长度变形的要求,根据国家铁道部 2006 年发布的《客运专线无碴轨道铁路工程测量暂行规定》,平面投影长度变形不大于 1/10 万

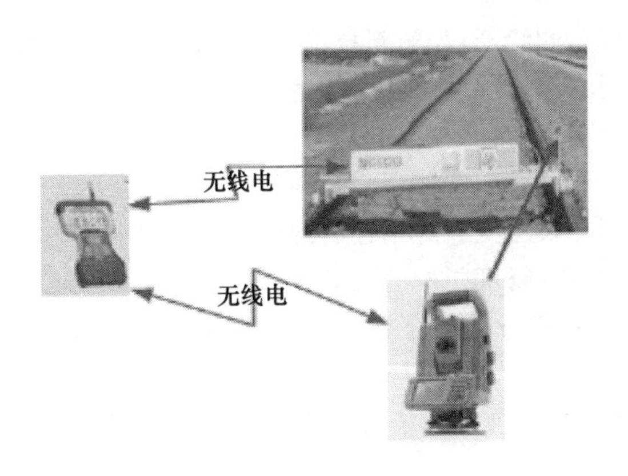

图 10　德国 GEDO 轨检系统示意图

(普通工程要求投影变形不大于 1/4 万),按照这个要求,目前我国施工单位应用高斯投影在不受高程影响的情况下东西方向只能控制 56km,沿途若有坡度变化时控制范围还要小。而我国武广高铁全线长 879km,按照高斯投影方法沿线要建立 21 个独立坐标系,这是很不方便的。应该分析研究沿铁路线方向进行斜墨卡托投影在高铁测量中应用的可行性。

3)在铺轨控制网测量和数据处理方面,当前国内大部分施工单位采用的网形,测量方法是采用全站仪测量平面坐标,精密水准测量高程,精度虽然很高,但测量速度慢,建网费用高。能否采用全站仪在测量平面坐标时直接测量三维坐标来代替精密水准是一个很有意义的研究方向。

4)目前我国高铁施工采用国外直接引进的或通过国内改进的无碴轨道板,直接引进国外的轨道板精调测量技术和设备。对于高速铁路轨道板和轨道的安装检测,应该分析当前使用轨道板精调系统和轨道检测系统的优缺点,进行独立的、创新性的改进,建立能够真正适用于我国目前使用的各种无碴轨道板的通用精调测量系统。

(二)轨道交通工程测量

1. 发展现状

随着我国国民经济的飞速发展,人们对交通快速和便捷的需求日益增长。轨道交通因其运量大、准时、快速、安全及环保等特点,逐步成为国家基础设施建设的重点和热点之一。目前,我国城市轨道交通已进入快速发展时期,有 33 个城市正规划建设地铁,10 个城市地铁已开通运营,到 2015 年,中国城市轨道交通规划线路多达 93 条,总里程 2700km,投资总额将超过 10000 亿元。国家“十二五”规划以及《国务院关于加快培育和发展战略新兴产业决定》都明确提出加快城市轨道交通建设的步伐的要求。

随着测绘、信息化、通讯、系统集成等技术的快速发展与不断创新,我国的轨道交通建设技术也在不断的提升与发展。轨道交通建设是一项专业复杂、技术难度高的庞大系统工程,尤其是测绘技术从轨道交通的规划、建设施工、竣工验收、设备安装和营运期间结构稳定性监测等各个环节都提供重要的技术服务。测绘工作贯穿于轨道交通规划设计、施工建设与安全运营的整个过程。城市轨道交通建设安全、高效、可持续的发展离不开测绘技术的支持,尤其在目前,测绘新仪器、新技术的发展日新月异,为解决城市轨道交通系统开发与使用中存在的问题提供了多种技术方案与手段。

(1)轨道交通施工控制测量

轨道交通工程测量与高速铁路工程测量相近。如,现在大都采用 GPS 技术和全站仪导线来建立工程控制网。轨道交通施工控制网依托城市基本控制网,结合工程实际、地铁线路形状以及经过上述必要精度指标的论证,布设满足轨道交通隧道贯通要求的独立控制网 GPS 和全站仪测距精密导线联合布网,即沿线路延伸方向每 1～3km(或以两站一区间为单元),布设一组(2～3 个)两两通视的 GPS 控制点覆盖全线,两组 GPS 点之间用全站仪测距精密导线连接,共同组成一条轨道交通线路地面施工控制网,控制网设计见图 11、图 12。

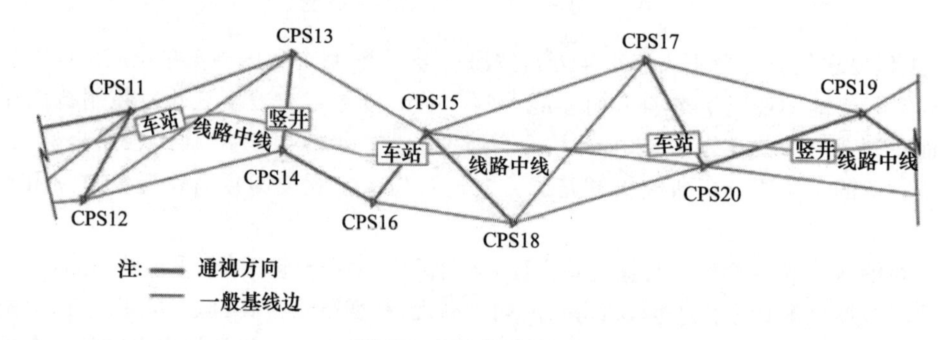

图 11 GPS 控制网布网

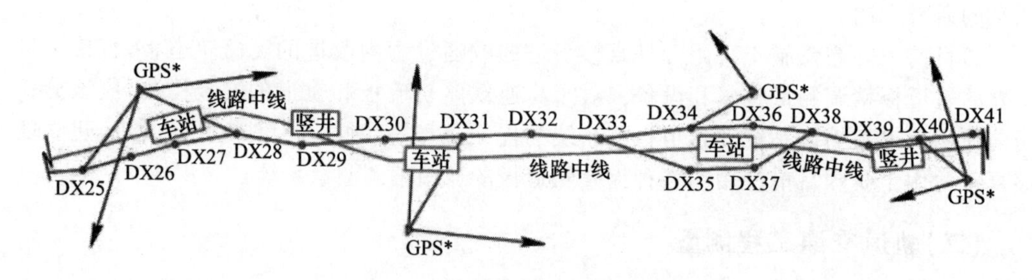

图 12 GPS 和精密导线联合布网

(2)轨道交通工程变形监测与安全监控

随着轨道交通向高速度、高密度的方向发展,轨道交通运营安全保障工作变得越来越艰巨,相应的基础设施安全检测也不得不由传统的人工巡检方式向现代车载式高速动态检测方式转变。在轨道交通基础设施安全状态检测中,轨道不平顺、轨距、钢轨磨耗、线路全断面等影响运营安全和乘坐舒适度的线路几何参数是需要经常检测的重要参数。车载式动态检测技术的核心是非接触式检测技术和高精度动态测量基准技术。线路几何检测一般通过地对地和车对地等方式进行。地对地又称为静态检测,主要是靠固定设备或由人操作仪器对线路几何安全状态进行静态精确测量与评估车对地检测又称为动态检测,主要是依靠人对运行车辆舒适度和安全度的综合感觉来评价线路状态如大铁路中的添乘制度,或者采用专用的添乘仪、检测车列车完成动态测量。

2. 与国外的对比分析

(1)变形监测

20 世纪 70 年代末,国外变形监测技术迅速发展并广泛应用,其主要监测的对象为大坝、桥梁、高层建筑物、防护堤、边坡、地铁隧道等。发展到近阶段,除常规监测方法以外,采用先进技术方法主要是:自动化监测、GPS 技术、INSAR 技术、管线雷达技术、测量传感器技术等。在几何学、物理学、计算机仿真学等多学科、多领域的融合、渗透下,变形监测技术向一体化、自动化、数字化、智能化等方向发展。在集成多种监测方法、多学科专业技术的基础上,自动化监测技术近十年来迅速发展。其基本原理是:根据自动控制原理,把被观测的几何变形量(长度、角度)转换成电量,再与一些必要的测量电路、附件装置相配合,组成自动测量装置,将测量数据自动采集、传输到指定系统,完成自动化监测过程。与传统人工监测相比较,它具有连续、动态、实时、精确等显著优势。现代的自动化监测技术已实现了运行变量的实时数据采集与传输、数据管理、在线分析、综合成图、成果预警的计算机控制网络化。目前远程自动化监测系统主要有对近景摄像测量系统、多通道无线遥测系统、光纤监测系统、全站仪自动量测系统、静力水准仪系统、巴赛特结构收敛系统等。

纵观数十年变形监测技术的发展历程,主要是由传统的变形监测方法——大地测量和近景摄影测量方法,发展到高精度、自动化监测程度强的空间定位技术(GPS)和测量机器人(Georobot)、实时自动化检测与专家系统等新技术相结合的过程,而在数据处理与分析建模方面则纳入了随机过程、小波变换、时序分析、灰色系统、Kalman 滤波、人工神经网络、频谱分析等新理论和新方法。

(2)安全监控

轨道几何安全检测技术及装备,是检查轨道病害、指导轨道维修、保障行车安全的动态检测设备,也是实现科学管理的重要手段,各国铁路都十分重视相关技术及装备的开发和应用,相关技术和装备的发展已有近百年的历史。欧、美、日等发达国家相继研究了多种先进的轨道几何检测技术和测量原理,开发出应用现代高新技术的检测装备,增加了检测功能,提高了检测精度和检测速度,满足了铁路提速和高速的要求,为保证线路运行的安全和舒适发挥了重要的作用。由于新技术的应用,综合检测车是高速铁路运营的技术基础,综合检测车综合了最新的传感器技术,计算机技术,网络通信技术与信息处理技术。在高速环境下,非接触式测量是普遍采用的方式,主要包括激光摄像、图像识别和激光扫描等测量方法,并借助于惯性基准陀螺系统。同时,采用最新的网络与数据库技术,实现测量数据的存储与共享并将最新的无线通信技术应用到系统之中,使得测量得到的病害信息能够及时传送到地面,以便尽快安排维修。总体来说,轨道交通基础设施安全状态的管理正在朝着高速综合检测与综合维修管理的方向发展。目前线路几何的动态测量主要采用非接触式测量方式,如激光测距、摄影测量。由于动态车辆的振动,测量设备存在自由度的不确定性,因此,车载动态检测的核心之一动态基准测量技术。

3. 发展展望

(1)融合多学科技术服务于轨道交通安全运营

伴随着城市轨道交通的大发展,其规划建设、运营安全性越来越受到政府和社会的高度重视，城市轨道交通工程建设施工主要集中在人口密集的主城区。因此，如何精确地对轨道交通规划设计方案进行空间定位，确保轨道交通地下工程准确贯通，轨道交通工程施工对周边建筑物、地下管线、地下设施的影响，以及轨道交通结构沿线保护区内建设施工对轨道交通安全营运的影响等核心技术课题需要进一步研究。同时，施工城区结构尤其是轨道交通规划设计的要求越来越高，对轨道建设与管理不断提出新的技术挑战，而测绘技术是确保轨道交通规划建设、施工定位和营运安全的重要保障。因此，如何将现代测绘技术、信息化技术、通信技术、传感器技术和计算机等技术相融合，为轨道交通规划建设、安全营运提供快捷、精确和实时的技术服务需要不断研究的内容。

(2)轨道交通网智能化管理平台关键技术研究

鉴于地铁在国民生产和生活中的重要性，以及地铁事故所可能导致的重大后果，如何确保地铁在建设及运营期间的安全则成为地铁工程和运营部门需要共同面对的一个重要课题。为推进轨道交通建设、运营整体水平，服务于数字化、智能化、信息化的技术与管理创新的目标，开展轨道交通建设运营中测量机器人自动化监测、新型监测传感器应用、自动化监测预警预报实时分析处理软件平台以及基于数字城市、智慧城市的轨道交通网智能化管理平台等关键技术的研究意义十分重大且迫在眉睫。

(3)制订相关技术规范

随着新技术的发展和逐步应用，我国的轨道交通监测技术已经取得了一定的成果。同时我们也看到，目前国内监测市场的监测技术、方法还比较单一，设备陈旧，难以满足飞速发展的现代监测业务的需要；各类方法缺乏系统性、针对性、规范性。因此借鉴国外经验，结合区域特点，进行轨道交通测绘技术研究，并逐步形成一套运营中安全监测的智能化测量系统和技术规范、体系，是当前亟需解决的问题和工作重点。

六、地下管线管理与探测技术

地下管线是城市基础设施的重要组成部分，是城市规划、建设、管理的重要基础信息。城市地下管线就像人体内的“血管”和“神经”，日夜担负着为城市输送物质、能量和传输信息的功能，是城市赖以生存和发展的物质基础，被称为城市的“生命线”。面对城市建设的飞速发展，地下管线的重要性日益呈现——是城市经济发展的保障，是维系城市地上地下空间、保证城市整体运行的基础性设施。城市管线信息的重要性及管线的安全性已为广大城市管理者所重视，城市地下管线的管理与探测技术在近年来取得了长足进展。

(一)城市地下管线管理技术的进展

1. 管线信息数据共建共享逐步得以实现

国内大中型城市的地下管线信息管理系统均在近年来进行了升级，由基于 CAD 模式的管理系统升级为基于 GIS 模式的数据库管理系统。特别是“数字城市”“集成共享”等信息平台的建设，让管线数据信息的共享在技术上得以实现。昆明市规划局还在管线信息管理系统中增加了管线分析与三维可视化分析功能，为管线信息数据的广泛应用奠定了基础。同时，管线信息的共建工作，在部分城市得到充分实现，昆明市最新的管线普查工作就采用了规划局与权属单位的“双业主模式”，各专业的管线信息采集均由该权属单位派员参与指引并最终审核，从而使管线信息数据的共建落到实处，数据可靠性得到保证。其数据标准也兼容了各专业权属部门的需求，从而也使管线普查数据可为各专业权属部门所共用。

2. 管线数据采集的内外业一体化工作模式得到加强

随着PDA、掌上电脑等技术的发展，北京、广州、南京、厦门等城市的管线勘测单位已开始使用PDA等电子设备作为管线勘测外业的记录介质，可在外业对探查数据进行电子录入，并同时进行电子草图的绘制，电子记录数据进入内业流程时，可与计算机及内业软件进行联接传输，通过配准等操作可实现由草图变成果图、外业记录变成果表的快速内业处理。同时，管线内业处理软件已基本脱离传统的CAD模式，可与GIS系统进行无缝对接，从而更进一步地实现了管线探测内外业作业的一体化，成果数据的多格式提取成为现实，工作效率有较大提高。

3. 管道健康检测的管道内窥成像技术得到推广

管线运营维护中，健康检测必不可少，近处来，管道内窥技术已逐渐得到应用，特别是CCTV检测技术，能形象直观地检测管道内损坏程度，取代传统的人工检测，为管道运行的安全高效提供了保障。QV、CCTV、声呐等管道内窥成像检测技术最初在三峡新建城区使用，广州市的污染源二期项目采用该技术对全市主干排水管进行了健康检查。国内(特别是珠三角区域)已越来越多地采用CCTV等技术进行排水管道的竣工验收检测。该技术的推广应用必将成为国内管道健康检测的主流，为管道运营管理提供切实保障。

(二)地下管线的探测技术取得明显进步

1. 金属管线探测技术的发展

金属管线探测仪是探测地下管线的主要仪器，是探测金属管线、电力电缆、电信光缆的重要手段。管线仪的基本技术已为绝大多数管线勘测单位所掌握。但大埋深、关系复杂的管线探测依然是难点。近年来，双端接地、远端接地等探测技术的应用，对大埋深、复杂管线的探测有较好改善。而通过剖面探测，并采用反演软件进行反演计算的金属探测技术更为大埋深复杂管线的探测精度提供了支持，取得了良好效果，对十数米深的地下管线已有成功案例。同时智能化管线探测仪的开发应用有较大进展:如收发频率的自动匹配、探测数据实时通过蓝牙或网络进行传输存储，都可基本实现。

2. 多种物探技术为非金属管线的探测提供支持

非金属管线的探测一直是城市地下管线探测中的难点，近年来多种探测技术为非金属管线的探测提供了支持。

示踪电磁法是非金属管线探测的重要方法，主要还是采用金属管线探测仪，通过采用示踪线(预埋)、示踪电缆、示踪探头(采用专用穿线器穿入管中)等，可采用金属管线仪直接进行探测。这些方法需要在管线铺设时同期埋设示踪线或在覆土后能开井放置示踪的线缆或探头。电子标识器也是一种有效的示踪法，是在管线埋设时，在管线的特征点上埋设电子信标，覆土后就可通过专用仪器进行探测定位。

对于无法进行示踪探查的非金属管线，可采用地质雷达、高密度电阻率法等常规物探方法。广州市城市规划勘测设计研究院在该领域进行了深入研究，取得了较大进展。该院利用雷达波的多次反射波可计算出非金属给水管的管径大小，是近年来地质雷达探测的突出进展之一。该院采用较高频率天线开展小管径非金属管线的探测研究，对管径小于 100mm 的给水管、煤气管的探测均取得较好效果。该院由广东省科技厅支持的科研项目——"高密度电阻率法在城市地下目的物探测中的应用"，对大直径、大埋深的非金属管线进行探测，取得良好效果。

利用 QV、CCTV 等管道内窥技术来协助探查排水管渠的走向、拐点、分支及管径管材变换等，已成为管线探查方法的有效补充。上海市推行的管线陀螺仪技术，在施工方的协助下，将管线陀螺仪穿入管线中，对非开挖管线进行竣工测量，对于较大埋深的非开挖管线可获得较准确的定位数据。

（三）城市地下管线管理与探测技术的发展方向

1. 多维远程传感技术的应用开发

随着 3S 技术（RS、GIS、GPS）的融合和无线远程通讯技术的发展与广泛应用，基于电子记录、智能化管线探测仪的管线数据前端采集，加上远程通讯、可视化的空间分析与信息挖掘、空间自动定位等先进技术，将会使管线探测内外业一体化更进一步地发展，逐渐向内外业同步作业方向迈进。

2. 加大大埋深管线、非金属管线探测技术的研究

尽管近年来取得较大发展，但对大埋深管线、非金属管线的探测技术研究还不能停歇，要紧追物探技术的发展步伐，把最先进的物探技术应用到管线探测中或将管线探测技术更深层地研究开发，都是管线技术发展的重要目标。

参考文献

[1] 宁津生. 2009—2010 测绘科学与技术发展报告[M]. 北京：中国科学技术出版社，2010.
[2] 李学军，洪立波. 城市地下管线的挑战与机遇[J]. 地下管线管理，2010(5).
[3] 解智强，王贵武，周四海，等. 构建互联网平台实现地下管线可公开信息的更新与共享[J]. 地下管线管理，2010(6).
[4] Rubing Ge , New Progress of Gpr to Detect Underground Pipelines[M]. ADVANCES AND EXPERIENCES WITH PIPELINES AND TRENCHLESS TECHNOLOGY FOR WATER, SEWER, GAS, AND OIL APPLICATIONS. 上海：中国非开挖协会(ICPPT)，2009.
[5] 葛如冰. 高密度电阻率法在城市地下目的物探测中的应用[J]. 物探与化探，2011(1).
[6] 张汉春. 沙堆内小型管线的探地雷达模型实验研究[J]. 地球物理学进展，2010(4) .
[7] 葛如冰，丘广新. 地质雷达探测地下非金属给水管的管径大小[J]. 城市勘测，2009(6).
[8] 张汉春. 非开挖特深管线的探测技术分析及展望[J]. 地球物理学进展，2010(3).
[9] 葛如冰，曹震峰，彭飞. 地质雷达在给水管线探测中的新进展[J]. 勘察科学技术，2008(4).

[10] 林广元.基于PDA的地下管线数据采集系统的应用[M].第二期城市地下管线数据处理与信息系统管理培训班教材资料,2009.

[11] 戴相喜,黄志洲,王华峰,地下管线探测内外业一体化技术研究与实现[J].地下管线管理,2011(1).

撰稿人:陈品祥 贾光军 王 丹 李广云 谢征海 胡伍生
徐亚明 储征伟 王晏民 王厚之 林 鸿 刘俊林
秦长利 丁晓利 王双龙 杨志强

矿山测量发展研究

矿山测量学科是一门将测绘与地质、采矿以及环境等相互交叉及综合的学科,它的基本任务是研究、处理矿产资源勘查、规划设计、建设开发和生产经营过程中,从地面到井下、从矿体(煤层)到围岩、从静态到动态的空间信息采集、处理、表达、利用问题,为矿产和土地资源的合理开发及区域生态环境保护服务,具有先行性、基础性、指导性和服务性的特点。近年来,本学科的业务活动在广度和深度上继续发展,成果显著,日常矿山测绘生产实践也丰富多彩。现仅就以下几个方面予以重点表述。

一、有关国际矿山测量学术活动

1. 我国多名学者参加第 14 届 ISM 学术大会

2010 年 9 月 20 日至 24 日,国际矿山测量协会第 14 届大会在南非共和国约翰内斯堡市太阳城举行,共有来自 30 多个国家的近 200 位学者代表参加了会议。此次大会共接受学术论文 117 篇,涉及有关矿山测量领域的多个方面。其中有:教育、法律与历史;矿体几何与矿山资源管理;矿测仪器、测量方法与制图;矿区土地复垦与生态重建;矿区经济转型与可持续发展等。会议共组织了 3 天学术报告会,有近 60 篇学术论文进行了学术交流。会议还举办了仪器展销会和技术考察。中国 16 名学者参加本次会议,64 篇论文被大会接纳录用,论文集在会后编辑出版。国际矿山测量协会(International Society for Mine surveying,ISM)成立于 1969 年,是联合国教科文组织下的非官方一级学术组织,现有 42 个成员国,我国于 1995 年加入该组织。

2. 国际矿山测量 2011 年中国学术论坛召开

由 ISM 第六专业委员会主办,中国测绘学会矿山测量专业委员会、中国煤炭学会矿山测量专业委员会、中国金属学会矿山测量专业委员会和河南省测绘学会矿山测量专业委员会协办,河南理工大学承办的国际矿山测量 2011 年中国学术论坛于 2011 年 6 月 18 至 19 日在河南焦作市举行,来自中国、澳大利亚、意大利、俄罗斯、越南和津巴布韦 6 个国家的专家、教授 80 余人参加了此次学术论坛。会议共收到论文 110 多篇。会议围绕数字矿山、测绘新技术、测绘仪器;开采损害防护与控制;矿山环境监测与评价;土地整理与规划;教育、历史;矿产资源评价与管理;矿山可持续发展、节能减排等七大主题开展了 36 场学术报告。

二、"3S"及网络技术应用与"数字矿山"建设

1. GNSS 等技术的应用

1)GPS 和 GLONASS 技术以及 InSAR 技术在矿区地表沉陷、露天矿边坡或道路滑坡监测中的应用研究。GNSS 和 InSAR 能够全天候地连续提供监测数据,但它们各有优

缺点。前者的时间分辨率高，但空间分辨率较低；后者则基本相反。如何将两者结合起来、取长补短，以便在矿区地表沉陷及露天矿边坡、道路滑坡监测中达到所需求的精度，已有较多的实践研究，表明两者结合可在一定程度上解决 InSAR 对于大气参数的变化敏感问题；差分干涉测量技术适合于大多数沉陷与滑坡监测，效果较好。需要解决的问题包括：能够收集到合适而足够的空间基线和时间基线数据；GPS 与 InSAR 技术相结合的具体实施方案和技术方法，如基于 GPS 的干涉数据几何校正，基于永久性散射体和角反射器的 D－InSAR 数据处理，GPS 连续观测网数据与 InSAR 数据的集成等。

2)GPS RTK 技术结合回声测深仪在煤矿积水沉陷区中的应用。该监测系统包括 GPS ＋RTK 系统；回声测深系统，其测深范围为 0.3～300m，测深精度(分辨率为 2cm)；以及测深船。它已在安徽淮南矿区的顾桥矿进行应用实践，该测区的最大积水深度约 2.5m。应用该测量系统可使积水沉陷区的水深测量工作变得简便、高效，但若水下的杂草等干扰物较多时，会产生杂波、二次甚至三次回波现象，与水底的真正回波信号产生干扰。为解决此类问题需采取相应的技术方法，如水底门跟踪(时间门跟踪)、声波脉冲宽度选择、信号门槛、自动增益控制、时间增益控制等。有些问题还有待进一步研究，以提高监测精度和效率。

3)利用 CORS VRS 技术进行煤矿开采地表沉陷的监测与分析评价。实施在采动波及区外建立拟稳点，以基于 CORS 系统的 VRS 定位的拟稳点与沉陷区监测点之间的大地高高差值，代替水准高差方法来确定监测点的沉降量。在观测作业时，应仔细仪器的对中、整平和量取天线高，基线两端观测严格同步，通过定时(时差 4m/d)、固定各次观测卫星的空间位置(相同卫星，同一方向和高度角)等措施，能够达到±3.2mm / km，相当于四等水准测量，可满足要求。

4)GPS/伪卫星技术在露天矿边坡监测中的应用。针对露天矿 GPS 可视卫星个数及几何图形条件易受较大坡度遮挡的影响，利用 GPS/伪卫星(PLs)组合定位技术，可增强卫星的几何强度。通过模拟仿真和实验分析表明，选择合适的 PLs 的设站位置，GPS/PLs 组合观测技术能够较大程度地改善定位精度因子 DOP，整周模糊度固定解的可靠性明显增强，基线向量解的精度也得到提高，X、Y 和 Z 坐标分量的标准差分别为 0.1mm、0.1mm 和 0.3mm。

5)GPSmap76 手持式接收机在内蒙古煤田火区勘测中得到应用。由于火区涉及准格尔、东胜煤田，共计面积达上千平方千米，为了圈定火区范围，将简便的 GPSmap76 手持式接收机测量技术与工程物探相结合是一个可行的方案。在具体施测工作中，探索和解决了诸如坐标系统转换参数设定，测网布设，以及作业方法的选用(单条测线放样、平行线放样、遥控测量目标点)等问题。结果表明，该技术方案效率高，能满足精度要求。

6)导航型手持式 GPS 接收机在 1∶10000 地质填图定位测量中的应用。为保证填图的定位精度，一个关键问题是确保在进行实测的 WGS 84 地心坐标系的坐标值转换到我国 54 北京坐标系或 80 西安坐标系值时，达到应有的精度。为此，一般至少需测算 5 个已知坐标值点的数据，来推求坐标转换参数。河北省煤田地质局在宝力根陶海煤田勘查区开展手持式 GPS 接收机地质填图的测量，其单点定位的最大误差为 3.2m，平均误差为 2.5m，可满足 1∶10000 比例尺地质填图的精度要求，效率较高。但目前尚不能达到

1∶5000比例尺的精度。

7)PSO—BP网络模型在GPS高程拟合中的应用研究。将POS(粒子群算法)与BP网络算法相结合,在基于BP算法的误差反向传播调整权值的基础上,利用PSO算法进行权值修正,建立一个PSO优化的BP网络模型进行GPS高程拟合,并与GA—BP网络模型、SVM模型及标准BP网络模型进行比较研究。结果表明,PSO—BP网络模型与GA—BP网络模型均能够较好地表示GPS高程异常变化的特征,减少拟合误差,可提高GPS高程拟合的精度,为26mm左右。

8)GNSS/INS组合系统的抗差卡尔曼滤波。利用改进方法对成熟软件产生的GNSS/INS模拟数据和Monte Carlo方法产生的模拟单、多和缓慢增长误差模型进行实验研究。结果表明,利用给定错误预警率和故障探测率,确定抗差参数的抗差卡尔曼模型能够有效修复单或多异常值误差及缓慢增长误差。

9)在矿山工业广场平面图的测绘中,应用GPS作首级控制测量、RTK作加密控制测量、全站仪测定碎部点位置,通过数据传输软件将数据从全站仪传输到计算机中,再应用CASS 5.1软件成图。这种发挥各自所长的综合技术方法具有作业效率高、精度好、数据安全可靠等优点。

2. 数字摄影测量与遥感技术的应用

1)根据国土资源部关于开展"全国整顿和规范矿产资源开发秩序"的指示和要求,许多省区的国土资源部门和矿山企业,应用卫星遥感影像数据如SPOT5、ETM及我国资源卫星等,配合矿区的1∶50000或1∶10000地形图及DEM数据资料,进行矿区矿产开发状况、土地利用信息提取以及矿山环境、地质灾害分布情况的调查解译,查核不同矿种开发的位置、数量及其违法情况。这种技术方法先进,有关成果在治理整顿矿山秩序、遏制违规开采、矿业权核查等工作中发挥了重要作用。

2)基于多分类器集成的煤矿区土地利用遥感分类研究。以Landsat ETM+及中巴CBERS卫星影像为数据源,将多分类器集成技术应用于煤矿区土地利用分类,应用Double Fault、WCEC、Kappa等差异性测量指标选择成员分类器,再利用Bagging、Boosting、加权投票法、分类器动态选择法等集成方法实现组合成员的分类器输出。试验表明,在遥感技术的矿区土地利用监测应用中,多分类器集成能够有效提高土地利用分类的精度,对矿区土地整治及环境评价有广泛应用前景。

3)基于RS技术的乌达煤田火区变化监测。利用Landsat-5TM的可见光1～5波段和热红外6波段,1989—2005年的影像数据,对内蒙古乌达煤田火区的演变态势及速度进行监测和分析。表明,该煤田在这期间火区面积增加了98.10万m^2,每年新增面积约6.13万m^2,年增加率为2.48%。煤田南部的A煤火区面积在减少,但其他火区面积在逐渐增大,有的正向四周蔓延。RS技术与物探技术相结合是监测煤田地表与地下火区的最佳技术手段。

4)基于RS、GIS的徐州城北矿区生态景观修复研究。以1987年、1998年和2008年三个时相的Landsat TM及SPOT卫星遥感影像为数据源,结合应用生态景观学原理和GIS技术,分析了徐州北矿区景观生态变化规律,进而从生态修复适用范围、模式、技术等方面提出了矿区生态修复的策略。

5)国产 SWDC—4 数字航摄仪在 GPS 辅助空中三角测量中的应用。西安煤航公司在山西晋城矿区和甘肃省某线路的测量中发现这种数字航摄仪优势明显,可实现无地面基站、较少地面控制点的 GPS 辅助皖测,外业工程量少,能适应中、小比例尺摄影,高程精度更高,对天气条件的要求不苛刻,应用前景喜人。

6)无人机遥感技术在现代矿山测量中的应用。无人飞行器航测遥感系统(Unmanned Aerial Vehicle Remote Sensing, UAVRS)具有影像数据获取周期短、数据影像分辨率高、操作较简便、经济效益好等优点。该系统已在我国多个煤田、油田和生产矿区开展试验应用。UAVRS 能够在矿山开发建设与生产管理(包括数字矿山建设、矿产资源合理开发利用与保护、矿区环境监测与整治)中发挥独特的效用。此外,这种技术也已在长距离输油(气)管道地形图测量与选线设计、矿区和厂区(炼油厂、乙烯厂等)的地形地貌测量中得到应用。

7)机载激光雷达遥感技术(LIDAR)及地面激光扫描技术已在矿山测量、矿山地表 DEM 建立及目标物的高精度三维模型构建中进行试验研究。

8)近年来,非量测数码相机发展迅速,性能/价格比不断提高,从而促进了各种方式的数字近景摄影测量技术方法的发展、应用,已在水电工程的地质结构特征调查,露天矿边坡及塌陷区监测,以及数字城市建设中得到广泛的应用。为此,研究了数码相机的标定,数字近景立体摄影的影像匹配及 3 维坐标解算,正方形正射相片图制作,图像镶嵌,3 维表面模型的构建理论、算法等问题。

9)D-InSAR 技术在工矿区地表形变与沉陷监测中的应用。由于开采沉陷区域一般较小,沉陷强度大,沉陷区的形态及演变呈非线性的复杂过程,使相位信息提取及形变分析更加困难。目前仍有一些实际或瓶颈问题需要研究解决,例如:①大气波动对干涉相位延迟的影响。②相干性对差分干涉测量结果的影响。③InSAR 图像的相位解缠。近期,我国一些学者对 Goldstein 相位解缠方法做了改进,借用图论中最小生成树的思想,应用 Prim 算法生成局部最小生成树并连接枝切线,可较有效地消除枝切线中的闭合环及贯通枝切线,以 ERS 卫星的实际 InSAR 影像数据进行试验研究,相位解缠的效果得到改善。④干涉纹图(interferogram)上形变区域的识别与分析等。目前,SAR 的数据源已有所增多,数据质量也有一定提高。我国已在唐山、峰峰、皖北、淮南、徐州等多个煤矿区进行了 D—InSAR 的沉陷状况研究,初步研究成果表明,大气效应、时间失相干及空间失相干是影响干涉处理的主要因素;当沉陷区的植被覆盖较茂密时,选择短时间基线和季节因素变化较小的干涉像对更为有利;应尽可能获取当时的气象数据,以提高大气波动引起的相位延迟校正精度。该方法对下沉量从几厘米到几十厘米的监测均有效,监测精度目前可达到亚厘米量级。

10)高光谱(hyperspectral)遥感与探地雷达(ground penetrating radar,GPR)技术近年来在矿山领域日益受到关注,应用研究较广泛,如矿区地质调查、开采引起水位变化探测、复垦土壤的物理化学特性检测,易混分类目标的特征提取与分类等。

11)地面三维激光扫描点云的多站数据无缝拼接。基于测量平差理论,提出一种简易的多站扫描数据无缝拼接方法。实践表明了该方法的可行性及有效性。

3．GIS与网络技术应用

(1)GIS和WebGIS技术在矿山安全生产管理中得到有效应用。我国一些煤矿运用Arc GIS-9及MaplnfoJava4.5等GIS技术实施矿山地采和井巷信息的模拟及2维或准3维的可视化，或应用于生产调度、安全调度和安全监控。基于GIS的功能，对越层越界开采、贯通采空区、贯通含水层等可能发生重大事故或安全隐患问题设计了相应的应急预案。同时，将光纤通讯技术，Internet/Intranet技术与WebGIS技术相结合，在矿区建立了网络数字煤矿安全网络信息管理系统。

(2)矿山3D/准3D模拟与可视化的研究取得进展。近年来，相关高校、科研院所与矿山企合作，在矿山井上地形地貌、矿产资源3D建模与分析评价、矿山3D立体图制作及3D可视化的软件开发与技术应用方面已取得一些进展，有关成果受到业内外人士的欢迎。目前，使用较多的开发工具包括：AutoCAD2007/2008软件、SGI公司的OpenGL、微软公司的DirectX、Sun公司的Java3D以及VRML语言、Vega等。业内学者和工程技术人员普遍认为，矿山的3D模型化与可视化是数字矿山建设的重要和关键内容之一。

(3)UTM(unified threat management，统一威胁管理)和PKI(公开密钥基础设施)在矿山企业网络信息建设中的应用。目前，UTM和PKI技术被认为是解决网络安全以及数据加密、数据完整性、数据不可否认性、双向身份认证等网络安全问题的较佳方案。其中，密码服务器的设计是关键之一。我国已有一些矿山企业采用了这种先进的信息管理与服务技术。

(4)基于多层DEM的变形信息提取方法。所谓多层DEM即是对单层DEM的拓展与信息处理，它是在原有DEM的三维坐标属性中添加时间(年、月、日甚至时)维的数据结构，并在数据链表结构中一并存储，从而生成不同层面的DEM数据。多层DEM的优点包括：便于以多层面多种形式显示地形信息；变形信息方便提取；易于实现自动化、实时化。有关高校与煤矿企业合作，运用matlab软件方法在多层DEM开采沉陷数据上进行沉陷信息提取，取得了成效，但仍有一些问题需研究解决。

(5)基于GIS的测量控制网设计与优化。利用MapInfo GIS软件中的组件Vertical Mapper生成DEM，再以该DEM为基础，应用数字地形分析方法进行测量控制点的自动选取，并在关联矩阵理论的支持下实现控制网的组网，进而运用蒙特卡洛方法对控制网作优化设计，运用VC^{++}实现编程。在一个约$10km^2$、区内地形条件比较复杂、多样的实际测量控制网的优化设计中得到验证，效果明显优于传统设计方法，且效率高。

(6)应用Eps2008地理信息工作站实现CAD数据向GIS转换。由于有大量地学数据以AutoCAD、MicroStation等格式存储，丰富的数据源和数据质量是GIS技术应用的关键。Eps2008旨在对多源空间数据实施采集、更新、存储、维护及一体化集成处理。相对于一般的CAD和GIS的数据处理来说，Eps2008提供的模板机制能够以标准化方式实现不同空间数据格式之间转换。其数据转换过程主要包括：图层编码映射、拓扑构面、属性编辑、注记处理和数据监理等。有些企事业单位的实践表明了其可行性。

(7)一种基于对偶图的3D表面模型编码方法。针对经典三角条带编码算法的弊病，提出了一种基于对偶图的3D表面模型编码算法，借助图论理论，实现了基于全局判别准则的条带路径的生成与合并，根据对偶图与三角网模型之间的对应关系，采用了基于三角网格的直接编码方案，可保证算法的高效和高质量。

(8)《数字矿山技术》(中南大学出版社，2009年11月第1版)出版。该书是教育部高等学校地矿学科教学指导委员会规划教材。主要介绍数字矿山的基本知识，矿区资源环境信息获取、处理与估算，矿山空间信息获取与建模，数字矿山关键技术与应用，典型采矿工程软件系统与示范。可供相关本科专业教学使用，相关专业研究生、大专生以及矿山和从事矿山设计、研究的科技人员参考。

三、矿山(地下工程)测量技术

1)GAT陀螺全站仪的研制及其在矿井及隧道测量中的应用。由长安大学与中国航天科技集团共同研发成功了GAT陀螺全站仪，该仪器采用磁悬浮、无接触式光电力矩反馈、精密测角和回转等多种先进技术，实现了基于PDA的全站仪、寻北仪系统与智能通信的集成。仪器已在矿井导线测量、贯通测量，大型隧道贯通测量及军事工程实践中应用，稳定性及精度良好。

2)巷道断面测定仪的研制。由江汉大学、广西华锡集团公司和广西高峰矿业有限公司联合研制了新型国产巷道断面测定仪，用以测定巷道的断面积和周长。该仪器的硬件结构主要包括：激光测距头，单片机(下位机)，Mini2400嵌入式系统(上位机)，旋转驱动机构及机壳共5个部分。应用Windows CE操作系统及VC++语言开发应用软件。仪器的主要技术指标如下：测距范围0.1～30m，测距精度±1mm(<10m时)，测角分辨率0.5°，作业环境温度-10～50℃，12V蓄电池电源。对不规则巷道断面进行测量实践表明，断面积的相对误差约为0.05%，周长的相对误差约为0.3%

3)三维激光扫描技术用于地面和地下空间断面测量及3维建模。已在地面和地下硐室测量，巷(隧)道受围岩压力(应力)作用产生收缩的状况监测中得到成功应用。

4)地下工程(隧道)围岩变形的非接触式监测与分析系统。该系统由两台电子速测仪(ETS)、计算机及相应的数据处理软件组成。ETS可为TCRA 1101/1102，软件开发环境为GeoBasic。数据后处理软件有如下功能：①与其他ETS型号仪器进行数据交换的接口模块；②完成围岩变形数据计算、平差的算法模块；③数据储存与检索模块；④数据分析模块，对数据作回归分析，判断和预计围岩的稳定性；⑤图形及文本输出模块。系统的点位测量精度为±1mm。

5)王家岭煤矿大型贯通工程与矿山测绘保证。华晋焦煤有限公司王家岭煤矿总贯通距离近30km的特大型贯通工程精确贯通，贯通处的平面偏差为103mm，高程偏差为89mm。该贯通工程涉及2个平洞、6个斜井及8个贯通工作面。贯通测量工程主要包括：矿区地面GPS控制网的建立与测量，地面闭合或附合四等水准网测量，井下导线的布设与测绘以及日常施工测量。

6)千米深井高矿压条件下的大型贯通测量技术与方法。山东淄博矿业集团唐口煤矿的作业深度已达1029m，由于巷道顶底板压力大、巷道变形量较大，测点不稳定、保存时间短，给贯通测量工程带来很多困难。2010年以来，该矿的测绘人员通过优化设计贯通测量方案、选择最佳贯通区位、分采区加测井下导线的陀螺定向边、尽量应用适用的计算机技术、CAD 和 GIS 软件完成相关运算、绘图，精心施测、加强检核，保证精度地完成了 8 处贯通工程，其中贯通长度大于 3km 的有 2 处，贯通总长度达 15km。

7）TCA 2003 测量机器人边坡自动监测。该机器人系统由高精度电子全站仪、计算机硬软件、通信等部分组成，由 GeoBasic 编程语言开发的边坡自动监测系统已在我国进行了试验研究。

8）工业测量系统应用于矿井十字中线的恢复。由于矿井已经挖掘，常规的接触式测量方法不易进行且危险，采用工业测量系统的方法—利用空间前方交会法间接地测定目标点的三维坐标，是必然选择之一。这一技术方法不干扰被测物体的自然状态，具有躲避危险环境，取得局部相对精度高于在当地采用高级控制网测量精度的优越性。

四、开采沉陷与“三下”开采研究

1）IBIS－M 远程监测系统在安太堡煤矿边坡变形监测中得到应用。IBIS（image by interferometric survey）是一种基于微波干涉测量的远程监测系统，它将步进频率连续波技术（SF－CW）、合成孔径雷达技术（SAR）、干涉测量技术及永久散射体技术相结合，能够应用于矿山边坡、尾矿坝、山体、大坝坝体、地表及建构筑物的微小位移变形的监测。IBIS－M/L/S 远程监测系统是意大利 IDS 公司的产品，其中 M 型产品主要适用于矿山边坡稳定性的监测。该系统的主要技术指标是：监测距离 4km，测量位移的分辨率 0.1mm，数据采集间隔 5－10min，远程连续观测，输出数据可与地理信息系统的其他数据集成，生成 DTM 及实现 3D 可视化输出。自 2010 年 9 月在安太堡露天煤矿的北帮边坡安置 IBIS－M监测系统以来，采集了大量数据，这些数据已应用于分析确定边坡的最大滑坡区域、滑坡区的位移量及速率、相对稳定区，为安全生产预警设置提供了可靠的数据与信息。

2）在开采沉陷及变形规律的研究中，综合运用了现场综合测量技术（GPS、全站仪、水准仪、三维激光扫描及专用形变测量设备等），相似材料模拟实验，数值模拟及理论分析等技术方法。移动变形的主要计算方法有，理论方法（随机介质理论、弹塑性理论、几何理论等），典型曲线法、剖面函数法。在开采技术方面，除了常规方法之外，在建（构）筑物下安全的开采方法包括，条带法开采、充填开采、全柱式开采、覆岩离层带注浆充填开采、间歇或协调开采等。

3）急倾斜煤层深部开采的岩层移动数值模拟研究。研究表明，急倾斜中厚煤层深部开采时的岩层移动以法向弯曲移动为主；岩层移动垮落带发育到一定高度将终止，并且其上覆岩层呈双端固支的梁弯曲状态，从而减缓了地表的变形。

4）利用 L－M 算法求取概率积分法的预计参数。L－M（Levenberg－Marqurt）算法即阻尼最小二乘法，它是改进的高斯—牛顿法。预计参数的精准度对模型预计的准确性起决定性，根据岩层移动多呈非线性的特点，可采用 L－M 法求解最佳概率积分法的预计参数，便于牛顿法与最速下降法的切换，克服了最速下降法与高斯—牛顿法的缺点。

5）C＃与 Matlab 混合编程技术在沉陷预计中的应用。Matlab 是当今广泛使用的数值计算软件之一，而 C＃综合了 VB 的高效率和 C＋＋的功能优势，具有良好的界面设计功能。实现 C# 与 Matlab 的混合编程必须解决两者之间的接口问题，解决方法是通过 Matlab 的 M - File 函数文件编译 COM 组件，然后在 C# 中进行调用来实现混合编程。这样编制的矿山沉陷变形分析预计软件，简易实用、界面友好。

6)巨厚煤层综放开采地裂缝深度的探测研究。为探查地表裂缝的位置和深度，可运用电磁测深仪、瑞雷波仪等设备。实践表明，利用地震映像技术、瞬态瑞雷波技术及电磁测深技术相互补充、相互印证，能够较有效、准确地探测采矿区地表裂缝的发展深度，为安全地进行“三下”采煤提供可靠的参考依据。

五、矿产资源信息分析与矿产资源经济

1)基于 GIS 的矿产资源评价。充分利用 GIS 对地质、地球物理、地球化学和遥感等大量矿山地学空间数据的综合分析功能，以及空间数据挖掘方法，在矿体预测、矿产资源可采性的技术经济评价，勘探目标优化等方面显示出优越性。

2)地层和矿体 3 维模型的生成与可视化。GIS 技术中的规则格网法和 TIN 法能够较好地描述地表形态和较规则的煤层，由于许多矿体(地质体)的形态变化十分复杂，上述两种模拟方法不太适用。有的学者建议采用发散的 3 维米粒模型的连续分层模拟模型方法，来描述和显示矿体或地质体的结构，并借助 OpenGL 和 VC++6.1 等工具进行开发。

3)应用序贯高斯模拟进行铁矿储量的估算及采矿方法设计。序贯高斯模拟是一种常用的条件模拟，是建立在贝叶斯统计推断理论的基础上的。和克里格方法相比，条件模拟方法能够更准确地反映区域化变量的空间波动性和离散性。它在进行矿体信息的模拟时，既把邻域内所有已知的原始数据作为后续模拟的条件数据，同时还把已模拟实现的数据也作为后续模拟的条件数据，因而它不仅对地质和矿产模拟、评估很有用，在非地矿学科领域如水土工程、气象、生物、环境等也有应用价值。以某铁矿的实际数据进行模拟结果表明，序贯高斯模拟保持了原始数据的空间结构和自相关性，与矿床的实况非常接近。同时使采矿方法优化。

4)应用 AutoCAD 2007/2008 软件制作矿山井巷及矿体的三维立体图，并进行矿体储量计算。

5)战略性矿产资源安全供应决策支持系统。基于 GIS，建立了矿产资源安全空间数据库，开发了评价与分析系统，利用所建空间数据库和信息系统，结合其他资料，分析了国内外矿产资源分布与开发利用现状，以战略性矿产资源石油为例，根据不同地域、国家，按照矿产资源安全的评价指标体系，采用层次分析法对其进行评价；根据矿产资源安全所呈现的全球性、地域性的特点，石油的运输安全利用多级模糊综合评价法进行了评价；讨论了矿产资源安全预警模型，以石油为例，构建基于概率神经网络、BP 神经网络与 SVM 的石油安全预警模型；利用目标规划、模糊目标规划等理论对“两种资源、两个市场”的开发构建了优化决策模型；利用动态博弈网络技术对我国石油运输路线在马六甲海峡出现危机后的选择进行了排序，提供了规避马六甲海峡运输石油决策的依据。

六、矿区土地复垦、生态重建与环境保护

1)采煤沉陷地复垦适宜性的评价。复垦土地的评价可分为已经沉陷破坏土地的适宜性评价和正在开采尚未破坏土地进行复垦的预评价。应根据矿山的具体地理、地形状况、地质采矿条件和破坏程度,建立适用的评价体系,确定复垦土地的利用方向,进行复垦设计,提出具体的复垦技术方法。

2)铁矿区土地复垦模式。铁矿与煤矿的开发模式不尽相同,因而具有不完全相同的土地复垦模式。在河北一铁矿区中,大型与中小型铁矿的土地复垦模式又有一些不同。大型铁矿的主要方式有:①直接在尾矿坝上无覆土种植,在一个铁矿已种植成活 250 多万棵海生植物、刺槐、桑树等;②在矸石山上造林复垦。地方中小型铁矿的主要复垦模式有:①用尾矿渣充填低洼地后再种植;②矿渣池复垦;③利用尾矿渣改善土壤质量。

3)平原矿区采煤塌陷地复垦耕地生产力评价。从土壤学、植物学的角度选取与复垦耕地土壤生产力密切相关的指标如有机质、pH、全氮、速效磷、速效钾等,以及与农作物生长密切相关的土层厚度、地下水深度、耕地坡度等外部环境指标共同构建评价指标体系,并研发适宜的评价模型进行评价,进而提出适宜种植的作物。

4)复垦方法对煤矿区塌陷地土壤微生物的影响。由于采煤及复垦工程扰动了土壤,因而复垦耕地的土壤质量降低、肥力较差。研究还表明,煤矸石充填复垦耕地的土壤性质显著低于就地取土复垦的耕地,容易跑水跑肥、干扰土壤的正常物质循环和能量交换,进而影响土壤微生物的繁殖。

5)施用蘑菇料对煤矿区复垦土壤物理特性的影响。蘑菇料复垦改良了土壤颗粒的结构及分布,土壤 1～3 层的粘粒、粉粒含量增加。蘑菇料与土壤混为一体,增加了水分向下渗透的阻力,有利于土壤含蓄水分,增加土壤的含水量,一般可增大 3%～4%。

6)矿区充填复垦土壤重金属分布特征研究。以徐州柳新矿区粉煤灰、煤矸石充填以及对照场地为研究区,对三块土地中 As 等 7 种重金属元素不同深度含量的分析,总结出 7 种重金属的分布情况。研究成果将为矿区污染土地的修复治理提供依据。

7)露天煤矿地表扰动的温度分异效应。以平塑矿区 1987 年、1996 年、2001 年、2005 年的 LandsatTM 影像为数据源,基于空间统计和面积加权的增温贡献率等方法,分析地表扰动类型的温度分异特性和对矿区增温的贡献程度及动态。分析表明,露天采坑和工业场地的地表平均温度最高,与矿区最低温度相差 5～10℃。未复垦排土场地表温度处于中等水平,受排弃物类型及堆置特征的影响,其时空分异性较显著,在矿业开发初期具有较高的增温效应。

8)榆神府矿区土壤-植被-大气系统中水分的稳定性同位素特征研究。以影响矿区植被生长的关键因素——水分为中心,利用稳定性同位素分馏原理,分析矿区土壤-植被-大气系统不同载体中水分的稳定性同位素特征,揭示了矿区典型植物的水分来源,为矿区植被的自然恢复和永续发展提供了科学的水分来源依据。

9)采煤塌陷区复垦土地安全性评价。复垦农用土地的安全性危险源主要包括采矿选矿过程中产生的有毒气体及含氧碳氢化合物,煤矸石和粉煤灰作为充填材料带来的重金

属污染。建议采用内梅罗综合污染指数和《绿色食品产地环境质量现状评价纲要》中规定的污染等级标准，进行复垦土地安全性分析评价。

10)探地雷达(GPR)在土壤物化质量检测中的应用。GPR是一种利用高分辨率成像的高效、连续、无损伤和低成本的探测手段，当应用于土壤物化性质检测时，应结合实地条件选择适合的探测参数，建立检测模型，进行探测图像的处理及信息提取。

11)采煤废弃地生态修复及其生态服务研究。结合具体矿区的特点，提出了生态修复的几种模式：山坡塌陷坑充填与植被重建模式，山坡塌陷梯田林果种植模式，矸石山无覆土植被景观重建模式，矿井水综合利用修建模式，生态型人居景观重建模式和生态军事体验旅游开发模式。认为具有畅通的生态流和价值流，实现生态服务的最优化是生态修复的指导思想和原则。

12)资源衰竭型矿山及矿业城市发展战略与规划建设。矿山测量科技人员在其中能够发挥重要的辅助决策作用，例如矿山公园规划建设及矿业城镇基础地理空间数据的提供与测绘，生态环境修复、治理的规划决策制定与实施等。

七、展望

(一)良好的机遇与严重的挑战

近年来，我国矿山特别是煤矿事故频发的势头仍未根本抑制和扭转，伤亡事故严重。矿山生产事故多发的原因是多方面、多层次的，包括矿山基础性工作薄弱、规章制度不健全或者有章不依、监管不力、官商勾结和地方保护主义等。但是作为矿山生产“眼睛”的矿山测绘工作被忽视，一些地方矿山根本没有专业的矿山测量和矿井地质人员，使得反映矿山生产空间动态特征及事故隐患的采掘工程图件资料等不完整或缺失，也是重要因素。无疑，矿山测量科技能够在矿山的安全生产、防灾减灾中发挥重要作用。

建设资源节约型、环境友好型社会已成为我们的国策。努力提高矿产资源的采出率、提高资源利用率，矿区土地保护与修复及生态环境保护大都已有法可依。但因为缺乏切实有效的经济、行政和技术监管措施，我国的资源浪费、环境污染破坏问题仍十分严重。为实现矿产资源的高效开采、提高回采率，必须强化工程和技术监督管理。建议国家应该立法，赋予矿山测量师和矿山地质师具有对矿山的资源开采进行指导和监督的更大责权。此外，矿区土地复垦与环境修复已成为矿山测量的职责之一，这就要求拥有更多业务与思想素质优良的矿山测量科技人员。

(二)制订或修订各种矿山测量规程迫在眉睫

在我国，许多矿山测量范畴的规程、规范，如《(煤)矿山测量规程》、《矿山测量图图例》、《开采沉陷观测规程》、《三量(开拓矿量、准备矿量和回采矿量)划分和计算方法规定》等大都是20个世纪70～80年代制(修)订的。改革开放30多年了，我国的社会经济体制发生了重大变革，矿山测量的技术手段和科学水平已今非昔比。上述规程、规定已严重落后，不能适应我国矿山生产和社会发展的现实情况，急需修订或重订。1998年煤炭工业部、冶金工业部等撤销，更使此类工作无人管。同时，为保证安全生产，保护环境，还必须制定一些新的法规，以适应数字化、信息化、网络化社会的形势。

(三)发展与夯实矿山测量职业教育，培养更多优良专门人才

在我国，信息时代的矿山测量教育是一个薄弱环节。我们认为，在一些院校的测绘工程本科教育和研究生研究方向中仍应保持矿业特色或设置矿山测量专业方向。此外，目前全国有1093所高等职业技术学院，其中有73所设置有工程测量(矿山测量)专业，应该给予更多的关心和支持，培养更多优良的矿山测量专业人才，不断补充到矿山企业中。

参考文献

[1] 吴立新. 数字矿山技术[M]. 长沙：中南大学出版社，2009.

[2] 徐聪，曹沫林，李柏明. 矿山测量技术的发展与探讨[J]. 矿山测量，2011，(1)：58-60.

[3] 王建卫，段银联，汪彬平，等，GPS+RTK 结合回声测深仪在煤矿积水沉陷区中的应用[J]. 矿山测量，2010，(2)：23-25.

[4] 刘超，高井祥，王坚，等. GPS/伪卫星技术在露天矿边坡监测中的应用[J]. 煤炭学报，2010，35(5)：755-759.

[5] 陈绍杰，李光丽，张伟，等. 基于多分类器集成的煤矿区土地利用遥感分类[J]. 中国矿业大学学报，2011，40(2)：273-278.

[6] 张太鹏，宋会传. 无人机技术在现代矿山测量中的应用探讨[J]. 矿山测量，2010，3：44-46.

[7] 候朝平，张绍良，闫艳，等. 基于 RS、GIS 的徐州城北矿区生态景观修复研究[J]. 中国矿业大学学报，2010，39(4)：504-510.

[8] 刘谊，张红娟，杨晶. 基于 VRS 技术的煤田开采地表沉陷监测研究[J]. 矿山测量，2010，3：68-70.

[9] 盛业华，张卡，张凯，等. 地面3D激光扫描点云的多站数据无缝拼接[J]. 中国矿业大学学报，2010，39(2)：233-237.

[10] 蒋卫国，武建军，顾磊，等. 基于遥感技术的乌达煤田火区变化监测[J]. 煤炭学报，2010，35(6)：964-968.

[11] 靳朝阳，王润平，胡光伟，等. 陀螺全站仪在井下导线测量中的应用[J]. 矿山测量，2010，6：57-60.

[12] 石零，余新明，吴学军，等. 巷道断面测量仪的研制[J]. 矿山测量，2010，6：54-56.

[13] 杨东升，赵国忱. 抚顺东露天矿边坡滑动引起地表变形与地表建筑物变形关系研究[J]. 矿山测量，2010，4：59-61.

[14] 董齐红，卞正富，于敏，等. 矿区充填复垦土壤重金属分布特征研究[J]. 中国矿业大学学报，2010，39(3)：335-341.

[15] 李兵，李新举，刘雪冉. 施用蘑菇料对煤矿区复垦土壤物理特性的影响[J]. 煤炭学报，2010，35(2)：288-292.

[16] 谢苗苗，白中科，付梅臣，等. 大型露天煤矿地表扰动的温度分异效应[J]. 煤炭学报，2011，36(4)：643-647.

[17] 王力，卫三平，张青峰，等. 榆神府矿区土壤-植被-大气系统中水分的稳定性同位素特征[J]. 煤炭学报，2010，35(8)：1347-1353.

[18] Yue Depeng, Wang Jiping, ZHOU Jinxing etc. Monitoring slope deformation using a3 - D laser image scanning system: a case study[J]. Mining Science and Technology. (Formerly Journal of China University of Mining & Technology) 2010,20(6):898 - 903.

[19] YANG Chengsheng, ZHANG Qin, ZHAO Chaoying etc. Monitoring mine collapse by D - InSAR. Mining Science and Technology. (Formerly Journal of China University of Mining & Technology) 2010,20(5):696 - 700.

撰稿人:郭达志　汪云甲　张书毕

地籍与房产测绘发展研究

一、引　言

进入21世纪，随着现代信息科学技术的发展，地籍和房产测绘技术上也有很大的进步。早期的土地调查在技术上受到了遥感数据源和计算机软硬件条件等诸多因素的制约，随着高分辨卫星和GIS技术的蓬勃发展，3S技术为地籍和房产测绘提供了坚实的技术支持。随着QUICKBIRD、IKONOS的存档数据越来越多，数据质量得到明显提高；随着存储技术、网络技术和GIS软件技术的逐步深入，计算机软硬件条件的约束也将大大减小。

随着"金土工程"、第二次全国土地调查、"数字国土工程"等工作的实施，地籍调查、地籍测绘以及土地(地籍)信息系统开发与建设得到了迅速发展。

GIS技术在土地调查中的作用是无可替代的，GIS能够管理、分析和综合多源、多时态、多层次土地调查信息，它的核心是将空间信息和属性信息有机结合在一起，通过对空间数据的处理和分析，对土地利用现状进行有效地空间分析。GIS技术的进步及其相关软件的成熟为管理土地调查数据、建设数据库、开展决策分析提供了有力的工具，更为3S技术集成应用与地籍调查工作提供了基础。

房产测绘成果是房地产产权产籍管理的基础和核心内容，房产测绘工作将越来越显示出其在房地产管理、培育和发展房地产市场体系、城市规划建设、拆迁改造、征收房地产税费等方面的重要性，其地位和作用将会越来越重要。

目前地籍和房产测绘发展情况主要为以下几个方面。

二、土地调查技术最新进展

(一)土地调查技术研究新进展

土地调查监测领域技术不断发展，取得丰富成果。主要从土地调查、土地监测两个应用领域，展望土地调查技术的发展趋势。

1. 调查技术向数字化、集成化和轻型化发展

随着遥感技术的发展，高分辨率、高光谱遥感以及雷达影像应用于土地资源应用调查技术革新日趋成熟。利用遥感信息技术的发展和计算机的普及，利用遥感信息技术提高土地整理工作的效率和精度也成为当前研究和应用重点之一。

根据《国家中长期科学和技术发展规划纲要(2006—2020年)》，提高全面、及时、准确的土地基础信息，科学技术部启动了"十一五"国家支撑计划重点项目"农村土地实时监测技术与系统研制"。该项目内容包括土地利用现状实时调查设备研制，地籍实时调查技术

设备研制，无人飞行器土地执法监察系统集成与装备研制，县市级土地监测数据库建设与维护关键技术研究，网络化数字调查技术开发，基于 RS/GPS/PDA 土地利用图斑快速调查技术研究和城乡一体化土地调查与监测技术研究。

2. 宏观监测研究取得了重要进展

《国土资源部"十一五"规划纲要》提出"天上看、地上查、网上管"的国土资源管理运行体系。全国土地利用动态遥感监测体系将以 3S 技术为基础，充分发挥航天、航空、低空遥感与地面调查优势，实现土地资源多尺度，多频率，多角度，高精度和高效快速监测，即采用点面结合的监测方式，从宏观尺度掌握新增建设用地空间分布和发展趋势，从微观尺度把握新增建设用地的合法性，从宏观到微观，为宏观决策和土地管理提供服务。

3. 全国"一张图"工程建设取得了阶段性成果

全国"一张图"是遥感、土地利用现状、基本农田、遥感监测以及基础地理等多源信息的集合，与国土资源的计划、审批、供应、补充、开发、执法等行政监管系统叠加，共同构建统一的综合监管平台，实现资源开发利用的"天上看、地上查、网上管"，从而实现资源动态监管的目标。"一张图"工程建设将为国土资源监管奠定坚实的基础。

(二)土地利用方面现状调查研究进展

2007 年 7 月开始的第二次全国土地调查现在已结束，总体效果良好：发布了《土地利用现状分类》国标(GB/T21010—2007)，实现了全国土地分类标准的统一；土地调查制度建设取得重大突破，《土地调查条例》于 2008 年 2 月开始实行；土地产权保护和管理工作取得新进展；国家及各省通过立法积极促进土地登记工作；《土地登记办法》于 2008 年 2 月 1 日开始施行；《确定土地所有权和使用权办法》也在广泛征求意见中，准备修订出台；在"十五"期间，进一步完善土地登记制度，出台了《土地登记资料公开查询办法》《土地登记代理人职业资格制度暂行规定》《土地登记代理人职业资格考试实施办法》和《土地权属争议调查处理办法》等；各省也积极通过立法促进土地登记工作，土地登记覆盖面进一步扩大。

伴随着社会加速发展，土地资源利用的变化速度也在加快，传统的土地资源调查方法周期长，工作量大，效率低并且耗费大量的人力、物力，已经不能满足当前及时获取土地利用信息的需求，迫切需要引入一种快速、便捷的新方法和新技术。遥感技术具有覆盖面积大、现实性强、周期短以及获取数据精准、费用低、省时省力等特点，能及时有效地反映土地利用现状，为土地资源调查、土地利用动态监测提供及时、准确的基础数据。GIS 具有强大的空间信息管理与分析功能，能快速、全面、系统地反映土地利用综合信息，成为土地利用专题研究的一套强有力的工具。

遥感信息源的选择要综合考虑其光谱分辨率、空间分辨率、时间分辨率等因素，这是利用遥感图像进行土地利用分类的关键问题。同时还应考虑到研究区域的大小、研究目的及资金投入等方面的问题。

(三)土地利用/土地覆被变化(LUCC)最新研究

LUCC 研究一直是土地利用变化科学的重点，其核心内容是研究 LUCC 的过程、格

局演变、驱动力及社会—生态—经济效应等。从研究成果看，区域 LUCC 及生态环境效应是研究的热点问题，

三、地籍测绘最新进展

数字地球始于测绘。我国测绘部门从 20 世纪 80 年代初期开始，对传统测绘技术进行了大规模的数字化改造。传统的白纸测图已被数字测图和地理信息系统所取代，以地面测量为主向以(GPS)、卫星遥感(RS)测绘等技术为主的对地观测方面转变，被动的静态测量向动态的实时测量方面转变。光电技术、计算机技术和 3S 技术的发展及其在测绘中得到普遍应用。

1. 数字化测绘与信息化测绘

随着国家小城镇建设步伐的加快，城镇地籍测量工作在全国范围内展开，各地对地籍图的需求将急剧膨胀。地籍测量的目的是为了全面澄清城镇土地的属性、位置、面积、用途、经济价值及相互之间的关系，为建立全国土地管理信息系统奠定基础。随着高新测绘技术的开发和应用，数字化测绘技术的应用得到迅速发展。它不但为实现土地的经济价值、保护使用者的合法权益服务，还为政府部门制定经济发展目标、土地管理政策、环境保护政策及深入土地使用制度改革等宏观决策提供了基础资料和科学依据。

目前更多功能的测绘仪器设备的推出，给数字化测绘带来更加广泛的发展空间和应用前景。信息化测绘的发展使测绘走向了生产自动化，技术信息化，服务网络化和社会化的新时代。

2. GPS RTK 技术的应用

GPS 卫星定位技术的迅速发展，给地籍测量工作带来巨大影响。GPS RTK 技术一出现，其在测量中的应用立刻受到高度重视，应用 GPS RTK 进行地籍控制测量，与传统的地籍测绘方法相比，具有明显的优势，点与点之间不要求互相通视，不受天气、时间的影响，这样就避免了常规地籍测量控制时，控制点位选取的局限条件，并且布设成 GPS 网状结构对网精度的影响也甚小。由于 GPS RTK 技术具有布点灵活、全天候观测、观测及计算速度快、精度高，并且不受外界条件的影响。RTK 技术误差分布均匀，各点之间不存在误差累计，避免了传统地籍测绘中由于边长过长等因素带来的误差累计，很大程度上提高了作业效率。使 GPS RTK 技术在城镇地籍控制测量中得到了广泛的应用。

但在局部区域，由于受外部影响，其本身也存在局限性，所以如何提高其测量工作的效率及成果精度，成为很多学者的研究方向。目前主要侧重两个方面的研究：一是 RTK 技术配合其他测量仪器进行测量；二是探索有效扩大 RTK 测量范围和提高测量精度途径。

连续运行卫星定位系统 CORS 系统的本质就是 RTK 技术的延伸和发展，目的是为了克服 RTK 技术上的缺陷，即将 RTK 的基站固定，基站向各流动站发送的各种信号和信息由电台发送改为移动信号网络传播，它具有操作简单、成本低、精度高、实时性强等优点。

目前主要的几种网络RTK技术有虚拟参考站(VBS)技术、主辅站技术(i-MAX)、区域改正参数(FKP)技术和综合误差内插(CBI)技术,VRS RTK精密的实时定位是地籍测量与基准控制网联测的有效方法,并为光电测距或全站仪提供局域测量控制数据。如果不考虑信号遮挡的话,在农村或多数城郊时,GPS也可用于直接细部测量,如边界标记和地形目标观测。只要精度和可靠性要求适当,VRS RTK在各种应用中都具有优势。

3. 地籍测绘技术及方法改进

地籍测绘是合理利用土地的前提,如何提高测量精度,以保证测绘质量一直是研究的热点。现常用的测量方法有静态GPS控制测量、导线测量、GPS—RTK控制测量和CORS控制测量。静态GPS控制测量适用于等级控制点测量,而导线测量适用于建成区或较隐蔽区域,RTK或CORS控制测量适宜于开阔区域。

对于常规地籍测绘中存在的问题,超站仪、区块法等方法的应用有效解决了这些问题。超站仪的无控制点测量模式可以弥补常规测量方法外业内业交互进行、返工频繁、工期长等缺陷,具有高精度及高效优点。区块法缩短测量时间,解决因地籍测量起始点不同而造成的权属纠纷。针对城市地籍测量中出现的无法引测控制点或引测控制点比较麻烦的情况,可以采用拟合自由坐标法进行测量。

4. 无人机导航技术发展趋势

1)研制新型惯导系统,提高组合导航系统精度。新型惯导系统目前已经研制出光纤惯导、激光惯导、微固态惯性仪表等多种方式的惯导系统。随着现代微机电系统的飞速发展,硅微陀螺和硅加速度计的研制进展迅速,其成本低、功耗低、体积小及质量轻的特点很适于战术应用。随着先进的精密加工工艺的提升和关键理论、技术的突破,会有多种类型的高精度惯导装置出现,组合制导的精度也会随之提高。

2)增加组合因子,提高导航稳定性能。未来无人机导航将对组合导航的稳定性和可靠性提出更高的要求,组合导航因子将会有足够的冗余,不再依赖于组合导航系统中的某一项或者某几项技术,当其中的一项或者几项因子因为突发状况不能正常工作时,不会影响到无人机的正常导航需求。

3)研发数据融合新技术,进一步提高组合导航系统性能。组合导航系统的关键器件是卡尔曼滤波器,它是各导航系统之间的接口,并进行着数据融合处理。目前研究人员正在研究新的数据融合技术,例如采用自适应滤波技术,在进行滤波的同时,利用观测数据带来的信息,不断地在线估计和修正模型参数、噪声统计特性和状态增益矩阵,以提高滤波精度,从而得到对象状态的最优估计值。此外,如何将神经网络人工智能、小波变换等各种信息处理方法引入以组合制导为核心的信息融合技术中正在引起人们的高度重视,这些新技术一旦研制成功,必将进一步提高组合制导的综合性能。

四、房产测绘技术最新进展

根据现行国家标准的表述,结合房产测绘的发展,对房产测绘可以有这样的概念:房产测量是指采集和表述房屋和房屋用地的有关信息,为房产产权、产籍管理,房地产开发利用、交易、征收税费，以及为城镇规划建设提供数据和资料。房产测绘是测绘的一个分支，运用测绘技术和手段，通过测量和调查工作确定城镇房屋的位置、权属、界线、质量、数量和现状等，并以文字、数据及图件表示出来。

从房产测绘所获得的成果可以获知，就其测量方法而言，和地形测量基本一致，必须在控制测量的前提下展开图形测量，无非就是对地形起伏表述的要求不高。完全可以根据界址点、境界、房屋及其附属设施、交通、水系等房产要素的不同，采用不同的测量方法获取测绘成果。控制测量可以得到房产测绘基本控制网和加密控制网，航空摄影测量、内外业一体化测图等方法和手段可以获取房产分幅平面图；实地测量（丈量）法等可以获取房产分层分户平面图、各类面积等。

房产测绘对房屋及其用地必须定性、定位、定界、定量的测绘属性决定了目前的所有测绘新技术都可以运用于房产测绘。特别是一些高精度的定位仪器设备和精确长度获取手段，对于房产测绘而言有着更现实的意义。

近年来，测绘技术向高精度、高速度和自动化方面不断发展，这是因为现代测量仪器充分利用了现代先进技术，可以根据实际需求进行较大的选择。特别是为了适应测绘发展，使现场测量和室内作业量逐渐减少，以便节省人力和物力；更是看到信息社会的发展前景，着力改变着将测量以从在地面上徒步行走型为主，发展成利用信息资源的智能测量，即以高精度、高速度和自动化为代表的现代测量。

目前所指的现代测量手段主要包括：

1)GPS 测量（即全球定位系统）。提供高精度的定位技术与手段；

2)全站式电子测量系统。提供同时获取平面和高程位置并可以自动记录的技术与手段；

3)内外业一体化电子测图系统。提供边测量，边将观测数据用点、线、面的形式形成无缝数据并绘制成高精度的数字型平面图的作图系统；

4)全自动（或半自动）无反射测量系统。提供镜站指挥或测设点不用反射板即可测定相互之间关系的高级测量系统；

5)遥感技术。通过测定地球上的物体发出的各种电磁波读取各种信息，借以分析判断，获取测绘对象的结果。

而综合了地理、测量、规划、遥感技术和图形分析技术的 GIS（地理信息系统）技术则将计算机技术与数据库技术完美结合（将数字地图、图像、统计数据、图形文字、数据等进行统一管理），其作为在加工、处理、分析的工具，不仅在测绘与地理信息行业得到了广泛应用，更在各行各业得到认可和应用。特别是房地产管理信息系统的全面开始建立，更是让地理信息系统有了用武之地。

由于房产测绘的特殊性，在现代测量技术和手段中可以有针对性地选用。

新技术运用的典型例子是房产交易中的网上浏览房产实体的三维场景可视技术，这是地理信息系统在房产测绘中的充分运用。在系统平台软件的支撑下（三维可视软件），运用房产测绘所获取的详细数据（房产测绘信息管理系统数据库数据）结合实地影像纹理，实时构建、再造房屋实体，可以在计算机上通过网络实时查看自己关心区域的房产三维场景信息，实现 360°的全景房屋套内外实景再现。

五、土地信息化发展

在土地信息科学领域国家重点科学研究计划资助有国家科技支撑计划项目和“863”计划项目两类，主要是继续实施2006年和2007年立项的相关科研项目。土地信息化是多年来土地管理领域国家重大工程实施的最主要领域。在土地执法监督方面、土地利用规划方面、土地管理系统方面，土地需求预测方面、研究全方位扩展。

我国土地资源管理从定性化向定量化转变，土地信息分析模式发展日渐成熟。土地评价模型方面涌现了许多定量模型，主要分为模糊综合评判法、多元统计方法、可拓学方法、专家系统和智能计算方法等。

1. 地籍管理信息系统向信息化自动化发展

进入21世纪之后，我国开始了一体化地籍管理信息系统的研究。城乡一体化土地利用数据管理信息系统建设是国土资源信息化的热点和难点。进行城乡一体化数据管理信息系统建设，需要有全面、系统、宏观的理论指导，还需要有整体开发技术方案和解决开发路线、技术标准、系统功能、系统结构、数据组织等重大问题。

2. 三维GIS技术在地籍管理中日益成熟

三维GIS技术是在现有的GIS技术上发展起来的，而且随着GIS技术在国土资源管理工作的大力推广，特别是国土资源部的数字国土工程的启动，三维GIS技术在地籍信息系统中的应用也遇到了前所未有的发展机遇。

近年来，全国各级国土资源部门都对地籍数据库的建设十分重视，有条件的地区大都建立了完善的地籍数据库，其建库的经验和大量完整的数据资料都将成为三维GIS技术在地籍信息系统中应用的素材，能较好地支持三维GIS技术的拓展。其基本任务是提高地籍管理水平，为城市规划、土地开发利用提供了准确地基础资料和社会需求。其建设工作应从资料分析，数据获取与数据编辑、整理、入库三方面着手。目前对数据库建立后需要进行管理和维护的文献很少。

3. 土地登记管理系统

从目前国内土地登记信息系统建设现状来看，在网络化，多数据管理、多用户并发、数据共享以及深入应用方面还存在一定问题。当前很多系统将图形数据与属性数据分开管理，办公自动化系统与应用系统分开，没有实现图文一体化。数据组织差，没有统一的标准和规范，同时系统的扩展性低，也不便于与其他办公自动化系统集成。

土地交易只有在实行了土地登记信息的公开查询，才能使是市场主体方面地了解到真实的土地权利状况，保障土地权利人的合法权益。

4. 地籍信息系统建设

土地利用变化日趋频繁，国土资源管理工作任务迅速增加，地籍信息系统的完善和提升亟待进行。目前学者们对建设地籍信息系统方面的研究主要分为以下几个方向：①基于GIS的地籍管理信息构建；②基于其他技术的地籍信息系统构建；③城乡一体化地籍管理信息系统的构建。

利用 ArcGIS Engine 开发的地籍管理信息系统具有数据管理、分析、输出等功能，可以对地籍信息进行科学管理与应用，使用地籍管理工作更加方便、快捷、准确，而且大大降低了使用成本。

目前，地籍职能仅限于管理平面定义的土地(地表土地)，是狭义上的土地，如住宅、工业、商业等所占用的土地和农业生产的田块，而空间意义上的土地就不完全在地籍管理范围之内，如地表地下权、城市空间权，这显然割裂了管理职能，无形中缩小了管理范围，给地籍工作的全覆盖管理带来一定的空白。三维 GIS 技术的介入则能完善对地表地下权、城市空间权等立体空间权利范围的界定，充实地籍管理职能，填补法律空白，实现土地资源价值的最大化。

地形图、地籍图与房产图在城市基础地理数据方面的内容基本上是一致的，只是地籍图与房产图增加了地籍与房产的专题内容(如宗地、房屋栋号)，反映土地的权属范围和界线。建立 3 维 GIS 以后，可全面形成权属、高程、高差、位置等多方位数据，完全有条件实现统一，真正实现基础地理数据的共享，避免出现重复测绘和重复建库的浪费。

六、房产测绘的信息化管理

随着房产市场的不断发展，房产测绘工作日益成为房产管理中的重要环节，房产测绘是房产管理数据的主要来源。近年来，城市建设迅猛发展，房产信息容量越来越大，更新速度越来越快，传统的测绘与管理手段相对落后。目前一般的工作流程是由房产测绘工作人员现场测量后进行手工计算整理形成测绘成果这种方式，存在花费时间长、工作量大、计算结果容易出错、计算结果需要详细校验、成果资料不规范等等诸多不便，满足不了当前房产测绘量大时限短要求高的需求。因此减轻测绘人员的工作负荷，提高工作效率、办事效率，实现房产测绘信息共享，进一步适应房地产业发展和房地产产权管理的需要成为发展的必须。这种必须在数字测绘成为现实，档案管理数字化已经实现的今天，建立现代化的房产测绘信息化管理系统已成必然。

房产测绘信息管理系统应是以为实现测绘流程管理和房产分幅平面图、分层分户和面积测算、图表一体化综合管理为前提的测绘管理系统。该系统应能与产权产籍管理即交易管理、登记发证系统紧密集成，形成房产管理统一的业务流程和数据共享、交换体系。目前全国的各大城市，特别是房地产业发达的城市，均有研发成熟的系统在运行。

七、3S 技术在土地利用动态监测中的应用

近几年，土地退化、土地沙化的监测是各国环境保护者和部门关注的问题。对土地利用变化进行监测是掌握土地利用状况变化趋势与预测未来发展状况的重要依据。

为了确保土地利用能向合理、高效的方向发展，必须充分应用包括遥感监测、地面调查、空间和统计分析在内的各种有效手段，对土地利用的发展变化及时加以调查分析，掌握其变化趋势。土地利用动态监测就是对土地资源和利用状况的信息持续收集调查，开展系统分析的科学管理手段和工作。基于 3S 技术的土地利用动态监测简明流程图见图 1。

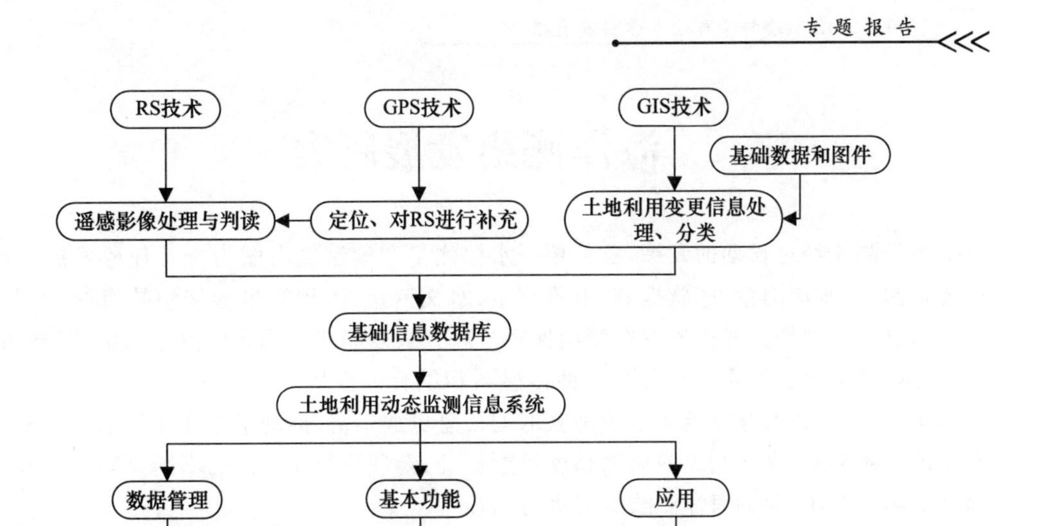

图1　基于3S技术的土地利用动态监测流程图

八、结语

目前,地籍与房产测绘都有了很大的发展,而且正在向信息化自动化迅速发展。将3S技术与传统调查手段紧密结合,既能发挥3S技术丰富的数据源和强大数据处理能力,又能充分利用野外调查、取样、分析的精确优势,对实现两者的相互验证与补充、保证数据的现势性与精确性、建立面向用户的信息系提供有效的技术支持。随着高新技术的迅速发展及3S技术的广泛普及,3S集成水平将更趋系统化。

RS、GIS、GPS技术及3S集成的发展使得地籍与房产测绘的内涵发生了深刻变化,也为我国彻底改变传统落后的土地资源管理技术和模式提供了契机。我们相信,随着3S技术在我国地籍与房产测绘等领域应用的不断深入,必将推动我国地籍与房产测绘技术的不断进步,加快地籍与房产测绘工作的现代化进程。

撰稿人:方剑强　顾和和　崔　巍　来丽芳

海洋测绘发展研究

海洋测绘经过长期的发展，已从单一水深测量和编制航海图为主要任务发展到以沿岸地形测量、水深测量、底质探测、重磁测量、水文测量、工程测量和编制航海图、专题图、航海书表等多种任务并行的综合测绘保障阶段。从以船载方式获取信息为主发展到向天基、空基、水下等多种测量平台和多种传感器相结合的立体综合探测方式转变。3S 新技术的不断发展，使海洋测绘的手段和获取的信息更加丰富，推动了海洋测绘信息处理技术水平的不断提高、海洋测绘成果的精度不断提升、新理论和新方法的不断充实和发展。下面就 2010—2011 年的海洋测绘进展进行综述。

一、海底地形测量

多波束水深测量作为高精度海底地形测量的技术之一，通过测前精确测定并校准仪器安装偏差、过程中实时监控测深数据质量状况并及时采集姿态、声速、潮汐等数据、测后对原始数据进行各项严密环境效应改正以及相关处理等各项措施，才能得到该区域最终水深成果。其安装和校准的好坏直接影响测量精度，在校准和测量过程中，各种误差参数是同时存在且相互影响的。正确分析其相互关联性，采取合适的校准方法，可削弱其误差的影响，提高校准精度。研究了多波束安装参数校准的作业方法和误差分析，并对各校准参数的关联性进行了详细的论证和量化分析，提出削弱各参数关联性的方法。从多波束探测原理出发，提出基于梯形的多波束覆盖区域计算模型，相对于其他模型，能更好地符合实际测量情况。针对测船在测量过程中的姿态变化，分析了存在纵、横摇和艏摇的情况下波束覆盖区域情况。试验证明了该模型的有效性，对于确定波束覆盖区域、测线间距，判定对海底微地形的探测能力以及评估测量误差具有一定的参考意义。为了改善多波束声呐的分辨率，提出一种基于相干原理的测深新算法。该算法对每一个波束脚印内的信号进行相干处理，获得大量海底深度值。在此基础上，采用新算法对仿真数据和多波束测深声呐实验数据进行处理，显著提高了海底测量的分辨率。

以 SeaBat 8101 多波束高精度水深数据为参照源，研究了原始回波时间对多波束测深数据与其同源声呐数据进行匹配的技术，获得了高精度和高分辨率的海底影像数据，避免了传统声呐图像处理过程中斜距改正所带来的几何形变，提高了多波束数据的利用率，增强了对海底地形的探测分辨率。提出了一种构建高精度瞬时水深模型的方法，利用高密度的多波束水深数据作为静态水深，基于余水位订正的预报水位作为动态水位，通过高效集成静态水深和动态水位从而构建瞬时水深模型。所构建的水深模型较传统的方法，准确率有所提高。通过测船不同航速下对海底地形测量影响的仿真，给出相应情况下多波束测深仪波束对测区的覆盖情况，得出航速不当时将无法实现对测区全覆盖的结论。据此问题推导了基于国际海道测量标准的船速控制模型，并针对 SeaBat 8101 多波束测深仪给出不同测量等级的船速控制指标。提出基于 S-44 不同测量等级的测线间距确定方法，并通过 Seabat 8101 多波束测深仪给出不同水深的测线间距控制指标。结果表明：①特等测量时水深不应超过 40m，测线布设间距不应超过 3.4 倍水深，并随着水深的增加，测线间距应适当减小；②1a 等测量水深不超过 40m 时，测线间距随水深的增加逐渐减小；水深超过 40m 时，测线间距为 3.4 倍水深。

针对多波束测深声呐成图中存在的隧道效应假象，研究了基于 GSC 结构的自适应波束形成算法，提出了 MVDR 算法的连续自适应实现方案，并利用该算法对多波束测深声呐试验数据中存在的隧道效应进行处理，研究结果表明：新算法能够有效削弱多波束测深数据边缘波束中存在的旁瓣干扰。在严格推导常梯度声线跟踪法的基础上，提出基于常梯度声线跟踪法的多波束声速改正精确模型，解决了多波束系统测量中出现非真实的凹凸地形的问题，并研究了 CARIS 6.1 软件的声速改正方法。计算结果表明：精确模型计算结果与 CARIS 6.1 计算结果一致，并通过声线姿态改正算法比较，给出了声线姿态补偿法和直接法的适用角度范围。对深度误差源和位置误差源的传播模型进行了研究，以误差曲线、误差比例饼图和误差值表的形式定量比较分析了各误差源对多波束测深点的深度和位置影响的大小和规律，较好地评定了多波束测深系统测量数据的质量。

针对普通 Kriging 法处理多波束测深数据受异常值影响的问题，推导变异函数本值的抗差计算公式来消除异常值对变异函数拟合的干扰。将其与人工剔除异常生成的格网比较，获得一致的效果，在自动检测异常的同时生成高精度海底地形规则格网。海量多波束测深数据中的粗差剔除一直是研究人员关注的问题，为此，开展了 CUBE 算法应用研究。实验表明，CUBE 算法剔除粗差效率较高，并能够保证测深成果质量，对进一步优化多波束测深粗差处理算法具有重要意义。提出一种构建高精度瞬时水深模型的方法，利用高密度的多波束水深数据作为静态水深，基于余水位订正的预报水位作为动态水位，通过高效集成静态水深和动态水位从而构建瞬时水深模型，提高了水深模型表示的准确率。

针对构建海底地形模型(DEM)高效率、高精确度的要求，研究了现有海底地形模型的构建方法，提出了一种基于伯恩斯坦多项式内插海底地形模型的算法，很好地保证了等深线数据所反映的原始海底地形形态。利用格网分块结构高效组织海量多波束水深数据的抽稀方法，实现了不同网格尺度下的数据抽稀，有效提高了海底 DEM 模型的准确度。针对海底趋势面构造问题，提出了利用最小二乘支持向量机(LS－SVM)重构海底趋势面的方法。同时，为了克服 LS－SVM 解非稀疏性的缺点，抑制偏差较大的训练样本对海底趋势面构造的影响，提出并实现了一种基于局部样本中心距离的训练样本优化方法。研究表明：通过调整 LS－SVM 的参数，可使其构造的趋势面具有更好的适用性及稳定性，更能反映海底地形的实际情况，测深异常值剔除也更为有效。

在海底障碍物探测技术研究中，分析了侧扫声呐数据成像的原理，利用凹凸目标成像与阴影的关系，依次采用二值化处理、中值滤波处理、开启与闭合操作、Canny 边缘提取等多种图像处理的手段，实现了海底目标物的提取与定位，大大减轻了判读人员的工作量。

二、海洋重力与磁力测量

在海洋重力测量数据处理中，提出测线系数修正法，即在交叉点处采用平差的思想对每条测线的交叉耦合(CC)改正监视项的系数进行修正,然后采用新系数重新计算 CC 改正。结果表明,采用修正后的系数,能补偿外界动态测量条件与仪器厂家计算 CC 改正系数时设计的假设条件之间的差异对 CC 改正造成的影响,提高了海洋重力数据处理的精度。基于对重力观测量协方差矩阵的谱分解,分析了协方差矩阵存在病态性。引入 Tikhonov 正则化算法,通过 L 曲线法选择正则化参数,利用正则化参数修正重力观测量协方差矩阵的小奇异值,能抑制其对观测误差的放大影响。

研究了重力梯度仪的测量原理,提出在潜器上配备重力梯度仪,利用其对距离变化敏感的特性,通过连续的观测,探测出载体有效机动范围内存在的障碍物,并实现避碰,从而保证潜器在水下的安全航行。根据这一原理,提出了一种基于重力梯度探测潜艇的新方法。通过仿真计算表明,该方法能以较高的精度探测到下潜的潜艇。建立了重力梯度仪辅助惯导的误差方程,对扰动重力补偿惯导系统误差和采用实时补偿扰动重力数据的情况进行了仿真计算,采用重力梯度仪辅助后,对扰动重力引起的惯导误差有了明显的改善。

研究了由地球重力场模型计算重力异常和垂线偏差的公式,利用 36 阶、360 阶 EGM 96 和 EGM 2008 重力场模型计算某地区格网点重力异常和地面垂线偏差,并将其与实测数据进行比较。结果表明:在表示格网点重力异常时,EGM 2008 模型精度较高;在表示地面垂线偏差时,两种模型的精度相当。基于 EGM 2008 重力场模型,分别计算陆地和海域的航空重力异常,以此作为基础数据,引入基于 GCV 法选择正则化参数的奇异值截断法,向下延拓获取相应的地面重力异常。实验表明:GCV 法能有效抑制协方差矩阵的病态性对观测噪声的放大影响。

阐述了重力场模型框架约束的理论、作用和方法。对两种分类的常用空间插值法进行了研究、分析和总结,通过建立框架约束和精度评估系统,将 8 种常用空间插值法用于重力场模型框架约束和精度评估。结合实例给出了 8 种评定精度的办法,用于对空间插值有效性进行评估。在最小二乘逐步配置基础上,提出多源重力数据自适应融合处理方法,构建基于传统逐步配置的自适应融合以及基于递推配置的自适应融合模式。分别利用两种融合模式对渤海湾陆海交界区域的航空重力数据、卫星测高反演重力数据以及陆地重力数据进行融合处理,其中基于递推配置的自适应融合模式取得了较优的融合效果。将谐波小波用于航空重力数据滤波处理时的卷积运算中,给出了谐波小波频域卷积的算法实现过程,利用谐波小波滤波器在频域具有良好的盒形谱特征,实现了信号的滤波。

研究了海洋磁力测量中拖鱼起伏高度变化对测量成果的影响量级,确定了其与测区磁异常水平梯度变化复杂程度之间的关系,提出了归算的阈值条件,并通过实例验证了该条件的合理性与实用性,同时,当测区要求是一级、二级和三级测量精度时,必须将测量数据归算到平均海面上。为提高海洋拖曳作业中拖体的定位精度,分析了海洋动态环境对拖体定位的影响,建立了航向、航速和海流对拖体定位的补偿模型,提高了拖鱼位置的精度,对海洋磁力测量、侧扫声呐探测有较好的应用价值。

在海洋磁力测量数据处理中,根据总强度磁异常与磁异常分量傅里叶变换后的频域关系,推导了由总强度磁异常向磁异常分量换算的公式。研究表明,换算后垂直分量与理论值存在较小偏差,水平两个分量与理论值基本吻合;无论剖面测试是否经过磁性目标中心在水平面的投影点，换算的磁异常分量精度差异微小。同时，较小的地磁场方向偏差不会给分量换算精度带来很大的影响。从理论上推导了磁异常强度、全梯度模信号、张量梯度模信号和拉普拉斯信号等物理信号的表达式，并分析了它们具有的物理性质。计算表明，拉普拉斯信号在空间的等值面非常接近球面，其在平面上的等值线极大值对应磁性目标中心位置，而其他三种信号在平面上等值线极大值与磁性目标中心位置则存在一定的偏差。提出利用小波分析提取海洋磁力测量信号中高频弱磁扰动的探测方法。结果表明：利用小波分析可以有效提取海洋磁力梯度数据中的高频弱磁扰动特征，甚至在高频弱磁扰动量级很小时也能取得一定效果。基于地磁日变化特点，提出了采用纬差加权法计算多站地磁日变改正值，对算法的相关性质进行了分析。研究发现：地磁场日变化主要取决于纬度效应，地磁日变化差异与纬差大致成正比，且高纬地区的地磁日变化差异要略小于低纬地区。

在海洋重磁信息辅助导航研究中，提出一种利用测量磁场与世界地磁模型计算磁场之差作为匹配特征量的水下匹配导航新模式。引入快速傅里叶级数拟合技术建立区域的磁场模型，然后将测量地磁异常与惯导指示地磁异常之差表示成连续的解析形式，结合惯导力学编排方程，利用扩展 Kalman 滤波技术对惯导位置误差进行最优估计，提高了水下潜器匹配导航的精度。研究了基于 ICCP 的水下地磁自主导航算法，并对其作了改进。以所建立的局域地磁场模型为背景，进行了地磁匹配算法的仿真实验，分析了影响导航精度的多个因素。针对船载地磁场三分量动态测量系统，研究了地磁场的解算原理，对地磁场三分量的动态解算方法进行了实验室仿真，表明了地磁场三分量航海测量的可行性。基于地球重力物理场连续的特性，将计算机构图中的 Coons 曲面建模引入到导航用海洋重力异常图的加密重构中，建立不同边界曲线的双一次 Coons 曲面和双三次 Coons 曲面重力异常模型。以布格异常基于 Coons 曲面进行重力异常图的重构，与空间重力异常直接建模相比，精度整体提高 25%。

三、控制测量与海岸地形测量

研究了利用 GPS 技术替代传统的海洋潮汐观测方法，提出了基于精密单点定位(PPP)技术的远程 GPS 验潮方法，弥补了现有实时动态 GPS 验潮模式受距离限制的缺陷。同时，分析了影响 GPS 验潮精度的各种因素，并针对具体的试验区域，将远程 GPS 验潮方法在不同作用距离下的观测结果与验潮仪的观测结果分析比对，结果表明：基于 PPP 技术的远程潮汐测量方法扩大了 GPS 验潮的作用范围，提高了海洋测绘的作业效率。研究了基于 GAMIT TRACK 双差动态定位模块计算海洋潮汐的方法。将不同基线组合下的计算结果分别与压力式验潮仪记录值比对，比较不同星历和基线组合的结果，得出在 150km 基线以内，采用 IGS 最终星历得到的潮位变化结果精度最高，但不具备实时性；超快速星历结果精度稍次之，可以用于实时 GPS 验潮；广播星历结果最差，仅满足短基线实时验潮的要求。

研究分析了在短期、中期和长期观测时段下潮汐调和常数的变化规律，计算出各分潮调和常数的平均值、最大互差及中误差的变化量级。研究表明：较短时间的观测资料得出的各分潮调和常数存在着较大的误差，随着观测时间的增长，其误差量级呈逐渐减小并且逐步稳定的变化趋势。论证并试验证明了正交潮响应分析对潮汐潮流数据的时间长度的要求，对于一天到数天的数据，通过引入比例关系和改变模型参数，实现了对数据的建模分析。与准调和分析相比较，正交潮响应分析具有较高的精度，且不存在良好天文观测日期的选择问题。针对中期验潮站因观测时间较短而导致调和常数不稳定的问题，对中期验潮站海图深度基准面的确定方法进行了理论研究，提出一种利用差分订正求取中期验潮站海图深度基准面的方法。研究表明，差分订正方法用于确定中期验潮站海图深度基准面，具有更高的精度。分析了直线形态估算法与调和常数模型估算法，给出了水位改正方法对应的估算原理。提出的估算方法具有明确的精度指标，据此建议修改验潮站设计的流程，以满足沿岸水深测量与高精度水下地形测量对水位改正精度可控的要求。研究了日月潮汐改正对精密水准测量的影响，推导出一种水准测量中可以采用的简单快捷的日月潮汐改正实用模型，并与其他相应模型进行了比较和分析，表明了该模型的实用性和可行性，可应用于海洋测绘中海面地形的确定。

为实现海岸带测量成果陆部要素与海部要素在垂直方向的基准统一，我国就海洋测量垂直基准的现状、垂直基准面间的关系、海岸带地形测量与水深测量基准面转换技术等方面进行了研究，并构建了高精度的理论最低潮面、验潮站平均海面等潮汐数值模型，实现了地形图与海图数字成果的无缝拼接。研究表明：一般海部要素的垂直基准转换精度优于35cm，灯塔、灯标等特殊海部要素的垂直基准转换精度优于45cm。分析了目前中国海区海图深度基准面的现状，对由19年调和分析结果数据所计算的理论深度基准面的稳定性进行了计算分析，并评估了理论深度基准面的精度。为海图深度基准面能够在一定时期内准确反映平均海面的变化，提供准确的深度基准面信息。

我国研究了全球平均大气压的变化特征，分析了传统卫星测高逆气压改正存在的缺陷，并对以常数大气压为参考值、以全球海洋平均大气压为参考值和顾及高频信号的3种逆气压改正进行了对比。研究表明：顾及高频信号的逆气压改正最接近海平面的真实响应，可减少卫星测高海面高交叉点不符值的影响。

GPS作为海洋测绘定位的主要技术之一，其精密星历与钟差计算、传输路径误差消除、周跳探测与修复、整周模糊度确定等一直是海洋测绘研究的重点。在传统的二次多项式模型和灰色模型的基础上提出了一种新的组合模型来预报卫星钟差。分析了利用不同历元个数的残差建模所得组合模型的精度，将组合模型与灰色模型、二次多项式模型的预报精度进行了比较。结果表明：组合模型相对于灰色模型的预报精度能提高一个数量级左右。基于GPS多频观测值的线性组合处理电离层折射误差的原理和方法，推导了电离层延迟的多频消除组合公式，并估计这些线性组合观测值的观测精度和适用范围，验证了用多频观测值组合改正电离层误差的可行性和有效性，给出了选择线性组合系数的长波长标准、弱电离层延迟标准、弱随机噪声标准。在GPS周跳探测研究中，为了克服电离层残差法和TurboEdit方法在周跳探测与修复方面的不足，提出了两种改进后的周跳探测方法。一种是通过选取“当前统计模型”作为滤波的状态模型，联合利用载波相位和多普勒观测值进行周跳辨识，同时对周跳偏差进行即时估计和改正。同时提出联合利用M—W组合观测值和电离层残差组合观测值进行周跳处理的方法，相比于传统方法可以获得更为精确的周跳估值。针对 GPS 双频 P 码和载波相位观测值,提出了一种适用于短基线的模糊度单历元算法。根据双频线性组合理论,选择两个线性无关的宽巷组合。理论分析及算例表明:该方法不需要已知测站坐标,实现了双差模糊度的单历元解算,且成功率高,解决了 GPS 高精度动态实时定位的一个关键问题。

在 GPS 平面控制测量中,分析和探讨一种实用性强、适合边界控制测量的 GPS 布网方法,研究了边界测量中 GPS 大地控制网的布设方案及数据处理方法,并结合实例分析了 GPS 大地控制网的精度。结果表明:所采用的同步图形扩展式布网方法具有较高的精度和作业效率,完全满足边界控制测量的要求。在分析规范中 GPS 归心改正计算公式的基础上,考虑地球弯曲差等因素的影响,推导出偏心距较大时 GPS 归心改正计算的严密公式。结果表明:偏心距较大时,采用该公式的计算精度远远高于规范公式,在 1500m 以内可以达到严密导线平差的精度水平。根据海道测量定位数据后处理的要求,对定位数据后处理中的拟合算法进行了研究,提出一种基于多面函数拟合的后处理方法,并给出相应的数学模型。研究表明,后处理中采用多面函数拟合法处理测线定位数据可提高定位数据的可靠性,拟合精度可将精密动态定位控制在厘米级。在海岸高程控制测量中,针对控制范围狭长、区域小、已知水准点较少制约 GPS 水准拟合精度的问题,从高程系统的概念入手,分析了 GPS 水准拟合的数学模型,探讨了已知水准点极少时 GPS 水准拟合的精度控制问题,针对测区水准点不同的分布状况,给出相应的拟合模型和精度控制要求。

在 GPS 组合导航定位研究中,阐述了 GPS/IMU 系统进行位置与姿态测量的基本原理,推导了利用 GPS/IMU 的导航解计算遥感器瞬时外方位元素的数学模型,并利用机载三线阵影像验证了 GPS/IMU 辅助直接对地定位的潜力。试验表明:GPS/IMU 提供的外方位元素具有较高的定位精度。

我国分析了无人机航测系统中数码相机的检校内容,参照航空摄影测量规范和无人机航测外业实践,探讨了无人机进行海岸带地形测量的方法和步骤,这对海岸带区域开展无人机航测作业具有一定的参考意义。为提高机载平台在应对气流抖动和外界强干扰时的定位性能,在加速度自适应截断正态分布的基础上,通过 Lagrange 乘子法将速度方向信息约束到强跟踪滤波中,得到了基于方向信息约束的强跟踪定位算法。研究表明:在提高定位精度的同时可及时响应空中机动,较好地解决了机载遥感平台在强随机干扰条件下的跟踪定位问题。

针对高分辨率卫星 CCD 线阵传感器,分析了像元尺寸变化模型、CCD 在焦平面内旋转变化模型、传感器镜头光学畸变模型;基于 ALOS 卫星的内方位附加参数模型,构建了卫星传感器内方位自检校综合模型;分析了卫星传感器严格成像模型及外方位检校参数内容,给出了自检校光束法区域网平差解算方案;结合外方位元素 PPM 内插模型,利用 SPOT5 模拟数据进行区域网平差实验,实验结果验证了模型方案的可行性。对轨道线性拟合在星载 InSAR 基线估计中的可行性进行了分析,证明轨道线性拟合可以满足星载 InSAR 干涉测量的精度要求。在选取合适的时间长度情况下,轨道线性拟合方法可以得到较好的拟合精度,满足星载 InSAR 干涉测量的精度要求。

航空摄影测量技术应用于海岸地形测量的理论和实践都还比较薄弱。针对航测技术应用于海岸地形测量的技术方法、作业流程,以及影像纠正、海岸地形的分类等,进行了深入的研究。提出参照基准图像，基于改进的6参数仿射变换模型进行几何纠正的方法，较好地解决了大倾斜航空摄影图像中目标点位置的获取问题。海岸带航空摄影测量存在控制点少、高程控制难的问题，为此采用平面控制模型，研究了不同情况下卫星影像的纠正处理方法，解决了海岸带卫星影像在缺少卫星轨道参数和控制点资料的情况下的影像纠正难题。对于海岸线的提取和分类问题，从颜色、纹理、地物邻接关系等方面建立了海岸类型的遥感解译标志，提出基岩岸线、砂质岸线、粉砂淤泥质岸线、生物岸线和人工岸线的提取原则。基于速率预测和灰色预测两类方法，分别探讨了海岸线变化趋势预测的定量计算方法，并建立了基于基线剖面和原点剖面的海岸线趋势定量分析的基本流程。

四、海图制图与海洋地理信息工程

在数字海图标准研究中，把数字海图国际标准与国内电子海图的技术实践相结合，实现了自主知识版权的同一平台上多元海图数据的同时调显。按照完备性、简单性、规范性的原则，对解析数据采用面向对象的数据组织方法。按照SIMS技术体系，建立了与数字海图相关的空间数据通用调显引擎，实现了多元海图数据的集成。以四叉树索引模型为基础，建立了高效的SENC体系，实现了海量空间数据的管理与调度，达到全球数据调显的实用化。对平台内含所有数据(矢量、栅格)采用加密技术，通过数据、平台、硬件的三级绑定，使得数据的版权得到了充分的保护。为研制与海图相关的各类舰载、机载、指挥导航等应用系统打下坚实的基础，为融合外版的电子海图提供了技术保障平台。分析了S—100作为S—57替代标准的新特征，将其具体内容与ISO 19100系列标准做了对照，研究了两者的关系，实现了与国际主流地理空间标准接轨。结合IHO《通用海洋测绘数据模型》(S—100)中的空间模式，给出几何单形和几何复形的数学定义，分析了几何单形、几何复形和几何聚集形之间的关系，同时，分析了S—100空间模式的构造方法和存储方法。研究建议IHO或各成员国应考虑将拓扑对象纳入S—100空间模式中。

针对数字海图中出现的信息加密、版权保护的问题，提出了两种有效的数字水印算法：一种是基于双树复数小波变换的特征点数字水印算法。根据复数小波变换的系数特点，通过修改相应的高频系数来实现水印信息的调制嵌入，提取水印信息的同时能够近无损恢复原始载体图像，兼顾了水印的鲁棒性和不可见性，能够有效抵抗剪切、平移、旋转等几何攻击，对线性拉伸、低通滤波等攻击也具有一定的鲁棒性。另一种是变换域算法和空间域算法结合互补的水印算法方案，能够兼顾不同域变化的优点，对大多数攻击具有较好的鲁棒性。研究了数字海图线要素出现数据冗余的原因，在此基础上，提出了一套完整详细的数据压缩优化及检查方案，并成功运用于海图实际生产。在保证数据质量的前提下，很好地实现线要素节点数据的压缩，大大降低了数据存储量，提高了数字海图应用效能。分析比较了海图空间数据扫描数字化误差，提出了误差分析的方法，并通过实例分析对扫描数字化误差结果进行了检验。结果表明：海图空间数据扫描数字化的误差并不一定服从正态分布，更多地表现出系统性。研究了空间数据挖掘中模糊二元关系的方法，结合模糊二元关系“最大—最小”合成方法和多个模糊状态下模糊规则的合成推理，给出了计算模糊状态可确定区域的方法。分析结果表明：这种方法能准确地得到模糊状态的可确定区域，对于处理基于数据挖掘的海图空间数据模糊不确定性有实际意义。

在数字海图生产过程中，海洋陆地层面要素和线要素的校对检测是海图校对检测的重点与核心。通过对数字海图海洋陆地层面要素、线要素和水深层数据的综合分析研究，按照航海图书编绘规范要求，基于 ArcInfo 地理信息系统软件平台，应用 AML 宏语言，解决了面要素的编码属性自动识别、识别结果与作业结果自动比对、面要素综合错误自动检测和多余面要素自动检测等关键问题。

在利用遥感影像制图研究中，分析了高辐射分辨率遥感影像的特性，对其存储格式转换、动态范围调整进行了探讨，提出一种基于多尺度梯度的自适应拉伸算法。利用决策树分级匹配分类的思想，完成高光谱遥感影像分类过程中的光谱特征优化、特征参量构造和相应的匹配策略选择。试验结果表明：该方法能够显著提高高光谱遥感影像目标提取的精度，能够充分利用高光谱遥感数据中丰富且细致的光谱信息。在研究非负矩阵分解(NMF)用于遥感图像融合技术的基础上，设计的一种基于光谱复原的 NMF 图像融合算法，克服了 NMF 融合存在的光谱失真情况，对 NMF 融合后的结果进行光谱复原，融合结果能够在保持原始图像空间特征信息的同时，较好的保留了多光谱图像的光谱信息。提出了一种新的基于 PCA 变换的遥感影像像素级融合方法，该方法通过在 PCA 变换融合算法基础上引入小波变换融合算法，保留了多波段遥感图像光谱特性的有用信息，进一步提高融合后遥感图像的效果。新的 PCA 变换比传统的 PCA 变换具有更好地融合效果，实现多源遥感影像优势互补。针对利用光谱特性和几何结构特性可以提高机场识别效率和鲁棒性的理论，对像素级遥感图像融合方法进行了分析比较，并对融合结果进行了有针对性的效果评价。实验结果表明：小波变换融合法和高通滤波融合法在继承光谱信息和增强边缘特征方面有一定的优势，能够为机场识别提供信息丰富的图像数据基础。针对光谱成像中分类器选择的问题，提出了一种基于混合分类规则的成像光谱数据分类方法。实验表明：经过组合的分类器有着优越的分类性能，可以得到较为理想的分类结果，并有着很强的适应性。

针对高光谱数据中内在的非线性流行结构，分析了 LLE 低维嵌入算法的基本原理。在计算目标函数中，利用测地距离代替欧氏距离，对模糊 ISODATA 分类算法进行改进。结果表明：LLE 低维嵌入后的数据能够降低 ISODATA 影像分类的迭代次数与计算时间，提高分类的效率和可靠性。提出一种利用尺度不变特征变换匹配技术应用于图像自动拼接的方法。研究表明：SIFT 特征是图像的局部特征，其对旋转、尺度缩放、亮度变化均保持不变，对视角变换、仿射变换、噪声均有一定程度的稳定性。针对 NeighShrink 滤波算法存在的不足，提出了改进的阈值估计策略和系数收缩方案，并将改进算法与静态小波变换相结合进行图像滤波，取到较好滤波效果。以峰值信噪比(PSNR)作为客观评价指标，实验验证了改进算法的有效性。研究了如何利用灰度共生矩阵对纹理图像进行纹理统计，通过计算所得的纹理参数对不同类型的纹理进行了分析，比较了这些纹理图像纹理参数的异同，并建立纹理数据库。研究成果提高了纹理信息在遥感影像质量分析、影像分类、计算机自动识别等方面的精度和效率。在基于序列影像获取三维空间数据的研究中，提出一种基于向量的匹配算法，将图像看成是一个连续的三维曲面，通过计算每个曲面点处的法向量，再利用该向量进行匹配。实验表明算法可以有效地生成稀疏深度图，满足 3DGIS 的建模需求。在分析基于固定窗口滤波的 DEM 获取算法的基础上，提出了一种自适应窗口滤波的 DEM 获取算法，通过改变移动窗口的大小进行分块拟合来反演地面的高程值，获取 DEM 数据。利用海岸带区域 IKONOS 卫星影像匹配生成的三维坐标数据集成进行了实验，实验结果证明了所提算法能够快速获取区域的 DEM 数据，提高了 DEM 数据处理的自动化水平。

在海图投影研究中，根据球心投影、球面投影等求解大圆航线受限于半球的缺陷，提出了以正轴等距切圆柱投影为底图，将横轴等距切圆柱投影网与其叠置，在网的横轴与赤道重合条件下，通过网的左右移动以改变任意点网格位置的方法，解决了全球范围内任意两点间的大圆的图解问题。为实现等距离投影和等面积投影间的直接变换，借助计算机代数系统 Mathematica，推导出了子午线弧长和等面积纬度函数变换的直接展开式，将变换系数统一表示为椭球偏心率的幂级数形式，解决了不同参考椭球下的变换问题。

针对当前水深三角网构建算法的不足，提出了基于岸线约束的水深三角网构建优化算法，通过提取海图数据中的海岸线数据并求取岸线的干出高度，以岸线作为水深三角网的边界约束条件，可以避免三角网穿越陆地和岛屿等不合理情况。该方法生成的水深三角网，利于海部地形表达，尤其适合近海和海岸带区域的水深三角网构建。以地名库数据为支撑，多尺度组织地名数据，研究了基于 Delaunay 三角网建立各层数据自适应搜索机制，通过相关模型将指定范围内的空间对象与当前对象的空间关系进行自然语言定义，基于概念图和预设链接谓词表，实现各语义要素自动组合，生成基于地名信息的有关指令。经过相关系统测试和海量数据实际应用，地名信息的自适应语义组合方法稳定、有效、实用性强。利用约束型 Delaunay 地形网格构造技术，构造了 5m×5m 的港口海底地形，并利用潮汐、潮流、波浪数值计算技术，融合高分辨率的地形数据，与深海粗网格的潮汐、波浪数据进行嵌套计算，实现了高分辨率潮汐、潮流、波浪的海洋水文仿真环境。

传统的网格数字水深模型(DDM)不能根据水深变化情况自动调节内插水深的间隔，为此，提出顾及水深复杂度的自适应网格 DDM 构建方法，建立水深复杂度评估指标，并发展水深复杂度、网格间距与网格 DDM 精度的内在关联模型。提出基于形态约束的格网等深线勾绘算法。用普通格网等深线勾绘算法得到制图区域的初步等深线，据此建立等深线树，识别等深线之间的空间关系。从等深线中提取特征点，建立父子等深线特征点之间的地性线，基于形态约束勾绘满足集群等深线特性的子等深线。试验证明：该方法相对普通格网等深线勾绘方法效果较好，满足形态约束条件，适用于等深线的自动勾绘。针对已有三维直线重建算法的不足，提出基于同名直线和点云数据的三维直线重建算法。算法中应用的匹配同名直线方法，与以往方法比较，引入更多的约束条件，提高了匹配的可靠性，解决传统方法受交会角影响的问题，避免"线—线"前方交会模式下所有同名线段频繁的两两交会。研究了格网海底数字地形模型(DTM)对真实海底地形表达所带来的精度损失，提出海底 DTM 的"浅点扩散"原则。试验证明，"浅点扩散"原则能够较好地保证 DTM 对海底浅点的表示，提高了对海底真实地形的表达精度。

在海图一体化更新研究中，为了提高海图数据的可重用性，便于海图数据的共享更新，分析了美国国防部的海图数据格式 VPF，并对其理论模型和要素关系模型进行了深入研究，通过对 VPF 模型结构的实验，在 VC++ 6.0 平台下实现了对 VPF 数据的解读显示，从而为 VPF 格式海图向其他格式海图的转换提供了重要基础。提出了基于数据库的一体化海图生产模式，从数据库搭建、标准规范制定、软件工具选定等三方面研究了海图生产新模式的解决方案。并通过 C/S 模式，实现服务器端和客户端矢量数字海图的一体化更新。研究了海图语义、位置和注记信息量及其变化信息量的量测方法，并提出基于信息量变化程度的海图改版需求评估方案，该评估方法可为海图改版提供有力的决策依据。

在海图生产研究中，针对海图设计中新编海图的资料一直采用人工选择的现状，在对海图制图资料选择基本知识介绍的基础上，分析、提取了资料选择的具体知识并进行了量化，根据量化后的指标运用加权求和的综合评判方法对基本资料的选择进行了自动实现。从海岸线的特点以及制图综合的基本原则与方法出发，分析了传统 Douglas - Peucker 算法的优缺点，提出一种基于曲线拐点信息的 Douglas - Peucker 改进算法，较好地遵循了海岸线要素制图综合时“扩路缩海”的基本原则，并在此基础上构建了海岸线自动综合的模型。分析了当前印刷生产过程中使用专色出现的一些问题，并对相对和绝对色度匹配方法进行了比较，提出基于相对匹配算法的专色误差分析模型。研制了专色处理系统，并通过采集的专色数据进行了试验，取得了较好的效果。分析了电子专题地图在表示、制作和符号设计中存在的问题，结合各种多媒体技术，提出一些新的电子专题地图的显示风格，并对每类风格的符号设计方法进行了研究。利用现有矢量海图中的水深要素及海岸线岛屿要素，对生成电子海图海底规则网格数据进行研究。计算机辅助虚拟三维海底地形，运用线性八叉树场景进行分解寻求其规律性，用 A^* 算法最好最优地勾绘出等深线，从而建立海底地形等深线模型，为实现电子海图海底三维可视化奠定了基础。

为实现空间数据的灵活装载，支持空间数据库统一管理，基于 ArcGIS Engine，建立统一编码的符号库系统，研究了 C/S 环境下 SDE 空间数据图的自动符号化显示，实现空间数据的自动符号化加载和显示。分析了当前基础地理信息数据建库的情况及其适用于基本比例尺制图的特点，充分利用 ArcGIS 提供的地图表现功能，探讨 ArcGIS 环境下基于 Geodatabase 数据库实现基本比例尺地形图制图的方法，并采用 ArcObjects 作为二次开发的平台，设计开发了基于 GIS 数据库的基本比例尺地形图制图模块。研究了 ArcGIS 海洋数据模型中针对海洋要素产品时空数据的组织方法，并通过建立多维时空索引的方式对其进行改进，并运用到“数字海洋”原型系统项目中，取得良好的效果。

在虚拟战场环境中，地形模型的基础是真实的原始地形数据，原始地形数据包括地形高程数据和地形文化数据，研究了地形文化数据的特征，提出基于区域划分的分层分级的地形二维模型和利用数字海图高程点数据的三维建模方法。该方法可以应用于虚拟海战场环境的系统开发。通过对 ShapeFile 数据格式与军用标准格式的分析比较，指出它们之间在对描述地理实体的分类分级、编码体系、属性结构等方面存在的差异。提出采用编写转换软件的方案来解决 ShapeFile 数据向军用交换格式数据的转换，解决了转换过程中的数据构成转换、数学基础转换、属性信息转换和注记要素提取的问题。

五、海洋测绘仪器及软件

在水位观测技术研究中，基于 Hypack 2008 的无验潮水深测量，在采集 RTK 卫星接收天线的平面坐标、测深设备水深值、姿态仪信息的同时，采集接收天线的大地高，结合软件中对大地参数的设置，直接输出需要的基准面以下的水深值，而不需要传统的验潮数据来确定水面高程，实现无验潮水深测量。开展了具有水尺验潮特点的光学验潮技术研究，论述光学摄像法验潮的原理及关键部件水尺的研究成果，分析了光学验潮技术的特点及其未来的发展，该技术增加了一种潮汐测量的新手段，为机动作业提供了方便。设计了涌浪滤波器，通过对涌浪滤波数据的有效性分析和数据处理，对比分析了涌浪滤波器应用前后水深测量精度的变化。应用表明，该滤波器水下地形测量的精度可提高 1 倍以上。基于一定空间尺度内平均海面相同或相近这一前提，研究了相邻验潮站日平均海面之间的关系，并据此检测验潮仪零点是否发生变动，分析了修正验潮仪零点漂移的可行性及效果。基于全球海潮模型和 GAMIT 软件分析，顾及中国近海海潮，研究了海潮对测站位移改正、基线向量解算的影响，并提出相应的对策，进一步降低了海潮的影响。

根据海道测量对姿态传感器安装位置以及观测点姿态改正对质心坐标系的要求，提出一种利用 GPS—RTK 测量技术确定测船质心位置的方法，并给出静态锚泊情况下测船质心位置的确定模型。该方法能够以较高精度求定测船的质心，适用于海道测量船质心位置的确定。在揭示测量升沉与总升沉存在差异的基础上，建立了 GPS 定位中心的诱导升沉模型。结合 GPS、RTK 和姿态数据对模型进行验证，分析了诱导升沉模型的精度和影响因素。根据精密海道测量的需求，对姿态与定位数据融合的同步方法进行了研究。通过 GPS 大地高数据和升沉数据，建立了一种基于相关逼近原理的定位与姿态数据同步模型。实例表明：同步模型解算后，GPS 大地高数据与总升沉数据体现了更好的一致性，由此也验证了模型的有效性。

从全站仪的基本功用及其在海陆工程测量中的实际应用出发，根据天文导航测量原理，采用时角法和高度法等测量方法，拓展经纬仪方位测量功能，提供基准方位测量，解决诸如建筑施工、港口建设、航道疏浚、导管架安装、罗经安装及校准等基准方位（线）标定，使不同作业环境下的方位测量、校准更加简捷、快速，满足工程施工的精度要求。研究了跨海高程传递的基本原理和方法，研制出一套基于三角高程法的跨海高程传递数据采集及处理系统，为海岛礁大地测量尤其是高程传递工作的展开提供技术参考。

在海洋重磁测量中，针对 L&R 海空重力仪因结构设计上的特殊性，其测量数据受海空动态环境因素影响特别明显。为了消弱各类误差源的影响，提出一种两阶段误差综合补偿方法，第一阶段采用相关分析法对仪器厂家标定的交叉耦合改正（CC 改正）不足进行修正，第二阶段采用测线网平差对各类剩余误差的综合影响进行补偿。实际观测数据处理结果已经验证了该方法的有效性和可靠性。提出一种校正三轴磁传感器综合误差的新方法，该方法利用三轴磁传感器的误差校正数学模型和遗传算法，通过预先对其中单轴灵敏度定标，并以此为标准来校正其他两轴以及综合误差，可达到 1nT 精度，使磁传感器性能得以改善。

研究了捷联惯导与天文导航（SINS/CNS）组合导航仿真方案，设计和实现了 SINS/CNS 组合导航软件仿真平台。以 Kalman 滤波为基础，通过将 SINS 和 CNS 所测得的飞行器相关姿态和位置信息进行数据融合，估计出组合导航系统的误差状态量，进而修正 SINS 的位置、速度和姿态。

研究了新型海面传感器网络相对定位的关键技术，分析了双向不等时漂同步方法与无时漂往返校时方法在相对定位中的性能。结果表明，双向不等时漂同步方法精度优于常用的无时漂往返校时方法，可将等效测距误差减小 3m。利用采用数值仿真方法，研究测深、测距精度及定位点与测量基阵的位置关系等因素对短基线水声定位精度的影响，为设备研制方案的确定以及试验测量方案的制订提供了有效参考。

采用 OSG 开发技术实现海南岛三维地理信息系统主要功能。采用 LOD 技术和数据动态加载技术提高了系统海量数据的处理效率，实现了海量地理信息数据的动态显示和漫游。融合基础 DEM 数据、高分辨率遥感影像数据、三维模型数据，实现了基于三维可视化空间的信息查询和多媒体信息的显示及空间分析等地理信息系统功能。在海岸带测量和海战场环境调查等工作中，研究了非线性优化水深探测方法，通过建立基于海底、海水和遥感反射率三者相互作用的适应海岸带地区特定环境的定量模型。通过最优化的方法，解出这几个未知量，从而确立半分析模型。研究了 ArcGIS 海洋数据模型中针对海洋要素产品时空数据的组织方法，并通过建立多维时空索引的方式对其进行改进，并运用到“数字海洋”原型系统项目中，实现了“数字海洋”原型系统中海洋要素产品时空数据的组织与存储和可视化表达。

从线阵高分辨率遥感卫星成像方式及敏捷型卫星的成像特点出发，综合考虑线阵列 CCD 传感器成像时各种几何变形因素的影响，并依据严格成像模型，对所设计的传感器进行成像模拟，对模拟影像进行变形分析，所研制系统减小了成像变形。在分析影像地图载负量重要性和复杂性的基础上，分析了影像地图载负量的特点和组成；从地图信息的角度，对影像地图的载负量进行了研究，通过试验分析，给出了影像地图载负量的定量分析结果。为了满足影像图高质量且实时传输的要求，研制了基于 JPEG2000 图像压缩算法的航测图像压缩系统，设计了基于 DSP 芯片 TS201S 上的 9/7 小波实现方案。利用芯片中的双运算模块实现数据运算的完全并行；通过 DMA 中断节省了片内外数据传输时间。结果表明，采用优化后的 9/7 小波提升算法运行的时间缩短了 66.7%。

以 MapX 控件为图形平台，SerialPort 控件为通信接口，在 C#.net 2005 环境下开发了一个小型 GIS。针对 GPS 与 GIS 集成中的关键技术进行了研究，即 GPS 信号的接收和处理、GPS 地理位置信息的实时显示。利用控件可以方便地实现组件重用、代码共享、操作简单，由此可以极大地提高编程效率。

在海洋测绘数据库建设中，分析了海洋重磁数据的来源和特点，基于 ESRI 空间数据库模型，采用空间数据管理软件平台（Oracle10g＋ArcSDE 9.2），设计了测量数据库建设方案和建库标准，实现了文本、SHP、DWG、MDB 等多种格式的数据一体化集成管理，采用 C/S 和 B/S 相结合的结构，分布式生产、集中式管理，建成了多源、多时相、无缝的应用数据库。结合水深测量空间数据库建设的实践，按照需求分析、概念结构设计、逻辑结构设计的步骤对基于 Oracle Spatial 的水深测量空间数据库进行了设计，实现了水深测量数据入库、查询和分析功能。针对当前多波束测深数据成果现状，以 Oracle 9i 数据库为基础，搭建 ArcGIS 8.3 的 SDE 为空间数据引擎的多波束水深空间数据库，结合 ComGIS 技术开发了多波束数据处理系统。成功地将空间数据库技术融入系统中，有效运用 ComGIS 开发系统前端平台。研究了空间数据库接口现状和空间数据库相关的理论体系结构，讨论了空间数据库的存储机制、索引方法、查询和接口设计标准等相关内容。采用 VC^{++} 6.0 高级语言设计和实现了数据库接口试验系统，实现其在关系数据库中的存取、索引建立、属性数据与几何数据联合查询等接口功能。

在海洋测绘资料信息化建设中，利用平台软件开发与数据库建设同步进行等技术途径，完成了海洋测绘信息管理、服务、保障标准规范体系、系统软硬件体系、应用软件体系、数据库框架体系的建立，解决了制约数字化制图技术条件下海洋测绘资料管理、服务、保障手段落后的问题，为海洋测绘信息数字化平台系统建设提供技术支持。

在航海通告生产与发布方面，分析了我国航海通告生产流程及其存在的问题，提出一种基于电子备考图的航海通告数字化生产新方法，并在此基础上利用 C/S 模式实现基础数据的存储与共享，解决了电子备考图的自动改正更新和航海通告的自动排版输出等技术难题。研究了基于 SQL Server 的航海通告快速生产关键技术，开发了航海通告生产与管理系统，提高了改正通告编辑的质量和效率，提高了电子海图航海通告改正的自动化水平。将自然语言技术应用到航海通告改正信息的分析和提取方面，设计了航海通告模板库和语言词汇库，分析了航海通告语言分析处理的基本方法和步骤，并建立了原型系统。为了解决国外航海通告的自动下载问题，设计了一个全球航海通告信息搜集与处理系统，实现了国内外航海通告信息在线共享。

六、海洋测绘教育及职业培训

为了深化测绘基础理论研究、加强军事应用研究、增进院所合作，海军海洋测绘研究所与解放军信息工程大学测绘学院建立了研究生联合培养基地。联合培养基地的建成不仅提升了高层次人才培养水平，完善了科研服务保障体系，而且为人才培养的高起点科学规划与发展提供了思路，提高了测绘现代化保障的智力水平。

海军大连舰艇学院测绘工程实验室被总参谋部授予“军队重点实验室”称号。实验室下设海洋大地测量学与基础测量、海道测量、海图制图、海洋地理信息工程四个分室和一个办公室。实验室为海洋测绘学科的博士后科研流动站、二级学科博士点、二级学科硕士点和工程硕士点的学科建设，以及为本科教学、国际海道测量师/国际海图制图师培训和各种轮训、培训提供了良好的实验教学平台，为从事国家和军队科研任务提供了优越的保障条件，为海洋测绘新装备、新成果的推广应用提供了优质的技术服务和智力支持。

参考文献

[1] 冯义楷，李杰，杨龙，等. 远程 GPS 验潮方法研究. 海洋测绘，2010，30(1)：4-6.

[2] 王冬梅，李雪萍，袁建东. 一种新的基于 PCA 变换多源遥感影像像素级融合方法. 海洋测绘，2010，30(1)：44-46.

[3] 刘秋生，韩范畴，肖京国，等. 海洋测绘信息数字平台建设. 海洋测绘，2010，30(1)：79-81.

[4] 黄张裕，赵义春，秦滔. 电离层折射误差的多频改正方法及精度分析. 海洋测绘，2010，30(2)：

7-10.

[5] 刘晓刚，邓禹，叶修松，等. EGM96与EGM 2008地球重力场模型精度比较. 海洋测绘，2010，30(2)：55-57.

[6] 黄辰虎，陆秀平，侯世喜，等. 利用CUBE算法剔除多波束测深粗差研究. 海洋测绘，2010，31(3)：1-5.

[7] 徐广袖，黄谟涛，欧阳永忠，等. 海洋磁重数据库建设及关键技术研究. 海洋测绘，2010，30(4)：33-37.

[8] 肖京国，谭冀川，刘国辉. 基于数据库的一体化海图生产模式研究. 海洋测绘，2010，30(4)：41-44.

[9] 黄文骞. 海洋测绘信息处理新技术. 海洋测绘，2010，30(5)：77-80.

[10] 欧阳永忠，陆秀平，黄谟涛. 基于最小二乘配置法和奇异值截断法向下延拓航空重力数据的仿真研究. 海洋测绘，2010，30(增刊)：1-6.

[11] 范龙，翟国君，柴洪洲，等. 动态周跳处理方法研究. 海洋测绘，2010，30(增刊)：63-67.

[12] 陆秀平. 顾及海底地形变化的狄洛尼三角网构建. 海洋测绘，2010，30(增刊)：93-97.

[13] 陈长林，翟京生，陆毅，等. IHO海洋测绘地理空间数据新标准—S-100的分析与思考. 海洋测绘，2010，30(增刊)：121-125.

[14] 刘国辉，彭认灿，肖京国，等. 航海通告数字化生产方法研究. 海洋测绘，2010，30(6)：37-39.

[15] 朱小辰，刘雁春，肖付民，等. 海道测量多波束声速改正精确模型研究. 海洋测绘，2011，31(1)：1-3.

[16] 许家琨，申家双，缪世伟，等. 海洋测绘垂直基准的建立与转换. 海洋测绘，2011，31(1)：4-8.

[17] 范龙，吴韩柱，务宇宽. 联合M-W组合和电离层残差组合的周跳探测与修复方法. 海洋测绘，2011，31(2)：13-16.

[18] 成芳，刘雁春，金绍华，等. 基于S-44不同测量等级的测线间距确定方法. 海洋测绘，2011，31(2)：28-30.

[19] 彭晓刚，吕志平，王新山. 实时GPS姿态测量中整周模糊度的快速解算方法. 海洋测绘，2011，31(2)：34-37.

[20] 赵俊生，郭忠磊，曾先楚，等. 海岸带测量中GPS水准精度控制的探讨. 海洋测绘，2011，31(3)：1-3.

[21] 张红英，郭佳，张新兵，等. 日月潮汐改正对精密水准测量的影响. 海洋测绘，2011，31(3)：12-15.

[22] 孟禅媛，王晖，李明辉，等. 海底数字地形模型的空间不确定性分析. 海洋测绘，2011，31(3)：31-33.

[23] 魏众浩，王雪帆. 基于Hypack2008的无验潮水深测量. 海洋测绘，2011，31(3)：48-51.

[24] 赵晋霞，范小军. 海洋测绘信息数字平台系统应用研究. 海洋测绘，2011，31(3)：64-66.

[25] 黄贤源，翟国君，隋立芳. LS-SVM算法中优化训练样本对测深异常值剔除的影响. 测绘学报，2011，40(1)：22-27.

[26] 于波，黄谟涛，翟国君，等. 海洋磁力测量空间归算阈值条件确定及其应用. 武汉大学学报：信息科学版，2010，35(2)：172-175.

[27] 欧阳永忠，陆秀平，暴景阳，等. 计算S型海洋重力仪交叉耦合改正的测线系数修正法. 武汉大学学报：信息科学版，2010，35(3)：294-297.

[28] 唐岩，暴景阳，刘雁春，等. 短期潮汐潮流数据的正交潮响应分析研究. 武汉大学学报：信息科学版，2010，35(10)：1151-1156.

[29] 曹鸿博，张立华，赵巍，等. 高精度瞬时水深模型的一种构建方法. 测绘科学，2010，35(4)：111-113.

[30] 秦清亮,夏伟,朱穆华. 基于多波束测深的海底地形空间结构与精度分析. 测绘科学,2011,36(专刊): 250-251.

[31] LI Qiao,PENG Rencan,ZHENG Yidong. Research on Automatically Collecting and Processing of Foreign Notice to Mariners Information, 2011 Geospatial Information Technology & Disaster Prevention and Reduction,Chengdu,China,2011:275-279.

撰稿人:欧阳永忠　郑义东　徐卫明　翟国君
翟京生　黄谟涛　暴景阳　周兴华

测绘仪器装备发展研究

一、引　言

测绘仪器装备是测绘作业的工具,与人类开始测绘同时出现,与测绘技术同步发展,是测绘生产的重要组成部分。近年来,随着激光技术、电子技术、计算机技术、空间技术、信息技术等高科技发展和在测绘中应用,随着传统测绘向信息化测绘转型和地理信息产业的发展,测绘仪器装备的内涵和外延都发生了深刻变化。测绘仪器已经从传统光学仪器向光机电软件一体化产品,从单台分体式仪器向软硬件配套的技术集成系统方向发展。其作用不再仅仅是简单地获取角度、距离、坐标等离散数据或模拟影像,还要完成以连续的数字化地理位置为载体的各种属性数据和数字影像的获取、处理、管理和服务。此外,为提高作业效率,减轻劳动强度,仪器的自动化和人性化程度亦越来越高,我们已经进入了现代化测绘仪器装备时代。现代化测绘仪器装备具有数字化、实时化、智能化、集成化、网络化和空地一体化特征。目前,具有上述特征的数字水准仪、智能全站仪、多频多模GNSS卫星定位系统及连续运行参考站网络、三维激光扫描仪、GIS数据采集系统、Lidar测量系统、移动测量系统、现代工程测量与监控系统、数字化近景摄影测量系统、数字航空遥感测量系统等,代表现代测绘仪器装备最新的发展方向。

二、卫星定位测量装备系统(GNSS)

(一)全球导航卫星系统("北斗"系统)

全球导航卫星系统(Global Navigation Satellite System,GNSS)是近20多年来影响测绘技术发展的划时代事件。该项技术彻底改变了传统大地测量理念,在大地测量、航空摄影测量、工程测量等众多领域得到了广泛应用,对测绘仪器装备领域掀起了一场革命。

目前世界上只有少数几个国家能够自主开发卫星导航系统,正在运行的卫星导航系统有美国的GPS系统和俄罗斯的GLONASS系统,中国"北斗"(COMPASS)和欧洲的伽利略(Galileo)系统处于建设阶段。

"北斗"卫星导航系统[BeiDou(COMPASS)Navigation Satellite System]是中国正在实施的自主发展、独立运行的全球卫星导航系统。按照系统发展的"先区域、后全球,先有源、后无源"总体发展思路,为使用者提供覆盖全球的无源定位、导航、授时服务。

"北斗"二代卫星导航系统与GPS、GLONASS、GALILEO的定位工作原理基本相同,还增加了通信功能,一次可传送多达120个汉字的信息。

"北斗"卫星导航系统由空间段、地面段和用户段三部分组成。由5颗静止地球轨道(GEO)卫星和30颗非静止轨道卫星组成,系统在L、S频段发播导航信息,L1频段的B1、

B2 和 B3 三个频点上发射开放和授权服务信号。

"北斗"卫星导航系统致力于向全球用户提供高质量的定位、导航和授时服务，包括开放服务和授权服务两种方式。开放服务是向全球免费提供定位、测速和授时服务，定位精度 10 米，测速精度 0.2m/s，授时精度 10ns。授权服务是向授权用户提供更安全的定位、测速、授时和通信服务以及系统完好性信息。

"北斗"系统的卫星研制已实现了多项关键技术突破，包括卫星在轨稳定运行技术，国产高精度星载原子钟及导航信号结构。但是国产铷钟在可靠性、长寿命等指标上还有差距，星载氢钟和铯钟还是空白。

在接收机方面，国际三大著名测绘仪器制造商，即美国 Trimble 公司，瑞士 Leica 公司和日本 Topcon 公司，垄断了全球 90％的测量型 GPS 接收机市场。针对"北斗"系统，国外企业也在接收机的射频和基带电路方面积极进行准备。比如，NovAtel 最新型号的接收机可以从外部注入 BD2 的关键信息，从而实现对 BD2 信号的接收。我国 GPS 接收机生产主要集中在南方测绘、广州中海达、上海华测三家公司。但是，国产高精度 GPS 接收机在芯片、主板等核心部件还要依赖进口，主要是在 Trimble、NovAtel、Javad 等国外厂商的 OEM 板上进行二次开发和组装，不具有核心技术。2010 年，上海华测公司在国内率先开发出自主知识产权的 GPS 接收机主板。国内一些企业，如和芯星通、东方联星、国信电子等公司，以及部分科研机构，也正在或已经研制出基于北斗和 GPS 兼容的多模多频测地型 GNSS 接收机主板和芯片。利用专用芯片的高稳定性和高一致性提高"北斗"终端产品性能，通过芯片化、集成化降低终端机的成本和功耗，提高便携性，是未来"北斗"或"北斗"与 GPS 接收机的发展方向。国内外相关研究机构和企业都在向此方向努力。国内接收机需要解决的关键技术主要有：GNSS 接收机的高精度信号接收和处理技术（包括 GNSS 接收机天线技术、GNSS 接收机射频前端技术、GNSS 接收机基带信号处理技术）；"北斗"二代接收机技术（包括 BD2 接收机相关标准的制定、BD2/GPS 测地型接收机的实现与制造）。

目前，"北斗"系统存在以下问题。在系统建设方面，"北斗"坐标系统、时间系统还有改进的余地；"北斗"系统的跟踪站和数据中心也太少；"北斗"系统建设和发展的国家政策和标准还不够健全；频率问题可能是制约"北斗"系统发展的一个主要问题。在接收机方面，"北斗"终端存在设备体积大、成本高、调试周期长、量产能力差、功耗大、可靠性低、性价比不够合理和便携性不强等诸问题，难以与 GPS 竞争。另外在市场方面，由于定位产品市场规模有限，授时市场对"北斗"系统的信心不强，而且 GPS 导航定位与授时已在国内多个行业占据主导地位，"北斗"与其竞争面临一定风险。

（二）连续运行参考站（CORS）系统

连续运行参考站系统（Continuously Operating Reference Service，CORS）可以定义为一个或若干个固定的、连续运行的 GNSS 参考站，利用现代计算机、数据通信和互联网（LAN/WAN）技术组成的网络，实时地向不同类型、不同需求、不同层次的用户自动提供经过检验的不同类型的 GNSS 观测值（载波相位，伪距）、各种改正数、状态信息以及其他服务的系统。CORS 由观测、供电、防雷、传输、备份与监控五个系统构成。主要用于建立国家动态大地测量基准，实时地向不同类型、不同需求、不同层次的用户自动提供经过检验的不同类型的GNSS观测值、各种改正数、状态信息以及其他有关GNSS服务项目，实时提供高精度空间和时间信息以满足各种用户需求。

CORS的关键技术在于网络RTK技术，网络RTK具有覆盖范围大，精度分布均匀的优势。对于站间距离80～100km分布，定位误差一般在2cm左右。网络RTK的关键在于软件系统，目前主要的核心技术有三种：一种是虚拟参考站(VRS)技术，一种是区域改正参数(FKP)技术，一种是主辅站(MAX)技术。它们各自具有不同的特点，并由不同的理论算法支撑。

目前，天宝、拓普康采用VRS技术，徕卡采用MAX技术。国产网络RTK普遍采用VRS技术，有些厂家的产品在VRS技术基础上融合其他技术。如南方公司NRS技术，在VRS基础上，结合FKP和MAX的优点。具体说，NRS采取与VRS相似方法，选取流动站附近的三个基准站，利用这三个站的改正数信息在流动站附近生成一个虚拟基站。但与VRS不同的是，NRS技术利用网中其他部分或全部基准站来优化流动站附近的三个基准站改正数，使改正数的精度更高。利用优化的改正数来生成的虚拟基准站称为增强的虚拟参考站。增强的虚拟参考站能提供更可靠，精度更高的网络RTK服务。此外，国内还有一些高校或科研单位开发的网络RTK软件，比如武汉大学研制的PowerNet软件，但未在市场上广泛推广。

CORS接收机将会向支持多通道、多频、多星座系统，以及网络化，集成现代通讯技术为一体的多功能接收机发展，价格呈进一步下降趋势。各类网络RTK软件将会全面支持国际标准、多种算法，功能更强且接口开放。

鉴于CORS系统在国家战略安全的重要性和广泛应用前景，发展国产CORS系统非常重要。在硬件方面，研制基于网络RTK实现亚米级实时定位(包含“北斗”系统)的国产CORS接收机。在软件方面，目前我国大部分建站单位使用的网络RTK数据处理软件都是采用国外软件，这些软件不但价格高、而且接口不开放，若要进行本地化改进或二次开发将很困难。未来我国应该在国内网络RTK数据处理已有研究成果基础上，组织研发国产自主知识产权的连续运行参考站网络RTK数据处理软件，并广泛推广使用。

三、摄影测量与遥感测量装备系列

(一)遥感平台

遥感平台是用于安置各种遥感仪器，使其从一定高度或距离对地面目标进行探测，并为其提供技术保障和工作条件的运载工具。按其距离地面的高度大体可分为三类：第一类是地面平台或近地面平台，即以三脚架、遥感塔、遥感车和遥感船等与地面接触的平台，用于测定各种地物、固定目标、水面或水下的波谱特性或进行摄影。第二类是航空平台，包括飞机和气球。根据距地面高度分为低空平台，2000m以内，对流层下层；中空平台，2000～6000m，对流层中层；高空平台，12000m左右，对流层上层。根据是否有人驾驶分为有人机航空遥感平台、无人飞行器两类。第三类是航天平台，指在大气层外飞行的飞行器，高度几百、几千至几万千米，包括卫星、火箭、航天飞机、宇宙飞船和空间站。航空和航天平台的用途主要是对地观测。

(二)遥感器

1. 遥感器分类

远距离检测地物和环境产生的辐射或反射电磁波的仪器。遥感器借助各种波段电磁波的不同辐射特性接收地物或环境反射的电磁波，经过处理和分析，提取物体的某些特征，借以识别物体。遥感器的性能决定了遥感器对电磁波的响应能力和遥感器输出图像的特性。

以高空遥感飞机为平台的遥感集成系统，装载了以下机载遥感仪器。

(1)模块化成像光谱仪(OMIS)

模块化成像光谱仪的主要技术特点为模块化、波段覆盖宽，具有 128 个波段，波段覆盖范围 0.46μm 至 12.5μm。仪器具有 70°以上的扫描视场，模块化结构，扫描系统、成像系统和光谱仪系统均为独立模块，可产出标准化图像数据产品。

(2)推帚式超光谱成像仪(PHI)

推帚式光电遥感器特点是高光谱分辨率、高灵敏度和无机械运动部件等性能，使其成为新一代对地观测技术系统。推帚式超光谱成像仪(PHI)，波段数为 244 个，光谱范围 0.40～0.85μm，光谱分辨率小于 5nm，扫描视场 42°，信噪比大于 500。

(3)数字航空摄影仪(SWDC-4)

数字航空摄影仪(SWDC-4)基于哈苏高档民用相机，经过加固、精密单机检校、平台拼接、精密平台检校，并配备测量型 GPS 接收机、GPS 航空天线、数字罗盘、航空摄影管理计算机、地面的后处理计算机和大量的空中软件、地面软件，是一种航空摄影与航空摄影测量为一体的集成系统，已实现了无摄影员操作的精确 GPS 定点曝光。既适用于城市大比例尺图，正射影像图，也适用于中小比例尺地形图的测绘。

(4)大面阵 CCD 数字相机

高分辨率 CCD 面阵数字相机系统以 4096×4096 像元数的全数字式面阵 CCD 为探测器，配以大视场、大口径、低畸变光学系统组成航测相机主体，并与三轴陀螺稳定平台、高速大容量数据存储系统和 GPS 等共同集成为一个全数字、高空间分辨率、性能良好的相机系统。

(5)三维成像仪

三维成像仪是将扫描激光测距、多波段成像、姿态测量装置、一体化数据处理等技术高度集成的系统，是将对地观测技术实现定量化、准确定位的装置，由扫描成像技术、激光测距技术、GPS 技术、姿态测量技术等子系统组成信息获取分系统，还开发了直接对地定位软件和同步生成已准确匹配的地学编码影像和 DEM 等软件，形成信息处理分系统，并由两个分系统构成三维成像仪。

(6)L 波段合成孔径雷达(L-SAR)

这是我国继推出 X 波段 SAR 之后，研制成功的 L 波段 SAR 系统。这套 SAR 系统装有左右两副天线，可在成像过程中随时切换，提高飞行成像效率；具有两种极化天线，可以获取多种极化图像;具有两种工作模式,即高分辨率窄成像带和低分辨率宽成像带两种模式可选择,高分辨率为 3m×3m;具有原始数据记录和实时成像处理能力,可以满足不同的应用需求。

(7)干涉合成孔径雷达(INSAR)

我国于 2004 年研制成功机载干涉合成孔径雷达系统,具有在全天时、全天候条件下进行数据获得,直接生成地学编码 DEM 和正射影像的能力,在地形测绘、目标检测、形变监测等方面具有重要的应用前景。其主要技术指标为:X 波段,HH 极化方式,45°视场角,2m×2m 分辨率,信噪比 25dB,中心入射角 30°~70°,测绘幅宽 5~10km,数据采集 12Bits。

上述遥感器按信息获取方式可以分类为画幅式遥感器、扫描型遥感器和多光谱遥感器。

画幅式相机的成像原理是在空间摄站上摄影的瞬间,将地面上视场范围内的目标辐射信息一次性通过镜头中心后,在焦平面上成像。画幅式相机是航空摄影测量最常用的传感器。画幅式遥感器的图像,从成像类型来看,有胶片型图像和数字型图像;从光谱特征看,有黑白图像、彩色图像和多光谱图像。

扫描型遥感器可以分为推扫式遥感器(或顺迹扫描仪,along - track scanner,SPOT 卫星就是采用推扫式传感器)和侧扫式传感器(或横迹扫描仪,across - track scanner 或光学机械扫描仪)。推扫式遥感器获取的图像特点是线中心投影,同一幅图像有多条扫描线构成,同一条扫描线内几何关系稳定。陆地卫星采用的是侧扫式遥感器,其获取的图像特点是点中心投影,同一幅图像有许多扫描点构成,每一扫描点的几何关系都不一样。

多光谱遥感器可以分为:单镜头分光原理的多光谱遥感器和多镜头原理的多光谱遥感器。多光谱遥感器所获取的图像是多光谱图像,即指对同一景物进行摄影时,分波段记录景物辐射来的电磁波信息,形成的一组多波段黑白图像,不同波段图像在几何上是完全配准的,但记录的是景物在不同波段范围内的电磁波信息。多光谱摄影的目的,是充分利用地物在不同光谱区有不同的反射特征,来增加探测对象的信息量,以便提高影像的判读和识别能力。

2. 典型传感器介绍

(1)定位定姿系统(POS)

高精度位置和姿态测量系统是一种专用于高分辨遥感的组合测量系统,可精确测量遥感载荷中心的位置和姿态等运动信息,是高分辨率遥感系统的重要组成部分。POS 系统主要由惯性测量单元(IMU)、差分型卫星导航接收机(DGPS)、信息处理计算机(PCS)和 POS 后处理软件四部分组成。其中,IMU 主要由三支正交安装的陀螺仪、三支正交安装的加速度计及相关电路组成,用于测量航空遥感载荷的三维角速度和三维加速度信息。根据所采用陀螺仪的不同,可分为激光陀螺 POS、光纤陀螺 POS、挠性陀螺 POS、MEMS 陀螺 POS;根据应用环境的不同,可分为机载 POS、车载 POS 和船载 POS。根据精度的不同,可分为高精度 POS 和小型化 POS。DGPS 通过 RTK 或事后载波相位差分可获得高精度位置和速度信息。PCS 采集、同步并存储 IMU 和 GPS 流动站接收机的信息,再通过最优估计将二者进行信息融合,实时获得遥感载荷精确的位置、速度和姿态。POS 后处理软件利用存储的 IMU 信息、GPS 流动站信息、GPS 基站信息进行事后离线的高精度处理，获得精度更高的位置、速度和姿态信息。

POS 的关键部件是惯性测量单元(IMU)。核心技术包括：IMU 误差建模、标定与补偿技术；IMU/DGPS 信息融合技术。

国外在 POS 技术方面开展研究较早，并达到了较高的技术水平，且形成了海、陆、空、水下等不同使用领域的系列测绘用 POS 产品。目前 POS 商业化产品主要有加拿大 APPLANIX 公司生产的 POS 相关产品，德国 IGI 公司的 AeroControl 系列以及 Leica 公司为自己的产品开发的 POS 数据处理 iPAS 系统等。

近年来，国内相关单位也进行了 POS 产品的研制工作。某研究机构的 POS 产品已经有激光陀螺 POS 和光纤陀螺 POS 两种类型。其中，激光陀螺 POS 已有成熟产品，主要由具备实时导航功能的位置姿态测量装置和数据记录仪两部分组成。光纤陀螺 POS 也已投入研制生产。国内某大学研制的高精度激光陀螺 POS 系统已经达到国外 POS/AV610 的精度，主要差距在同等精度产品的 IMU 质量大于国外产品，POS/AV610 的 IMU 为 4.5kg，国产的 IMU 质量为 6.5kg。武汉某公司目前正在研制航空型组合导航定位定姿系统。

在 POS 技术水平方面，国内外还存在不小差距，整体水平相差十几年。主要表现在：国外技术成熟、测量精度高、自动化程度高，但价格昂贵、技术保密。国内重应用轻理论、通用性不强，加工工艺较差达不到应有的精度，且后期处理软件水平较低，理论研究有差距。

目前，POS 的发展为高精度、小型化和分布式。在高精度 POS 方向，目前技术最为成熟的仍为激光陀螺 POS，在未来 10～20 年期间，随着高精度光纤陀螺技术的发展，光纤陀螺 POS 将成为高精度 POS 的主要发展方向。在小型化 POS 方向，目前技术最为成熟、同等精度 IMU 体积质量最小的仍为挠性陀螺 POS，随着三轴微光学陀螺和 MEMS 陀螺技术的进步，基于微光学陀螺和 MEMS 陀螺的 POS 将成为小型化 POS 的主要发展方向。此外，由于单个 POS 难以满足飞机上多个遥感载荷或由多个天线构成的阵列天线载荷的运动补偿要求，由一个高精度主 IMU、多个中低精度子 IMU、DGPS、PCS 和后处理软件构成的分布式 POS 成了 POS 的另一个重要发展方向。

(2)数字航空摄影相机

通过航空摄影可直接获得具有量测性能的数字航空影像的相机，统称为数字航空摄影相机。近年来，航空摄影测量已经由传统胶片摄影向数字摄影转变，这是数字时代、信息时代的必然选择。

航空数字相机按成像原理可分为两类，即框幅式相机与推扫式相机。框幅式相机基本属于中心投影，可以是单镜头或者多镜头(虚拟中心投影)，如 UhraCamD、DMC 和 SWDC。推扫式相机属于多中心投影，典型的是基于三线阵成像机理 CCD 推扫系统，如 Leica ADS 系列

航空数字相机按成像幅面区分大致可分为三类，即小于 1500 万像素的小幅面成像系统、4000 像素×4000 像素 CCD 阵列的中幅面数字成像系统和较为复杂及昂贵的大幅面数字成像系统。

框幅式相机的系统(以 UltraCamD 为例)由传感器单元、存储计算单元、移动存储单元、空中操作控制平台和地面后处理系统软件包等部分构成。其光学成像原理为:采用了单一投影中心和单一影像坐标系统的概念,按直线方式排列的 4 个全色镜头(panchromatic cone)在几微秒期间获取影像,并将实际上在 4 个物理位置获取的影像形成一个虚拟影像(virtual image),理论上属于同一投影中心。

推扫式相机系统由系统工作环境、相机和数据处理系统 3 大部分组成。其中,系统工作环境(以 Leica ADS 为例)包括:全球导航卫星系统、机载 GPS 接收机天线、Leica ADS 系统及 GPS 地面导航参考基站。相机部分(以 Leica ADS 40 为例)包括:传感系统 SH40、控制单元 CU40、大容量存储系统 MM40、操作界面 OI40、导航界面 PI40、陀螺稳定平台 PAV30 等部件。除了相机主体(包括相机控制部件和 IMU)之外,成像处理器、位置与姿态处理器和后处理软件包也是系统的重要组成部分。推扫式相机的成像原理(以 ADS80 为例),类似于推扫式扫描仪,随着平台的飞行,对地面连续成像,将记录的影像行数据放在一起,形成影像条带。

与传统胶片航空摄影相比,新型数字航空摄影相机具有一些突出的功能与特点:可直接获取数字航空影像;可同时获取全色和多光谱影像数据;可同时获取影像的外方位元素。

无论是框幅式还是推扫式数字航空摄影相机,高精度、大幅面的面阵或线阵固态光学传感器都是其关键部件。目前,固态光学传感器主要有两种类型:CCD 芯片与 CMOS 芯片。专业焦阑(远心)镜头设计与加工和层叠分光技术和干涉滤光技术是数字航空摄影相机的核心技术。

数字航空摄影相机的发展趋势是大幅面、高精度、推扫式,一次获取全色与多光谱影像,数字相机与 GPS / IMU 紧耦合集成。

目前国内外的差距主要体现在:①国内的数字航空摄影相机,还处于购买国内外的零部件进行集成组装阶段,如购买国外的相机镜头、面阵 CCD 等进行作坊式的设计、生产,没有真正进入产业化;②国内可以制造普通的单镜头、多镜头框幅式数字航空摄影相机,但是还没有能力设计、制造如 Leica ADS80 那样的高精度、大幅面、推扫式数字航空摄影相机。

3. 各类遥感器的特点

各种遥感器都有各自的特点和应用范围,可以互相补充。

光学照相机的特点是空间几何分辨力高,解译较易,但它只能在有光照和晴朗天气条件下使用,在黑夜和云雾雨天不能使用。

多光谱扫描仪的特点是工作波段宽,光谱信息丰富,各波段图像容易配准,但它也只能在有日照和晴朗天气条件下使用。

热红外遥感器和微波辐射计的特点是能昼夜使用,温度分辨力高,但也常受气候条件的影响,特别是微波辐射计的空间分辨力低更使它在应用上受到限制。

侧视雷达一类有源微波遥感器的特点是能昼夜使用,基本上能适应各种气候条件(特别恶劣的天气除外)。在使用波长较长的微波时,它还能检测植被掩盖下的地理和地质特征。在干燥地区,它能穿透地表层到一定深度。合成孔径侧视雷达的空间分辨力很高,分辨力不会因遥感平台飞行高度增加而降低，在国防和国民经济中都有许多重要用途。

四、地面测量装备系统

(一)地面测量仪器

1. 全站仪

全站仪即全站型电子速测仪(Total Station)。全站仪具有角度测量、距离测量和三维坐标测量的功能，同时结合其内置的软件还可以实时地进行导线测量、交会定点测量、放样测量等工作，是目前使用最广的地面测量装备。

全站仪的分类很多，有根据精度分类(如 1″、2″、5″)，根据操作系统分类(如 WINCE 全站仪)，根据功能分类(如测量机器人、超站仪)，根据应用分类(如工程建筑型、精密测量型、防爆型)等。

全站仪的核心技术与关键部件包括：电子测角技术、自动补偿技术、轴系设计与精密加工技术、减光马达技术、发光管与接收管技术、目标自动识别技术、免棱镜测距技术。

目前全站仪有两大发展趋势：①工具化趋势并逐步替代经纬仪。在我国，随着城镇化建设的步伐，低端的、面向建筑用途的工具化全站仪将拥有大量市场，并将逐渐替代经纬仪。这类仪器要求轻小型、防水防尘、坚固、操作简单、便于建筑工人使用，需要带激光对中、激光指向、免棱镜，及矿山测量的防爆功能等。②多功能、自动化、高精度趋势，这类仪器与大型工程有关(如高铁建设与维护)，特别是重点工程后续监测维护等工作的需要。要求其具有高精度、目标自动识别与自动跟踪、遥控等功能，同时结合 CCD 影像、GPS 定位与通信技术等等现代化功能。

2. 经纬仪

经纬仪是传统精密测量仪器，可以用于测量角度、工程放样以及粗略的距离测量，是测量装备中历史最悠久的产品，也是现代测绘的基础。经纬仪分为光学经纬仪和电子经纬仪，随着全站仪的价格降低、体积减小，经纬仪会逐渐被全站仪所替代。但是，陀螺经纬仪的发展值得关注，这不仅是市场的需要(各种地下工程等)，而且我国陀螺仪技术的民用化还存在一定的瓶颈。

3. 水准仪

水准仪自诞生以来，凭借其精度高、速度快、操作简单等优点得到普及，由于水准仪的高程测量精度大大高于全站仪等其他测量仪器，到目前为止在精密高程控制测量中，还没有其他仪器可以替代。

水准仪可分为光学水准仪(自动安平水准仪)和数字水准仪(电子水准仪)。自动安平水准仪其核心技术是自动安平补偿技术。数字水准仪核心技术是标尺条纹编码和解码技术。关键部件包括：分光棱镜、CCD 及主板的电子读数系统。另外，铟钢尺的研制也是核心技术之一。

不同的标尺编码构成了不同的读数原理，国内外各厂家标尺编码的条码图案不相同，不能互换使用。目前,主要的标尺编码有相关法、几何法、相位法。徕卡公司以NA系列为代表的电子水准仪采用相关法。天宝公司以DiNi系列为代表的电子水准仪采用几何法。拓普康公司以DL系列为代表的电子水准仪采用相位法。国产博飞DAL系列和苏一光EL系列数字水准仪采用以比例码为载码,测量码调制比例码的方法,解码时首先通过条码图像信号中的比例载码周期波谱的测量实现了准确的码元坐标定位,继而实现物象比解算、快速粗测、精测。

水准仪的发展趋势是自动化程度将越来越高,其自动调焦、自动照准、自动传输以及相应的应用系统将不断完善。另外,有研究人员正在研发新的电子水准仪的编码和解码技术。针对我国在高精度水准仪制造方面工装设备、工艺水平的缺陷,国内有的企业拟通过电子测微技术来降低精密机械加工难度,达到提高测量精度的要求。

4. 三维激光扫描仪

三维激光扫描仪是无合作目标激光测距仪与角度测量系统组合的自动化快速测量系统。它在复杂的现场和空间对被测物体进行快速扫描测量,直接获得激光点所接触的物体表面的水平角度、天顶距、斜距和反射强度,从而计算出被扫描点坐标,众多点坐标形成点云数据被自动存储。仪器最远测量距离几千米,最高扫描频率可达每秒几十万,甚至上百万个点,纵向扫描角可接近90°,横向可绕仪器竖轴进行360°全圆扫描。同时,最新的扫描仪还内置数码相机,可拍摄的场景图像,获取RGB值等信息。点云与影像数据经过计算机处理后,结合CAD可快速重构出被测物体的三维模型及线、面、体、空间等各种制图数据。

作为近期新发展的高科技产品,三维激光扫描仪已经成功地在文物保护、城市建筑测量、地形测绘、采矿业、变形监测、工厂、大型结构、管道设计、飞机船舶制造、公路铁路建设、隧道工程、桥梁改建等领域得到广泛应用。目前,三维激光扫描仪主要集中在国外厂商,国内有关科研单位也有相关科研成果,但尚无定型的产品推向市场。

激光扫描仪测量系统根据载体的不同,分为机载激光雷达测量系统、地面激光扫描仪和车载激光扫描系统三大系统。在测绘行业,激光扫描仪配备高分辨率图像采集系统(CCD相机)后,在功能上能够完成周边最大纵深450m,1∶5000(内外业数字匹配可达到1:2000)地形图的测量及实景匹配。

机载激光扫描系统可接收多次回波数据,得到的点云数据可穿透植被,地物顶端和地表的混合数据。在后续的数据处理中需要进行不同地物提取,如DEM提取,建筑物提取,还可进行森林参数的测量(如树高)。当激光采用不同的波长时(如双色激光),还可进行浅海测量。

地面激光扫描仪的优点在于短时间内能快速采集目标物体表面高精度、高密度空间点位信息,通常每秒采集目标点位达万点之多,这比传统的测量设备(如全测站、经纬仪、GPS等)仅能单点采集点位坐标信息而言,工作效率非常之高。

车载激光扫描仪是移动测量系统的重要组成部分,它以车辆为测量设备载体,实现高精度距离测量。由于车辆运动的复杂性,车载激光扫描仪的测量实时性、测量数学模型的构建、设备的标定成为影响应用的关键因素。

典型的激光扫描仪设备配置有:激光发生器、发射及接收单元、控制单元及后处理软件、CCD 相机、辅助系统(动态扫描时,GPS+IMU)。其中的核心技术和关键部件包括:激光发射器、激光自适应聚焦控制单元、光机电自动传感装置、CCD 技术。

(二)地面测量系统

1. 近景摄影测量系统

摄影测量是一门通过分析记录在胶片或电子载体上的影像,来确定被测物体位置、大小和形状的科学。它包括很多分支学科,如航空摄影测量、航天摄影测量和近景摄影测量等。近景摄影测量(close range photogrammetry,CRP)指测量范围小于 300m、相机布设在物体附近的摄影测量。它经历了从模拟、解析到数字方法的变革,硬件也从胶片相机发展到数字相机。将数字相机作为图像采集传感器、对所摄图像进行数字处理的方法称为数字近景摄影测量。

近景摄影测量系统的核心技术与关键部件有:量测摄像机、测量标志与附件、数码相机检校、相片概略定向、像点自动匹配。

数字近景摄影测量系统一般分为单台相机的脱机测量系统、多台相机的联机测量系统。此类系统与其他类系统一样具有精度高、非接触测量和便携等特点。

数字近景摄影测量有两大发展趋势:①软件处理上的便捷化、自动化。随着摄影技术提高,点云数据信息不断海量化,对数据处理的效率要求大大提高,需要更便捷、更自动化的软件处理方式实现,以满足实际工作需要。②相机与软件完美结合。这类仪器由于拍摄距离的限制一般多用于工业测量领域,随着电子化集成的发展与普及,掌上处理终端在运算速度上已经有望代替台式计算机,将相机与掌上处理终端相结合,配合更高速简便的处理软件,达到现场拍摄实时显示结果,将是数字近景摄影测量领域的一大飞跃。

2. 车载移动测量集成平台

车载移动测量集成平台是一种综合应用光、机、电和 3S 技术的全功能数字化开放式系统平台。该平台以载车(含 GPS 导航及自备电源)为移动载体,车内装配全球定位系统(GPS 接收机)、惯性导航系统(IMU)、距离传感器(DMI)等设备和车载计算机,在车辆正常行驶状态下,快速采集道路及两旁地物的空间位置数据和属性数据,同步存储在车载计算机系统中,组成一个开放式数字平台。载车可附带的外部设备还有:高分辨率图像采集系统(相机)、激光雷达(LiDAR)、探地雷达、大气及环境质量采集传感器、地表气象采集传感器、无线网状发射与接收机站等,另可随车载折叠式固定翼无人机(含发射架)。

车载移动测量平台可以进行实时快速地从地表到低空的测量与数据采集,并完成数字化影像处理,方便地与其他数据系统进行数据交换与传输对接。也可以将该平台移植到船舶或者是铁道轨检车上,高效快捷地进行海岸线及浅层大陆架或铁路的数字化测量。

车载移动测量集成平台的核心技术包括:空间信息技术;智能机器视觉技术,即利用网络和 IT 技术,对多传感器、多传输属性的信息进行管理,实现分层、定性化的存储、处理、输出。该平台的关键部件有:定位定姿系统,包含高精度、高稳定性的惯导(IMU)、GPS 接收机、车轮编码器(DMI);同步控制器,同步控制器是外部各传感器进行工作的指挥中枢,它提供统一时间和空间下的与距离相关联的触发脉冲,保证各传感器数据采集同步与协同工作;图像识别与处理系统,采用智能图像识别及处理等相关算法,能实时完成图像的拼接、提取,路面病害的识别、分类与统计。根据不同应用场合,平台还有各种不同的外部设备,如线阵CCD、面阵CCD、激光扫描仪、智能激光识别相机等。这些传感器检测的数据必须与载车的移动距离或点位坐标保持对应关系,同时传感器必须同步工作有序采集,以保证数据信息有效融合,为后续数据处理与建库提供精确的数据源。

车载移动测量集成平台主要有两大发展趋势:①高精度、小型化和集成化;②多功能、实时性和自动化。

3. 电子经纬仪测量系统

电子经纬仪测量系统以空间交会三角测量原理为基础,采用多个经纬仪组合,结合精密定向技术,当前电子经纬仪的测角精度已达0.5s,理论上可以实现优于10μm/m的测长精度。经纬仪系统有很好的便携性,可以在工业现场组建,但存在测量效率低、需人工瞄准,工作强度大、测量精度随测量距离增加而下降等缺陷,不适合大工作量的现场测量。

4. 全站仪测量系统

全站仪测量系统是以一台高精度的全站仪构成的基于极坐标原理的测量系统。该系统的仪器设站非常方便和灵活,测程较远,实际上在100m范围内的精度可达到±0.5mm左右,因此特别适用于钢架结构测量和造船工业等中等精度要求的情况。

5. 工业三坐标测量机系统

三坐标测量机是目前在世界范围制造业得到广泛应用的传统通用坐标精密测量代表设备,它已经成为3D检测工业标准设备。但受到直线型导轨运动的限制,一般只能用于专用的测量环境,不能应用于制造现场,且传统的三坐标测量机(CMM)的测量范围有限,一般不超过2米。

6. 激光跟踪测量系统

激光跟踪测量系统是建立在激光干涉长度测量和角度精密测量基础上的极坐标测量系统,具有快速、动态、精度高等优点,在航空航天、机械制造、核工业等测量领域得到广泛应用,Leica公司、API公司以及SMX公司都先后推出各具特点的激光跟踪仪。通过每秒几千点的采点速率,跟踪仪对内部安装有棱镜反射镜的跟踪球进行精确的实时跟踪。跟踪球移动时,跟踪仪会自动跟踪反射镜的球心位置。激光跟踪仪是基于空间极坐标测量原理,由跟踪头输出的两个角度(水平角H和垂直角V),以及反射镜到跟踪头的距离S计算给定点坐标。

7. 关节式坐标测量系统

关节式坐标测量系统是一种便携的接触式测量仪器,对空间不同位置待测点的接触实际上模拟人手臂的运动方式。仪器由测量臂、码盘、测头等组成,各关节之间测量臂的长度是固定的,测量臂之间的转动角可通过光栅编码度盘实时得到,转角读数的分辨率高,测头功能同三坐标测量机,甚至可以通用。支导线的原理实现三维坐标测量功能,它也是非正交系坐标测量系统的一种 。

8. 室内GPS测量系统

室内GPS是指利用室内的激光发射装器(基站)不停地向外发射单向的带有位置信

息的红外激光,接收器接收到信号后,从中得到发射器与接收器间的两个角度值(水平角和垂直角),在已知基站的位置和方位信息后,只要有两个以上的基站就可以通过角度交会方法计算出接收器的三维坐标。基站的位置和方位通过光束法来进行系统定向后完成,不需要已知控制点。

(三)土木工程专用测量装备

土木工程专用测量装备是随着土木建设工程而发展起来的,目前主要有激光扫平仪、激光指向仪、激光垂准仪等,我国是该类仪器的主要生产基地。近年来,结合我国高铁工程建设,又出现了像轨道检测车、车载移动测量车(公铁两用车)等专用的测量装备。

1. 激光扫平仪

根据安置在仪器内的激光器发射激光束进行扫描,从而形成一个可见的激光平面,用专用探测器可测定任意点的标高。

2. 激光指向仪

利用一条与视准轴重合的可见激光产生一条向上的铅垂线,用于竖向准直,以此测量建筑物相对于铅垂线的偏差,以及进行铅垂线的定位传递。

3. 轨道几何状态测量装备

用来检测轨道几何状态和不平顺状况的特种车辆,简称轨检车,它是保障行车安全、平稳、舒适和指导轨道养护维修的重要工具。根据轨检车测量的水平、高低、轨向、轨距、曲率、三角坑等指标,可以发现轨道平顺状态不良的地点,以便采取紧急补修或限速措施,并编制维修计划。此外,根据轨检车的记录也可评定轨道的养护水平和整修作业质量。

该装备由以下几部分组成。

(1)惯性测量单元 IMU

惯性参数测量传感器为水平加速度计、垂直加速度计、滚动陀螺仪、摇头陀螺仪,这些传感器被安装在测量梁中部的惯性平台上,为系统提供测量梁的惯性基准信息。惯性基准信息来自于惯性传感器的模拟信号,通过惯性测量处理器采集模拟信号,进行抗混迭滤波、数字化、及数字滤波处理、延时、数据合成。

(2)GPS 辅助同步定位单元

高精度轨道检测系统中 GNSS 同步辅助定位(GALS)是关键点和技术难点。该系统中的惯导系统基于导航数据,输出从 GNSS 获得的实时位置数据,并将惯导数据与 GNSS 数据融合。因此,GNSS 数据失锁时(如在隧道、桥下),也能提供坐标位置,以此进行高精度轨道检测。

(3)非接触光学测量单元

定位定姿参数和轨距参数结合可计算出高低、水平等多个几何参数,其测量精度直接影响其他相关参数结果。为保证测量速度和精度,采用高速三维 CCD 相机获取轨道轮廓的投影三维数据,实现高达 200km/h 速度下,间隔 30cm 的轨距测量。设计线激光照明方案考虑钢轨表面反射的影响,确保相机捕获清晰的钢轨轮廓位置信息。

(4)计算机与网络通信单元

计算机检测和分析单元集成了硬件和软件用于记录,显示和分析跟踪数据。

(5)载车系统

载车系统可以分为四类:轨检机车,采用独立行走的机车搭载高精度轨道检测系统的平台;轨检车辆,不具备自动力走行功能;公铁两用车,可在公路或轨道上行驶;轨检小车,在轨道上走行的支架,常用的轨检小车结构有左右对称的一字型和非对称的T型。

(四)地理信息数据采集装备

地理信息数据采集装备,即野外数据采集器,是一套集成化很高的现代数据采集仪器,集GPS、PDA、数码相机、麦克风、3G通信、蓝牙通讯、海量存储、USB/RS232端口、SD卡于一身。其中,GPS模块用来定位,在PDA内开发系统软件,可以实现数据的实时的显示、处理、存储、管理、分析、传输等功能,通过3G通信、蓝牙通信、数据线等将数据与其他系统共享,通过内置数码镜头,实时采集影像信息,并可通过内部大容量存储器,实现海量数据的保存。

野外数据采集器的核心技术主要是几大类技术的集成,包括定位技术、传输技术、存储技术、数据处理技术、嵌入式软件开发技术、系统集成技术等。关键部件分为硬件部分和软件部分,硬件部分主要有:PDA、GPS模块、3G及蓝牙通讯模块、数码相机模块;软件部分主要是PDA内置野外数据采集软件系统。

五、地下管线测量装备系列

(一)探测仪器

地下管线信息是城市建设的重要信息源,是城市规划、设计、建设、管理、应急,以及地下管线运行维护的信息支撑,地下管线探测工作已在保障城市各种建设工程中成为重要的支撑手段。为了掌握现势、准确和完整的地下管线信息,目前各城市通行的运作模式是通过前期城市地下管线普查,建立城市地下管线现状数据库,利用地下管线竣工测量对城市地下管线数据库进行动态更新。

地下管线探测仪器分为电磁式探测仪和探地雷达两大类。通常将电磁式探测仪称为地下管线探测仪。

1. 地下管线探测仪

电磁法是地下管线普查和工程管线探测的主要方法,用于探测管线的路由、位置和埋深。地下管线探测仪可探测金属管线、电缆、钢筋骨架的混凝土管线,对有出入口的非金属管道可在管道内部施放示踪器后进行探测。

地下管线探测仪经历了电子管和单一线圈时代、晶体管和双线圈时代,目前已经发展到微处理器和组合线圈时代和多元化时代等阶段。

仪器由发射机与接收机组成。在发射机(线圈)中供以交变电流,该交变电流产生的交变磁场(一次场)作用在金属管线中可以形成交变电流,该交变电流又可以在其周围产生交变磁场(二次场),二次磁场被接收机线圈接收并感应出交变电流而被测量,根据二次磁场在空间的分布规律就可以进行与管线的定位、定深。

从地下管线探测仪的发展历程来看,其技术水平完全依赖于电子技术、组合线圈技术和微处理器技术的进步与发展。仪器性能的优劣以三个因素衡量:①可重复和稳定地从复杂干扰信号中识别目标信号的能力;②可重复和稳定地识别深部目标信号的能力;③可重复和稳定地识别微弱目标信号的能力。这三个因素取决于组合线圈和微处理器的功能和设计的科学性,因此组合线圈和微处理器成为地下管线探测仪的关键部件。

我国地下管线探测仪研发经历了自主研发(1990 年前)和引进改造(1990 年至今)两个阶段。20 世纪 90 年代前,我国研制了各种类型的地下管线探测仪,例如,某研究机构所研制的 GXD—1 管线仪、中国地质大学研制的 GX 管线仪等。这些仪器一般采用单线圈定位技术,采用单一线圈,仅适用于简单条件下的浅层单一地下管线的探测,故未能得到大规模推广与应用。

20 世纪 90 年代后期,开发的地下管线探测仪采用直连法工作,接收机采用单一线圈定位,抗干扰性能较差,应用范围受到很大局限,一般应用于电信、电力、长输管线等特定领域。2005 年后,制造商的技术有了重大突破,通过与国外公司合作,结合用户实际需求研发和定制,先后开发了 LD600、LD6000 等型号的地下管线探测仪。

与国际先进水平相比,我国地下管线探测仪存在以下差距:

1)大多采用单线圈技术,少数采用双线圈技术,由于在多线圈组合技术方面缺乏相应的基础研究,导致仪器在复杂环境下识别目标信号的能力较弱,只能在简单地电环境下使用。

2)微处理器信号处理能力尚需加强,尤其在提高信噪比方面与国外产品尚有较大差距。

3)装备产业的差距,致使仪器在抗震、防水、轻便、美观等方面与国外产品差距明显。

目前,新型管线材料的使用、非开挖管线铺设方法的普及和管线接口方式的变化,对地下管线探测仪的要求越来越高。与此同时,科技水平的发展也为地下管线探测仪向智能化、多技术融合,以及提高深部探测能力等方面发展奠定了基础。3S 技术和无线通讯技术越来越多地应用于地下管线探测仪,空间可视化和基于可视化技术的空间分析、空间信息挖掘、数据远程传送,以及更多先进技术融入管线探测技术。此外,由于采用了多维远程传感技术和 RTK 实时差分 GPS 定位技术,并整合了声呐回波测量技术、压力传感技术、倾角和转角测量技术、GPRS 数据远传技术、遥感测量等先进的测绘技术,只需将探测船开到目标管线附近,即可对过河、湖底、海底等水下管线自动进行三维定位和绘图。

2. 探地雷达

探地雷达(ground pentrating/probing radar,GPR),是通过对地下目标物及地质状况进行高频电磁波扫描来确定其结构形态及位置的地球物理探测方法,用于探测电磁法不能探测的目标体。

探地雷达主要由控制器、接收天线和发射天线组成。其工作原理是通过控制电路产生一定间隔的一系列电磁短脉冲,以宽频带短脉冲(Ti)的形式,由地面通过发射天线送入地下,Ti 经过地下地层或目的体的反射后返回 Ri 至地面,被接收天线接收,送到控制电路，同时由计算机控制进行实时数据采集。仪器根据反射波形的特征及能量的强弱，经计算机相应处理软件处理，确定地下管线的位置。当目标体或者掩埋物与周围介质间存在着一定电磁物性差异时，使用本方法可以很好地解决工程及地质问题。

(二)数据处理软件

地下管线数据处理软件包括外业前端的数据采集软件和内业数据处理软件，由于地下管线数据处理软件涉及的是通用计算机软件技术、数据库技术和 GIS 技术，因此，各单位所用的数据处理软件大多是自行开发，少数是从市场上采购通用数据处理软件或委托开发模式。

六、水下测量装备系统

(一)水下地形测量装备系列

1. 单波束测深仪

单波束测深仪是利用发射换能器发射声波在水中传播，遇到水底反射，由接收换能器接收回波，计数器记录从发射到接收到回波信号的时间，根据声波传播速度，来计算声波旅行距离，得到测量点水深值的仪器。

该类仪器是水深测量的传统仪器，目前仍然得到广泛应用。仪器的技术比较成熟，我国的国产化水平也比较高。目前测深仪研发已重点向数字化发展，特别是采用最新数字信号处理技术，结合先进计算机图形显示技术，实现操作、监控与控制的高智能化。此外，由于声波发射波束角大小和换能器声学发射接收阵布设决定测量的精度和分辨率，因此进一步减小发射波束角和科学布设换能器，也成为未来的研究方向。

2. 多波束测深仪

多波束测深系统是通过在垂直于航行方向一个广角度范围内同时发射多个声波束，这些波束到达水底，并反射回来，被声学接收器接收，经过各种传感器(定位系统、姿态传感器系统、电罗经以及声速剖面仪等)对每个波束测量点进行空间位置归算，从而获得垂直于航行方向上的一个条带型水深测量带。

不同于单波束测深系统，多波束测深系统是一套复杂、综合的大型水深测量系统，需要多种设备辅助完成测量工作，因此其实现技术难度较大。其核心技术包括：声学基阵及波束形成技术、数字信号处理技术、三维姿态实时补偿技术等。关键部件为声学阵和多通道数字信号处理器等。它具有全覆盖、高分辨率水深数据采集，海底底质声学散射强度数据采集，声速实时改正，三维姿态实时改正等多种功能。

国外从 20 世纪 60 年代起就有多波束技术研究，历经几十年发展，在该技术领域相比我国具有绝对技术优势。相关商业化产品也已经涵盖了全海深测量，技术上实现高精度、高分辨率，系统集成上实现集成化、模块化，外形上也朝小型化发展。由于该技术专业化和技术化程度较高，目前国际上只有美国、英国、德国、挪威等少数国家拥有系列化商用产品。我国从20世纪80年代开始多波束系统研制工作，历经20多年，取得了一些成就，研制出多波束原理样机，并拥有了一定技术积累。以哈尔滨工程大学、中科院声学所中船重工某研究所为代表的科研单位长期以来跟踪国外高新技术，独立自主地突破了多项关键技术。其中“多波束浅海地形测量系统”已经顺利完成湖试和海试，取得良好的效果，达到国际先进水平。目前正在与有关企业合作进行产品化开发，争取在2012年推向市场。

3. 侧扫声呐扫描仪

侧扫声呐主要功能就是对水底目标进行高分辨率声学扫描，获取目标物声学反射信号，并通过现代信号处理技术和声学成像技术对目标物进行成像，真实反映水底目标物特征或者整个扫描区域水底地形地貌特征。

侧扫声呐的基本工作原理与侧视雷达类似，在其左右各安装一条换能器线阵，首先发射一个短促的声脉冲，声波按球面波方式向外传播，碰到海底或水中物体会产生散射，其中的反向散射波（即回波）会按原传播路线返回换能器被接收，经换能器转换成一系列电脉冲。利用接收机和计算机对这一脉冲串进行处理，最后变成数字量，并显示在显示器上，构成了二维海底地貌声图。

与其他声学海洋调查设备类似，侧扫声呐核心技术包括：发射波束形成技术，回波接收、数字信号处理及实时显示技术，数据传输及存储技术等。关键部件为声波束发射及接收换能器阵。

侧扫声呐技术发展经历了三个阶段：第一阶段的技术为声干涉技术，它的分辨率低；第二阶段的技术为差动相位技术，它的分辨率高，但只能同时测量一个目标，因此不能测量复杂的海底，不能在出现多途信号的情况下工作；第三阶段的技术即为高分辨率三维声成像技术，应用子空间拟合法，它的分辨率高，能同时测量多个目标，可以在复杂的海底和多途信号严重的情况下工作，能同时获得信号的幅度和相位。

自20世纪60年代英国推出第一套实用型侧扫声呐系统以来，各种类型的声呐系统纷纷问世。我国在该技术领域相对落后，从70年代开始组织研制侧扫声呐，经历了单侧悬挂式、双侧单频拖曳式、双侧双频拖曳式等发展过程。由中科院声学所研制并定型生产的侧扫声呐，其主要性能指标已达到世界先进水平。在国家科技项目支持下，我国在“高分辨率测深侧扫声呐”技术领域获得重大突破。2006年，高分辨率侧扫声呐深拖系统在南海3800m水深处实验成功；2007年，浅水高分辨率测深侧扫声呐系统在东营海域实验成功。在该技术领域打破了国外技术垄断，缩小了技术差距。

侧扫声呐技术进一步发展的方向有两个，一个是功能集成化，即发展测深侧扫声呐技术，它可以在获得海底形态的同时获得海底的深度，也可以将海底地形地貌扫描技术与地层序列扫描技术集成；另一个是发展合成孔径声呐技术，它的横向分辨率理论上等于声呐阵物理长度的一半，不随距离的增加而增大。

4. 机载激光测深系统（测深 Lidar）

该仪器是集成激光测距技术、计算机技术、惯性测量单元（IMU）/DGPS差分定位技术、自动控制技术于一体的高技术测绘装备。以直升机或固定翼飞机为激光雷达的搭载平台，从空中向海面发射激光束来测量水深。该技术突破了船载测深系统效率低、受海况和航行条件等限制，具有高效率、高精度的优点，给海洋测绘、海岸海底研究带来革命性的进步，是近年来快速发展，并且具有广泛应用前景的测绘仪器装备。

机载激光测深系统是在飞机上安装一个陀螺稳定平台，其上装有激光器及其相配套的扫描设备。在计算机统一控制下，激光器按照一定的频率，同时向海面发射两种波长的激光，一种为波长 1064 nm 的红外光（用 IR 表示），另一种为波长 532 nm 的蓝绿光（用 BG 表示）。同时，飞机的定位定姿系统（POS）测定激光发射点的空间坐标和飞机姿态（姿态参数为航向角 κ，俯仰角 φ，侧滚角 ω）。红外光垂直向下，经海面反射。而蓝绿光则呈一定的角度投射到海水中，向海底传播，经海底反射。通过两束光的往返时间差，并进行必要的折射改正，就可确定水下空间位置和水深。与多波束测深仪类似，激光束对航向两侧一定带宽的海域进行直线扫描，以对海底的全覆盖测量。

机载激光探测系统中，激光发射和接收是关键，一般由激光发射器、接收器、时间间隔测量装置、传动装置、计算机和软件组成。对机载激光器基本要求是：输出蓝绿光的波长 0.52～0.55μm，脉冲宽度不大于 10ns，脉冲峰值功率大于 2MW，脉冲频率大于 60 Hz，同时要求激光器的体积小、重量轻。能同时满足这些要求，调 Q 倍频 Nd:YAG 激光器成为当前应用于这一领域的主流激光器，其重复频率达到 200 Hz 左右。提高重复频率主要是为了提高分辨率，同时可提高搜索效率。作为近些年来发展迅速的半导体激光器，不仅重复频率高（已达到 400Hz 甚至更高），而且体积小、重量轻，出光效率高，将成为机载探测系统发射部分的理想激光器。另外，由于海水特殊的光学介质，及光学衰减效应和空间效应，使得激光测深的海底回波信号非常微弱，其动态范围往往超过探测系统的动态范围。而且不同海域、不同深度海水的光传输特性有很大差异，这些因素使得对系统的检测性能和适应能力提出了很高的要求。目前，在信号接收时，大都采用雪崩光电二极管接收红外回波、光电倍增管接收蓝绿光回波以及偏振滤光片压制海表红外回波中的绿光表面回波的技术。同时采用门控技术、增益可控技术与偏振检测方法相配合，达到压缩回波信号的动态范围。新兴的光学计数技术，将会在大动态范围的微光检测方面发挥作用。

国际测深 LiDAR 的研究始于 20 世纪 60 年代末期，80 年代中后期取得了突破性的进步，我国尚不掌握该技术。目前全球在运行的测深 LiDAR 有 10 套左右，加拿大拥有 1 套 LARSON－500，由 TerraSurveys of British Columbia 公司操作。澳大利亚皇家海军拥有 1 套 LADS 和 1 套 LADS MKⅡ，后者在全球展开各种测量工作。瑞典皇家海军拥有 2 套 Hawk Eye，其中 1 套转移到印度尼西亚进行岸线调查。美国 USACE 拥有 1 套 SHOALS，由 John E. Chance 和 Association 公司操作，也在全球开展各种工作。

（二）水下定位设备

1. 超短基线水下声学定位系统

超短基线水下声学定位系统主要功能是对水底目标进行声学跟踪，结合水面高精度定位设备提供的位置信息和声学解算，给出所跟踪的水下目标的高精度地理坐标，广泛应用于海洋水下科研考察及其他海底工程勘察的水下目标定位。

基本工作原理：将水面载体上经过严格位置及方位校准的多个声学发射接收换能器作为基线，通过换能器发射声波，位于海底目标的声学应答器接收声波，并发射应答回波信号。通过对回波方位及斜距解算,结合发射接收换能器具体精确地理坐标,得到海底被跟踪目标的地理位置坐标。

该系统的核心技术为多目标跟踪相位测程技术、多换能器单元集成安装校准技术和多通道高速数字通信及信号处理技术。

我国在水声定位技术领域起步较晚,目前全国只有少数机构从事这一领域的研究,在产品研发和科研能力上与国外先进技术还有不小差距。"十五"及"十一五"期间,国家项目曾资助该领域技术和设备的研发,国内有关科研和教育机构联合研制出了超短基线水下定位系统样机。在此基础上,进一步进行产品开发,已研制出三种超短基线定位系统:"深水重潜装潜水员超短基线定位系统","探索者"号水下机器人超短基线定位系统,"灭雷具配套水声跟踪定位装置"。

近些年来,超短基线定位系统的发展逐步形成向两个趋势:①对接收基阵的阵形和结构加以改良,增加冗余信息,提高定位精度;②用宽带信号代替传统的单频应答信号,宽带信号在抗多途干扰,提高处理增益方面有着单频信号无法比拟的优势。

2. 浅地层剖面仪

浅地层剖面仪是目前世界上最先进的海底地层剖面测量设备,它不仅能穿透地层,而且测量分辨率高,是一种在海洋地质调查,地球物理勘探和海洋工程,航道工程、港湾工程广泛应用的仪器,在军事上也有很高的应用价值。

该仪器利用发射换能器向海底发射宽带脉冲信号,脉冲信号遇到声阻抗突变界面(海底不同媒质层的分界面)有声能被反射回到接收换能器,接收信号经放大、滤波、动态脉冲压缩及各种必要的后处理,被输出到显示屏,给出一串浓淡不一的反映地层界面特征的像素点。当仪器随船舶航行时,这些表示界面特征的像点延伸为线,实时绘制出测线正下方的地层剖面图。

与侧扫声呐类似,浅地层剖面仪的核心技术包括:发射波束形成技术,回波接收、数字信号处理及实时显示技术,数据传输及存储技术等。目前该仪器的发展趋势主要有两个方面:①与侧扫声呐集成为一个综合测设备;②向深海探测发展,用于深远海地质构造探测。

(三)海洋测绘数据处理软件

1)国外代表性产品 Hypack 综合导航定位软件。其主要功能是对海洋工程及科研活动进行导航定位,测线布设;对海洋测绘领域的主流测绘设备数据进行现场采集、数据处理及成图。

2)数据处理软件 Caris 系列软件。其中 CARIS HIPS 和 SIPS 是最全面的水深及侧扫声呐数据处理系统,可以对目前绝大部分多波束系统及侧扫声呐系统的数据进行精细后处理,并与 GIS 和 HPD 模块组成综合数据处理及管理软件系统。CARIS GIS 是地理信息管理系统,保留了绘图作业和 GIS 应用中所需的细节。CARIS HPD 是基于 Oracle 的水道测量产品数据库,完整的数据库功能,可以管理各种属性的空间数据,并有效地解决了数据冗余问题。

目前,国内已有专门从事海洋测绘专业软件的技术团体,如南方测绘集团和中海达公司针对具体技术领域,推出了相应的专业软件。南方测绘有较多陆地测绘软件,在海洋测绘数据处理软件方面，推出 SCASS 系列软件。中海达公司推出海洋导航定位软件系统。而在多波束及侧扫声呐数据处理软件方面，国内虽然有机构从事这方面研究，也开发了包含部分功能的数据处理软件，但还没有商业软件推出。总体而言，与国际水平相比，国内推出的部分海洋测绘领域数据处理及应用软件，功能单一，并缺乏兼容和通用性，限制了软件本身的推广及应用。

七、重力测量设备

（一）陆地重力仪

1. 绝对重力仪

绝对重力仪是利用高真空条件下测量物体在竖直方向自由运动所经历的时间和距离，根据牛顿第二定律计算重力值 g，得到观测点重力值的仪器。主要用于高精度陆地重力控制测量，如我国国家重力控制网（重力基准）的基准点测量，以及相关地学科学研究。

目前国际上较为成熟的绝对重力仪包括 FG5 型和 A10 型。

2. 相对重力仪

相对重力仪是通过测量弹簧（石英弹簧或金属弹簧）在不同重力作用下的变化量来测定重力变化量。主要用于我国国家重力控制网（重力基准）一等、二等重力控制测量，以及一般地面加密重力测量，是重力测量的主要仪器。

相对重力仪结构主要包括：平衡系统（弹性系统），反应重力变化量；光学系统，进行仪器检调、平衡位置显示；测量系统，进行平衡位置调整、读数显示等。

相对重力仪主要发展趋势有以下几个方面：把传感器的机械调节变换为电子调节，用电子调零系统代替机械或光学调零机构；使重力仪更轻、更小、更容易操作；电子读数以及更快地取得测量值。另外，许多新型传感器正在研制中，如液体漂浮、激光喷射、光弹性扭矩、低温（cryogenic）加速计、惯性导航系统中的加速计，反映重力仪未来的发展趋势。这一研究趋势，也反映重力梯度测量正在复兴。

3. 海洋重力仪

海洋重力仪是安装在船上、船只在航行中连续观测重力相对变化的仪器，主要用于海域重力加密测量，以及海域大地水准面所需的重力测量。由于船只处于运动状态，测量精度低于普通相对重力仪。与陆用重力仪相比，海洋重力仪要相对复杂得多，表现在两个方面：一是海洋重力仪在弹性系统敏感度、数模转换和平台控制等环节要求较高；二是必须配有保持重力仪灵敏轴稳定取向的装置。

海洋重力仪系统一般由传感器、稳定平台和控制系统三个部分组成。传感器是海洋重力仪的心脏，与陆地用重力仪传感器差别不大，其核心部件为一个带重物的金属弹簧及位移测量装置，用来测量重力加速度的变化。另外还有陀螺和加速度计，以保证测量轴始终指向地心。重力传感器安装在稳定平台上，由两台力矩马达控制，使其围绕两水平轴（两轴彼此呈正交）旋转运动，保证平台的稳定。控制系统分为平台控制和测量控制两部分。平台控制是系统根据陀螺和加速度计测得的变化，不断驱动马达调整平台，使平台始终保持水平（测量轴始终指向地心）。测量控制主要是将传感器测得的弹簧位移、陀螺、加速度计等参数转换为数字记录，并控制加热单元保持传感器处于恒温状态。

4. 航空重力仪

航空重力测量是以飞机作为运载平台，利用航空重力仪在空中测量地球重力场的一种测量方法。测量速度快，但精度低于地面重力仪，主要用于难以到达的困难地区重力加密测量，以及确定区域大地水准面所需的重力测量。航空重力测量系统分为两种类型：稳定平台式航空重力测量系统和捷联式航空重力测量系统。

稳定平台式航空重力测量系统主要有两种仪器组成，其一是一台航空重力仪，用来测量总加速度，即重力加速度与飞机平台运动加速度之和；其二是定位系统（如 GPS 系统），用来独立确定平台运动加速度，重力加速度由两者的差值确定。该类重力仪有代表性的是经过改装的 LaCoste & Romberg 海洋-航空重力仪，带有阻尼二轴陀螺稳定平台控制重力仪垂直定向，定位系统则多采用 Novatel、Ashtech 等公司生产的 GPS 仪器。采用以上两种仪器组成航空重力测量系统的公司主要有美国的 Carson Services 公司、我国的 CHAGS 系统等。

捷联式航空重力测量系统将惯性导航系统 INS（Inertial Navigation System）固定在飞机机体上作为惯导稳定平台，并与 GPS 结合，构成航空重力测量系统。该类系统有两种测量重力的实现方案。一种方案是把 INS 作为另外一个独立的重力传感器的惯导稳定平台，同时将加速度计作为重力传感器使用，不再使用传统的弹簧重力仪。另一种方案是不用物理稳定平台，直接将惯性导航系统 INS 与 DGPS 结合在一起，构成一套新型的航空重力测量系统 SINS/DGPS。加拿大的 SINS/DGPS（Strap - down Inertial Navigation System / Differential Global Positioning System）系统和德国的 SAGS（Strap - down Airborne Gravity meter System）系统就是捷联式航空重力仪系统。

海洋重力仪和航空重力仪发展趋势有以下几个方面：①改进稳定平台系统及数字采集系统；②由 DGPS 精确地获得载体位置、速度和加速度的方法和技术；③消除或压制航空重力测量数据中高频噪声干扰影响的低通数字滤波、估值技术；④重力加速度和载体运动加速度的分离技术。这些方法和技术，是进一步获得高精度、高空间分辨率航空重力测量系统的关键和保证。

八、测绘仪器计量检测装备

测绘计量是指对各类测绘计量器具的标准装置及设施的检定和测试，确保量值准确溯源和可靠传递。根据国家测绘法、计量法和测绘质量监督管理等法规和规章，用于测绘生产的仪器必须按要求，由法定计量或授权计量技术机构进行检定并且合格有效。因此，测绘仪器检定是保证测量数据准确性与可靠性，最终保证测绘成果质量的基础与前提。

（一）测绘仪器检测现状

目前，全国测绘系统共有 29 个测绘计量检定机构，涵盖全国 28 个省（自治区、直辖市)，业务级别为国家光电测距仪检测中心为国家级，由国家质检总局授权；其余为地方级，由省、市(地区)质检机构授权。测绘计量业务从测绘仪检站成立之初的测距仪和光学经纬仪检定开始，到现在已包括GPS接收机、全站仪、测距仪、经纬仪、水准仪等项目的计量检定。随着国民经济建设的飞速发展，测绘仪器的应用领域日益扩大，仪器检定的需求呈现不断上升趋势，非测绘系统的测绘仪器检定机构发展迅速。仅在国家质检总局管辖的几十个计量检定站中，到2006年已有6个站的检测业务范围涵盖全部测绘仪器计量。

(二)测绘仪器检测存在的主要问题

1. 测绘计量体系欠缺

测绘计量应满足测绘生产整个流程上所有仪器设备的计量检定，而目前测绘计量检定仅局限于传统外业大地测量仪器，如经纬仪、测距仪、全站仪、水准仪以及常规GPS接收机。作为测绘作业重要支柱之一的航空摄影测量使用的仪器设备至今尚未纳入计量范畴，如航摄仪、模拟测图仪和解析测图仪等。此外，在矿山测量、市政施工、军事测量等领域广泛使用的陀螺经纬仪，也一直缺乏计量检定标准器具和技术规范。对于GPS的检测，由于现阶段缺乏相关的计量基础性研究和基线场等因素制约，致使GPS检测场不能溯源到国家长度计量基准。

2. 检测机构基础条件不能满足精密仪器检测的需要

目前，测绘系统现有检测实验室绝大多数都是由普通办公室改建而成，因客观条件限制，不具备基础地基稳固、远离震动、密封隔热等条件。以角度标准器基础稳定性为例，作为两大几何量之一的角度标准器，基础稳固是重要的建标和考核指标，对于0.5"和1.0"级精度的全站仪，其基础稳定性尤为重要。

3. 室内长度标准器不能满足要求

相位式测距仪(全站仪)的周期误差等是仪器的原理性误差，也是评判仪器质量的重要指标之一，国家计量标准对检测平台提出了相应的要求。据不完全统计，全国只有几个仪检站采用了双频激光干涉仪作为长度标准器，其精度指标可以满足要求，而绝大多数单位使用的标准器都是钢尺，其中还有建在室外的。

4. 频率标准器急需更新换代

频率是测距仪(全站仪)测量长度的工作基准。从全国测绘仪检站的统计资料看，作为检定标准器的频率计，绝大多数单位在量程和精度等两项指标上不能适应测距仪(全站仪)的发展需要。

5. 检测技术和手段严重滞后于测绘仪器的发展

(1)维塞拉基线场

全国测绘系统现有的29条测距仪野外比长基线场，全部都是使用24m因瓦线尺施测、精度均为1×10^{-6}，基本能满足现阶段各种等级精度测距仪(全站仪)检测的需要。但是，随着仪器发展和检测设备的进步，我国应当建立全球最高精度采用光干涉法建立维塞拉基线，以此作为长度量传和溯源，为精密测绘仪器计量检测和科研提供基础条件。

(2)动态 GNSS 检测技术

最早 GPS 接收机应用到测绘领域，主要是静态测量技术，技术指标都是相对于静止状态而言。当前，GPS 技术已经应用到了快速移动载体。因此，在移动载体姿态和加速度运算时仍采用静态 GPS 技术指标，显然已经不能适用。欧美等发达国家对 GPS 动态计量技术的研究已经取得了应用成果，我国动态 GPS 测绘计量研究和应用尚未起步，动态 GPS 检测技术和手段至今仍然是空白。

(3)数字化测绘仪器

20 世纪 90 年代中后期，数字水准仪等数字化测绘技术逐步成熟，测绘生产从传统的光学仪器时代进入到了数字化时代。到目前为止，数字水准仪、数字重力仪和数码航摄像机等数字化测量仪器已经广泛应用于基础测绘和各种测绘工程。现在全国测绘系统推广使用的低空无人机航摄系统，所用的数码航摄仪品牌众多，性能各异，迄今缺乏统一的用于质量评价的检测技术手段和方法。

(4)航空影像和数据获取设备

随着集成了最新高科技成果的测量仪器不断涌现，用于运动载体姿态测量的惯性测量单元(IMU)、实现快速测量建模的三维激光扫描仪、机载激光雷达(LiDAR)、合成孔径雷达(SAR)等已有成熟的产品应用于测绘生产，但由于缺乏计量检测手段而无法检测。

(三)测绘仪器检测装备现状和与国外差距

对于常规大地测量仪器，比如经纬仪、测距仪、水准仪等，所使用的检测设备主要包括多齿分度台(552 齿和 491 齿)、室内检测平台、野外比长基线场和 JSJ 综合检验仪等。

1. 多齿分度台

多齿分度台是一种由两个具有相同外径、齿形、齿距的端面齿盘组成的圆分度标准，利用 5 个光管目标，可以完成经纬仪一测回水平方向标准偏差及其他项目的检测。国外对于大地测量仪器的角度检测，普遍采用多目标法，满足现阶段 0.5"测角精度检测的要求。

2. 室内检测平台

相位式全站仪(测距仪)的周期误差是评判仪器质量的重要指标之一。周期误差的检测通过室内大长度检测平台进行。目前，可以满足周期误差检测的主流长度标准器是双频激光干涉仪。在我国测绘系统中，仅有极个别的仪检站的长度标准器采用的是双频激光干涉仪，余下的绝大多数仪检站都采用钢尺作为长度标准器，无法满足高精度全站仪(测距仪)检测的需要。

3. 野外比长基线场

野外比长基线场(简称基线场)主要用于光电测距仪、全站仪、GPS 接收机等距离测量仪器的检测。我国测绘系统现有的比长基线场大多建造于 20 世纪 90 年代，其精度指标只能满足当时测绘仪器大长度的检测需要。

目前，位于芬兰首都赫尔辛基西北约 40km 的 Nummela 标准基线，是采用 Väisälä 光干涉测量法建立的野外标准长度基线，精度达到了 7×10^{-8}，50 年来其变化不到 0.6mm，是世界上迄今为止精度最高的基线，能满足所有高精度长度测量仪器检测的需要。此外，世界上很多国家或地区都建立了高精度 Väisälä，比如匈牙利的 Gödöllö 标准基线、立陶宛 Kyviškes 标准基线和台湾桃园标准基线等。

4. JSJ 综合检验仪

国内广泛使用的 JSJ 综合检验仪用于光学水准仪 i 角和经纬仪指标差等项目的检测，并可用于光学仪器的室内检定望远镜调焦运行差、补偿误差等。但对于数字水准仪，其电子 i 角的检定仍然采用野外方法，比如费式法(Förstner)和李式法(Näbauer)等。

国外 Leica、Trimble、Sokkia 和 Topcon 等公司，对数字水准仪的检定已采取带有标准条码的专用光管法。

参考文献

[1] 宁津生. 测绘科学与技术学科发展综合报告[M]. 北京：测绘出版社，2006.

[2] 陈俊勇，等. 全球导航卫星系统新进展[J]. 测绘科学，2005，30(2).

[3] 李德仁. 移动测量技术及其应用[J]. 地理空间信息，2006，4(4)：1－5.

[4] 袁智德. 空间信息产业化现状与趋势[M]. 北京：科学出版社，2004.

[5] 过静珺. 等，国内外连续运行基准站新进展和应用展望. 全球定位系统，2008(1)：1－10.

[6] 中国第二代卫星导航系统专项管理办公室. 北斗卫星导航系统发展计划. 第一届中国卫星导航学术年会，2010.

[7] 徐祖舰，等. 机载激光雷达测量技术及工程应用实践[M]. 武汉：武汉大学出版社. 2009.

[8] 张祖勋. 数字摄影测量学[M]. 武汉：武汉测绘科技大学出版社，1996.

[9] 耿则勋. 数字摄影测量学[M]. 北京：测绘出版社，2010.

[10] 隋立春. 主动式雷达遥感[M]. 北京：测绘出版社，2009.

[11] 王任享. 三线阵 CCD 影像卫星摄影测量原理[M]. 北京：测绘出版社，2006.

[12] 倪国江，等. 美国海洋科技发展的推进因素及对我国的启示. 海洋开发与管理，2009(6).

[13] 赵建虎，等. 海洋测量的进展及发展趋势. 测绘信息与工程，2009(4).

[14] 陈育才，等. 几种测绘软件间的数据转换及其数据标准化问题探讨. 地矿测绘，2005，9.

[15] 乌萌，等. 测绘软件可靠性测试的评估方法研究. 中国测绘学会九届四次理事会暨 2008 年学术年会论文集，2008.

[16] 杨健. XML 语言在测绘软件开发中的应用. 甘肃科技，2011(3).

[17] 刘全明，等. SV300 测绘软件在地形图测绘中的应用 内蒙古农业大学学报：自然科学版，2004(6).

[18] 郭建如，等. 浅谈数字成图的作业方法和数字测图的测绘软件. 江西测绘，2007(3).

[19] 时丕庆. 全站仪与测绘软件在工程测量中的应用. 中国高新技术企业，2008(4).

[20] 刘昌勤，等. 常用测图软件数据共享方法研究. 地理空间信息，2008(4).

[21] 李得基，等. “南方测绘软件 CASS6. 1”在工程测量中的应用. 青海国土经略，2006(5).

[22] 张云霞，等. 教学地图制图软件的选择与转换. 测绘通报，2010(8).

[23] 朱宝山，等 应用多种测量软件对地图后期处理. 西部探矿工程，2010(4).

[24] 蔺生祥，等. 多种软件协同作业在地籍更新测绘中的应用. 民营科技，2008(4).

[25] 倪涵，等. 电子测量仪器原理及其应用. 上海：同济大学出版社，2002.

[26] 吴天彪. 我国地面重磁仪器的现状和前景. 地质装备,2007(4).
[27] 夏则仁,等. 航空重力测量技术及应用. 测绘科学,2006,31(6).
[28] 党亚民,等. 全球导航卫星系统原理与应用. 北京:测绘出版社,2007.

撰稿人:梁卫鸣　余　峰　周　一　肖学年　倪　涵　左建章
冯仲科　江贻芳　周兴华　方爱平　吴星华　谭吉安

ABSTRACTS IN ENGLISH

Comprehensive Report

Advances in Science and Technology of Surveying & Mapping

This report briefly presents the progress of contemporary Surveying and Mapping science and technology of China from digital surveying and mapping to Informatization Surveying and Mapping, and its mergence with Geoinformatics to form SURVEYING, MAPPING & GEOINFORMATICS. It covers five special topic reports on Surveying & Mapping and Geoinformatics datum, acquisition technology, data processing method, service mode and application. Progress on spatial datum construction includes modernization of surveying and mapping datum, the connection and maintainence between land and sea spatial datum, the establishment and updation of spatial information framework. The report on acquisition technology includes progress on China's BEIDOU positioning system and orbit determination technology, the high resolution stereo mapping " MAPPING SATELLITE - 1" and "ZIYUAN III" satellite remote sensing platform construction, digital aerial photogrammetry technology, the UAV aerial remote sensing system, light aircraft large scale topographic mapping technique, airborne laser scanning system, ground mobile mapping system, ground laser scanning system, underwater topographic survey, marine gravity and magnetic survey, marine control survey and coastal topography survey. The progress on data processing method is mainly manifested in processing of the earth observation data, GNSS data, satellite gravity data and geodetic data processing and analysis, digital mapping, geographic information system technology, photogrammetry and image processing technology based on grid computing as well as the marine cartography and geographic information engineering. The national geographic information public service platform and its website "TIANDITU", the Internet of things based on GIS technology, cloud GIS construction as well as their applications and services are described in the service mode report. The application report presents advances of new technologies on map, atlas, mobile maps and the Internet map, engineering control measurement, high-speed rail and city rail traffic engineering, the engineering safety monitoring, mine (underground engineering) survey, land survey, land utilization dynamic monitoring, real estate survey and its information management.

Written by Ning Jinsheng

Reports on Special Topics

Advances in Geodesy and GNSS

Geodesy is the basic subject in the geography field, and the progress 2010 and 2011 has illuminated by the establishment, maintenance and adjustment of the CGCS2000 coordinate system, continental tectonic environment monitoring network project of china (CMONOC) and geodetic datum modernization, the development and application of the satellite positioning, gravity and geoid, 927 project, geodetic data processing and so on. CMONOC and geodetic datum modernization are the mainly projects in the geodetic infrastructure, are the main method in the realization of CGCS2000 and geocentric coordinate frame in our country. The flourish development of Compass system brings research, development and application of satellite positioning; 927 project is another national important project, and is absorbed firstly into this bluebook, mainly introduces the developments and achievements of engineering technology; Gravity, geoid and geodetic data processing still are very important research filed, in geodesy, and are introduced mainly in the point of new methods in the recent years.

Written by Cheng Pengfei, Chao Dingbo, Sun Zhongmiao, Zhang Chuanyin, Li Jiancheng, Zhang Peng, Cheng Yingyan, Hao Xiaoguang, Mi Jinzhong

Advances in Photogrammetry and Romote Sensing

In recent years, with the development of computer technology, the emergence and maturity of various new types of sensors and platforms, the ability of remote sensing data acquisition enhanced, Application field further widened, and Remote sensing data processing and application is facing new opportunities and challenges. In the aspect of sensors and platforms, new types of platforms or systems for image sensors also emerge in endlessly in addition to continuously optimizing the performance of traditional satellites and aircraft platforms. In the aspect of data processing, in addition to improve the automation and the efficiency of the existing processing method for single data source, multiple source processing of remote sensing data and improving the accuracy and reliability of the processing method is still an important development trend in the field of photography measurement and remote sensing. This paper expounds respectively from two aspects of remote sensing and Photogrammetry: sensors and platforms and processing technology. In the section of sensors and platforms, imaging sensors and platforms are discussed in detail; in the following section, Photogrammetry and remote sensing processing technology are detailed from the respect of optical and microwave respectively. And finally, an expectation is made to the development of Photogrametry and Remote Sensing in the next several years.

Written by Shan Jie, Liu Liangming, Xu Jingzhong

Advances in Cartography and GIS

From traditional cartography to digital and information cartography, the cartography has made great development. This report summarized the achievements from 7 aspects in cartography and GIS techniques, which are modern cartography theory, digital mapping technology, GIS technology, the built and renewing of geographic information databases, geographic information application and services, the production of maps and the atlas, mobile mapping and internet mapping. Based on summarize, the direction of development and expectation of cartography and GIS techniques is put forward.

Written by Sun Qun, Du Qingyun, Wu Sheng, Wang Donghua, Zhang Xinchang, Xu Gencai, Long yi, Zhou Zhao

Advances in Modern Engineering Survey

Engineering survey is an application technology of integrated multi - subjects such as modern survey, data processing and computer. This paper sets forth new technology application and developing status in engineering survey in China. It is introduced on developing status of engineering control survey based on CORS and refined quasigeoid production, technology development and key technology on mobile survey in – country and overseas, and is prospected on technology development of mobile survey. The paper introduces 3D laser beam scanning technology application and data processing flow, and analyzes its research production and application. It is introduced data acquirement and modeling method on acquiring and updating urban 3D model data, and is analyzed promoting action for software and hardware to 3D modeling technology. The application and developing tendency of lightplane, its effect in updating of urban base geographic information are analyzed. Standards construction and various control network construction, deform monitoring and safe control technology on truck traffic are introduced in the round and detail combining with the hot field of truck traffic construction. This article prospects the application for multi – subjects technology in safe conveyance of truck traffic. Finally, the technology developing status on management and exploring of underground pipeline is introduced briefly.

Written by Chen Pinxiang, Jia Guangjun, Wang Dan, Li Guangyun, Xie Zhenghai, Hu Wusheng, Xu Yaming, Chu Zhengwei, Wang Yanmin, Wang Houzhi, Lin Hong, Liu Junlin, Qin Changli, Ding Xiaoli, Wang Shuanglong, Yang Zhiqiang

Advances in Mining Survey

Abstract: Mine surveying is a interdiscipline and multidiscipline connecting surveying , eology ,mining, environmental science and etc. The basic task is to handle spatial information collecting, processing, representation and application from surface to undermine, from ore body (coal seam) to surrounding rock and from static to dynamic during the mineral resources exploration, plan design, construction and production management. The subject providing services for the exploration of mineral and land resources and regional ecological environmental protection is of creativity, basis, direction and service

This paper summarizes the development of the Chinese mine surveying disciplines includes: international mine surveying academic activities, "3S" and network technology application , the construction of "digital mine", mine (underground engineering) measurement technology, mining subsidence and "three – underground" mining, mineral resources information analysis and mineral resources economy, mine land reclamation, ecological reconstruction and environmental protection and etc. Meanwhile the opportunities and challenges of Chinese mine surveying is analyzed. Also the recommendations and revision of various mining surveying regulations and the developing and reinforcing the mine surveying vocational education to cultivate more excellent talents are suggested and proposed.

Written by Guo Dazhi, Wang Yunjia, Zhang Shubi

Cadastral and real estate survey

With the rapidly development of modern IT – based science and technology, the technology of Cadastral and real estate survey has great progress. The technology of land survey was restrained by remote sensing data sources and computer software and hardware etc in early time. With the aviation image acquisition techniques and GIS technology development, 3S technology provide a solid support for Cadastral and real estate survey. Nowadays the technology of Cadastral and real estate survey which is going forward information and automation develop rapidly. Integrating with 3S technique and the traditional research means can give play rich resources and powerful data processing ability of 3S , and can make full use accurate advantage of field investigation, sampling and analysis, to provides effective technical support for establish the oriented – customer information system and to ensure that the data accuracy and quality. 3S integration will be more systematic with the widespread popularity of the 3S technology and rapid development of high – tech. Cadastral and real estate survey's connotation has undergone profound changes with the development of the 3S technology and 3S integration. It give a chance for change the technical pattern of Cadastral and real estate survey. With the deepening of 3S technology in the application of cadastre and real estate survey, We believe that 3S will promote the technology of Cadastral and real estate survey in our country, to speed up the process of modernization of the cadastre and real estate survey work .

Written by Fang Jianqiang, Gu hehe, Cui Wei, Lai Lifang

Advances in Hydrography and Cartography

The development of between 2010 and 2011 is introduced. The theory, method, achievement, technique, and application of hydrography and cartography are analyzed. The problems and its solutions are presented. The hydrography, gravity and magnetism measurement, marine geodesy, cartography and GIS, equipments, and training are covered.

Written by Ouyang Yongzhong, Zheng Yidong,
Xu Weiming, Zhai Guojun, Zhai Jingsheng,
Huang Motao, Bao Jingyang, Zhou Xinghua.

Advances in Surveying Instruments and Equipment

Surveying instruments and equipment are tools of surveying and mapping operations. They appeared at the same time when human beings began to survey and map, undergone the simultaneous development with surveying and mapping technique and they are an important part of surveying and mapping production. In recent years, the connotation and extension of surveying instruments and equipment have undergone profound changes, with the development of laser technology, electronic technology, computer technology, space technology, information technology and other high - tech which are applied in the surveying and mapping and with the transformation of surveying and mapping from tradition to informationization and the development of geographic information industry. Surveying instruments have developed from traditional optical instruments to optical - mechanical - electronic and software integrated products and from a single split - type instrument to the hardware and software supporting technology integrated system. Its role is no longer just simply to get the angle, distance, coordinates, and other discrete data or analog image, but also to complete a variety of attribute data and digital image which are the carriers of the continuous digital geographical location acquisition, processing, management and services. Besides, in order to improve operational efficiency and reduce labor intensity, degree of instruments' automation and humanization is increasing highly, we have entered the era of modern surveying instruments and equipment. The characteristics of modern surveying instruments and equipment are digitalization, real - time, intelligent, integration, network and sky - ground integration. At present, with the above - mentioned characteristics digital level, intelligent total station, multi - frequency and multi - mode GNSS satellite positioning system and network of continuously operating reference stations, 3D laser scanner, GIS data acquisition system, Lidar measurement system, mobile measurement system, modern engineering survey and monitoring system, digital close - range photogrammetry system, digital airborne remote sensing measurement system and so on stand for the newest development direction of modern surveying instruments and equipment.

In this paper, according to the classification of surveying instrument equipment, separately according to the satellite positioning measuring equipment system (GNSS), photography and remote sensing measuring equipment series, ground measuring equipment system, underground pipeline measurement equipment series, underwater survey equipment system, gravity, Surveying and mapping instruments detection equipment 7 series introduces the equipment of the surveying and mapping instruments technology situation and developing trend.

Written by Liang Weiming, Yu Feng, Zhou Yi, Xiao Xuenian, Ni Han, Zuo Jianzhang, Feng Zhongke, Jiang Yifang, Zhou Xinghua, Fang Aiping, Wu Xinghua, Tan Ji'an